U0241342

国家出版基金项目

现代农业科技专著大系

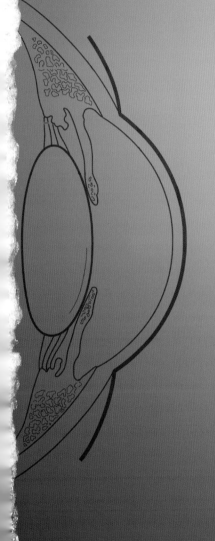

小动物眼科学

SMALL ANIMAL OPHTHALMOLOGY

董 轶 主编　　林中天 副主编

中国农业出版社

图书在版编目（CIP）数据

小动物眼科学 / 董轶主编. —北京：中国农业出版
社，2013.12（2019.3 重印）
（现代农业科技专著大系）
ISBN 978-7-109-17929-5

Ⅰ.①小… Ⅱ.①董… Ⅲ.①动物疾病－眼科学
Ⅳ.①S857.6

中国版本图书馆 CIP 数据核字（2013）第 124163 号

中国农业出版社出版
（北京市朝阳区麦子店街 18 号楼）
（邮政编码 100125）
责任编辑 邱利伟 栗 柱

北京通州皇家印刷厂印刷 新华书店北京发行所发行
2013 年 12 月第 1 版 2019 年 3 月北京第 4 次印刷

开本：889mm×1194mm 1/16 印张：13.5
字数：330 千字
定价：180.00 元
（凡本版图书出现印刷、装订错误，请向出版社发行部调换）

编写人员

主　编 董　轶

副主编 林中天

编　者（以姓氏笔画为序）

张雅裴　林中天　林荀龙　郭广慈

黄诗婷　董　轶　潘汉恩

前　言

随着人民生活水平的提高，宠物主人对其宠物疾病的诊疗需求也日趋提高，本书的出现是适应这一趋势的产物。本书凝聚了多位专家和小动物临床医师多年的临床经验，介绍了眼睛的解剖结构、功能及其常用检查方法，详述了眼睑、第三眼睑、泪器、结膜、角膜、巩膜、葡萄膜、晶状体、玻璃体、视网膜和视神经的常见疾病，并对动物眼科急诊的处置方法和常用药物进行了分析。在撰写过程中，力求内容精炼、贴近实际临床，不仅方便小动物临床医师在临床工作中查阅，还可供兽医专业师生参考。目前在国内还没有一本关于小动物眼科的原创专著，相信本书能够为临床医师在解决临床实际问题时提供帮助。

本书作者以北京芭比堂动物医院眼科中心董轶博士和台湾大学兽医专业学院临床动物医学研究所眼科部林中天教授为主，台湾远见动物医院的医师为辅。书中80%的图片都源于笔者10年来临床的实际病例。由于不同作者引用文献的不同，有些建议和数据可能稍有差异，我们保留了这一客观实际情况。

本书是团队合作和集体智慧的结晶，如果没有中国农业出版社的倾力支持，没有全体编写专家的通力配合，没有北京芭比堂动物医院众医生和助理付出的辛劳，没有家人特别是我的太太刘海玲和父母的默默支持，不可能顺利完成。藉本书出版之际，诚挚感谢我的博士生导师林德贵先生、硕士生导师齐长明先生对我的栽培，还要感谢北京小动物诊疗行业协会理事长刘朗先生对我的帮助，感谢我的合作伙伴许右梅院长对我工作的全力支持。还要感谢Dennis E. Brooks，Anne Weigt，Brad Nadelstein，Randall H. Scagliotti，Douglas Esson，Julie Langfitt等美国动物眼科专家对我的无私帮助。本书涉及内容广泛，疏漏错误之处敬请读者指正。

董　轶

2013年7月

目　录

林中天　教授（台湾大学兽医专业学院）

第一章 ｜ 眼睛的解剖结构及功能

视觉是动物迅速准确做出行动的十分重要且不可或缺的功能。决定视觉好坏的最主要器官为眼睛。眼睛为高度特化的光接收器，可将光能转换成神经冲动，视网膜上有两种感光细胞负责这项工作。眼球以视神经与中枢神经相连，其外围有负责运动的肌肉组织，也有负责保护的解剖结构。其中，负责保护的结构包括眼眶、眼睑（包括第三眼睑）和泪器三部分。

第一节　眼球的解剖结构及功能

眼球为一多层的膜性囊构造，包括多个不同性质的眼内构造。

一、膜性囊结构

（一）眼球最外层

眼球最外层为纤维膜（fibrous layer），又称为角膜巩膜层（corneoscleral layer），包括巩膜及角膜。角膜巩膜层形成一个支持整个眼睛构造的坚实、紧密的弹性纤维性外膜，本层后5/6为巩膜，前1/6为角膜。巩膜为不透明组织，为眼外肌肉提供支持附着点。

1. 角膜（Cornea）　　角膜为一透明的组织，曲率半径较巩膜小，没有任何血管，但角膜发炎时角膜上会有新生血管生成。角膜巩膜交接处称为角巩膜缘（limbus）。角膜前方为泪膜，后方为房水，两者皆可为角膜供应养分并移除代谢产物。周边的角膜组织也可以经由角巩膜缘微血管丛提供氧气。根据组织学，角膜细胞可分为5

层，最外层为上皮细胞（epithelium）及基底膜（basement membrane）；中层为基质层（stroma），由高度致密排列的胶原组织组成，占角膜比例最高且占九成以上的厚度；内层为后弹力层（descemet's membrane）及内皮细胞（endothelium）（图1-1）。角膜上皮有强大的再生能力，尤其是当角膜受伤时。超过7~10 d的炎症反应会造成角膜血管增生及色素化。

（1）上皮细胞层　由非角化鳞状上皮组成，由外到内由不同形态的细胞构成。表层为扁平细胞（flattened cells），中层为多面体细胞（polyhedral cells），又称翼细胞（wing cells）；再往内为生发层的柱状细胞，可以进行有丝分裂，会向浅层移动，慢慢变平，形态变成多角形；最内层为生发层的基底膜，为Ⅳ型胶原蛋白，紧紧地附着在基底膜。

（2）基底膜　基底膜为角膜基质前方压缩的无细胞层，在灵长类称为前弹力层（Bowman's membrane）。

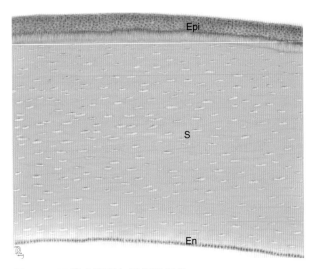

图1-1 正常犬的眼角膜组织切片
此为幼犬的角膜，基质中的角膜细胞（keratocytes）较多。Epi-上皮细胞层，S-基质层，En-内皮层

（3）基质层 基质层占角膜厚度的90%，大部分为Ⅰ型胶原纤维（55%）和Ⅵ型胶原纤维（35%），胶原纤维排列成板状结构，彼此之间有规律的间隙。纤维间的基质（ground substance）为糖蛋白类物质（角质素及硫酸软骨素）。

（4）后弹力层 为内皮细胞的基底膜，受伤后不会再生。当角膜受伤伤及后弹力层时，会造成后弹力层膨出（descemetocele），此时必须借助外科手术方式修补眼角膜。

（5）内皮细胞层 为单层扁平细胞，由钠、钾离子帮助（Na^+-K^+泵）调节角膜水分含量，并维持角膜透光度。如果角膜内皮细胞受损，会使大量水分进入角膜基质，从而引起角膜水肿，并降低角膜透光度。

角膜维持透明度及清澈的原因主要有下列4点。

①角膜内皮细胞的钠、钾离子帮助的主动运输，使角膜基质处于相对脱水状态。

②角膜上皮及内皮细胞紧密排列及其厌水性，可防止水分侵入角膜基质，造成角膜水肿。

③胶原纤维在角膜基质内呈规则的排列，使光的散射降到最低程度，从而增强了角膜的透明度。

④角膜无色素及血管。

2. 巩膜（Sclera） 巩膜是眼球的外膜，是一层坚韧且不透明的薄膜，也就是俗称眼白的部分，由视神经外膜发育而来，具有保护眼球的功能。巩膜由纤维结缔组织做经纬方向交织构成，位于眼球的最外层，约占全眼球面积的4/5，前面与角膜相接，后面移行为视神经的硬膜鞘。视神经穿入眼球的部分称为巩膜视神经筛板（scleral lamina cribrosa sclera）。巩膜较厚的部分呈白色，较薄的部分呈青色，青色部分位于眼球赤道部，内含色素细胞。巩膜前部附着肌肉的部分称为巩膜结膜（scleral conjunctiva），而角膜与巩膜交界处有环状脉络丛（scleeral venous plexus）。巩膜可以细分成以下3层。

（1）巩膜表层（episclera） 又称巩膜外层，由疏松结缔组织构成，血管非常丰富。

（2）巩膜基质层（scleral stroma） 由致密胶原纤维（dense type Ⅰ and Ⅲ collagen）组成，没有血管，胶原纤维斜向紧密排列，因此不透明。

（3）巩膜内层（lamina fusca） 又称棕黑色板层，为巩膜的内层，与脉络膜相接，由细的胶原纤维及色素细胞组成。

（二）眼球中层

眼球中层为血管性膜（vascular layer），又称为葡萄膜层（uveal layer），为高度血管化结构，富含血管与色素，由虹膜（iris）、睫状体（ciliary body）及脉络膜（choroid）3种组织构成。葡萄膜炎（uveitis）为葡萄膜的炎症。

1. 虹膜 虹膜为肉眼可见眼睛有颜色的部分，棕色虹膜含有较多的色素，而蓝色虹膜含有的色素较少。虹膜的开口处称为瞳孔，瞳孔为光线进入眼底的途径。虹膜平滑肌负责调整瞳孔的大小，从而产生瞳孔光反射。

2. 睫状体 睫状体为虹膜连续的结构，前面部分为睫状冠（corona cilary）或称褶部（pars plicata），后面部分为睫状体平坦部（pars plana），睫状冠的内侧突起为睫状突（ciliary processes）。睫状体表面覆有双层上皮，只有深层细胞含有色素，水样液（房水）由睫状体上皮产生，需酵素碳酸酐酶（carbonic anhydrase）参与。前葡萄膜发炎会使房水量减少，从而造成眼内压（intraocular pressure）下降。睫状体基质中有受副交感神经支配的肌肉纤维，可以调控晶状体的屈度。

3. 脉络膜　脉络膜为深棕色血管层，位于巩膜及视网膜之间，富含大量血管和色素颗粒，脉络膜毛细血管层（choriocapillaris）是主要为视网膜供应养分的血管。脉络膜后方视神经的入口处称为脉络膜视神经孔，前方与睫状体无明显界限，内面平滑与视网膜色素上皮相接，外面以疏松结缔组织与巩膜相接。脉络膜一般呈棕色，但于视神经乳头上方有一层半月形金属色泽的斑纹，称为脉络膜毯（tapetum），是一特殊化的脉络膜，不同动物有不同的颜色（马为青灰色，牛为绿色，犬为金黄色、黄绿色），而人和猪则没有，以弹力纤维代替。脉络膜的血管为眼动脉的分支，各血管互相连接呈丛状，与睫状体接触部的静脉呈涡状分布，称为盘涡静脉。

脉络膜的结构可以分为4层。

① 脉络膜上腔（suprachoroidal space）　脉络膜上腔位于脉络膜与巩膜之间，由胶原纤维网构成，睫状后长、后短动脉及睫状神经均由该部位穿过。经过这里的血管无分支，但睫状神经则有很多分支，并形成神经丛。

② 脉络膜血管层　为一层弹力纤维性膜，内含多数色素，富含动脉、静脉及其分支，在睫状体及虹膜起始处有涡形静脉。

③ 脉络膜毛细血管层（choliocapillaris）　该层富有细密的毛细血管网。

④ Bruch膜　又称基础膜，是脉络膜最内层的薄膜，透明，其下与视网膜相接。

（三）眼球内层

眼球内层为神经性膜（neural layer），包括视网膜及视神经。

1. 视网膜（Retina）　视网膜属于神经末梢组织，为中枢神经系统的一部分，内层细胞有两种神经细胞，分别为视杆细胞（rod cell）与视锥细胞（cone cell），这两种细胞为光接收器（photo-receptors）。视杆细胞可以区分不同的光密度，形成黑白的影像；视锥细胞有3种不同功能的种类，分别可接收红光、蓝光和绿光而形成彩色影

像。遗传性视网膜萎缩与光感受器有关，即视锥细胞与视杆细胞。从组织学角度，可将视网膜分成10层（图1-2，图1-3）。

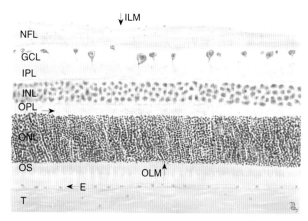

图1-2　经苏木精-伊红染色的正常犬视网膜
T-脉络膜毯，E-视网膜色素上皮，OS-视杆细胞和视锥细胞部分，OLM-外界膜，ONL-外核层，OPL-外丛状层，INL-内核层，IPL-内丛状层，GCL-神经节细胞层，NFL-神经纤维层，ILM-内界膜

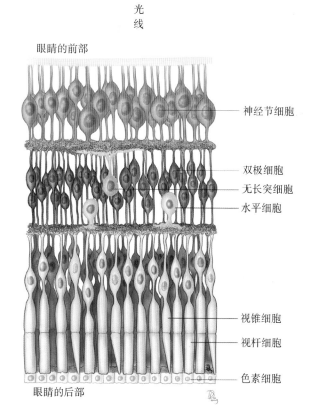

图1-3　视网膜的细胞组成

（1）色素上皮层（pigment epithelium）。

（2）光感受器细胞层（photoreceptors layer, rod and cone outer segments） 组成光感受器的内外节。

（3）外界膜（external limiting membrane） 由邻近光感受器和Müller细胞组成。

（4）外核层（outer nuclear layer） 光感受器细胞细胞核所在的部位。

（5）外丛状层（outer plexiform layer） 为疏松的网状结构，是由视锥、视杆细胞终球与双极细胞树突及水平细胞突起相连接的突触。

（6）内核层（inner nuclear layer） 主要由双极细胞、水平细胞、无长突细胞及Müller细胞的细胞核组成。

（7）内丛状层（inner plexiform layer） 为双极细胞、水平细胞、无长突细胞与神经节细胞相互接触形成突触的部位。

（8）神经节细胞层（ganglion cell layer）。

（9）神经纤维层（nerve fiber layer） 神经节细胞的轴突。

（10）内界膜（inner limiting membrane） 视网膜与玻璃体之间的薄膜，是Müller细胞的基底膜。

2. 脉络膜毯（Tapetum） 脉络膜毯为位于脉络膜上可反光的结构，可以增强视网膜对光线的吸收，为可反光的晶状体（crystals），其成分包括锌及核黄素。脉络膜毯的颜色呈绿色到蓝色到黄色，会因不同种别、品种及年龄而有所不同。视网膜细胞层变薄会造成脉络膜毯的反光增加（过度光反射）。不是每种动物的眼底都有脉络膜毯，有脉络膜毯的动物包括猫（图1-4）、犬（图1-5）、马和牛。

二、眼球的内容物

眼球内部有许多不同性质的透明结构，起光线的折射及调节作用，包括晶状体、玻璃体和房水等（图1-6）。

（一）眼内腔

眼内腔为眼球内充满房水的腔状结构，可分为眼前房及眼后房。眼前房（anterior chamber）位于

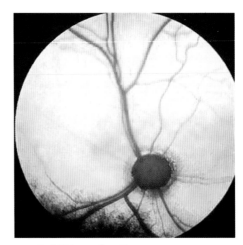

图1-4 正常猫的视网膜图像
可见正常视网膜血管系统，黄色区域为脉络膜毯，中央偏右下方褐色圆形区块为视神经盘

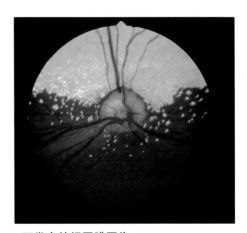

图1-5 正常犬的视网膜图像
黄色区域为脉络膜毯，中央白色区块为视神经盘，可见视网膜的血管系统。

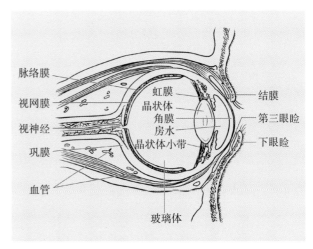

图1-6 猫正常眼球的剖面示意图

虹膜与角膜之间，眼后房（posterior chamber）位于晶状体与虹膜的间隙。还有另一分类方法，以晶状体为界，眼球内晶状体以前为眼前房，充满房水；晶状体以后为眼后房，充满玻璃体。

（二）眼内容物

眼内容物包括房水、晶状体和玻璃体，三者均透明而又有一定屈光指数，是光线进入眼内到达视网膜的通路，它们与角膜共同构成眼的屈光系统。

1. 房水（Aqueous humor）　房水也称为眼房液或水样液，是位于眼前房的清澈液体。房水由睫状体非色素化上皮细胞主动分泌，为晶状体及角膜提供营养。房水的渗透压与血浆相同，葡萄糖含量为血浆的80%，蛋白质为血浆的1%，大部分是白蛋白。房水由睫状体上皮细胞分泌，经由瞳孔流至眼前房，再经由虹膜角膜间房角（drainage angle）内的小梁网排出眼睛。如果房水的产生与排出失衡，无法正常排出房水，就会造成眼内压升高，从而引起青光眼（glaucoma）。

2. 晶状体（Lens）　晶状体由透明的晶状体蛋白纤维（lens fibers）构成，位于虹膜后方。晶状体外有被囊（lens capsule）包覆，囊四周有晶状体悬韧带（zonular fibers or ligaments）与睫状体相连接。白内障（cataract）是晶状体蛋白质发生变性，从而使晶状体变得混浊不透明。晶状体旁的平滑肌称为睫状肌，具有调节晶状体屈度的功能。晶状体蛋白质含量高，大部分为β-晶状体蛋白，其中的不可溶部分随着年龄增长与白内障的形成有关。前上皮细胞利用房水中扩散来的葡萄糖作为养分，利用无氧代谢转化成乳酸（lactic acid），糖尿病会使山梨醇在晶状体内累积，山梨醇会吸收水分，从而导致晶状体蛋白变性。晶状体可分为6层。

（1）前囊（anterior capsule）　为晶状体上皮的基底膜。

（2）晶状体上皮（lens epithelium）　单层立方上皮，负责整个晶状体的代谢，上皮细胞会不停地进行主动代谢，行有丝分裂；上皮细胞会慢慢由晶状体赤道部向前后移动，形态会变长，核会消失，其他细胞器会形成梭状的晶状体蛋白（lens

protein）或纤维（lens fibers）。蛋白的末端在晶状体前相交会形成正Y形缝线(Y suture)，在后会形成倒Y形缝线。

（3）前皮质（anterior cortex）。

（4）中央核（central nucleus）。

（5）后皮质（posterior cortex）。

（6）后囊（posterior capsule）。

3. 玻璃体（Vitreous）　眼内最大的腔室，富含透光的胶质体，内含大量稀释的盐类、蛋白质及玻璃样酸，不含血管，可以帮助视网膜附着。

4. 虹膜角膜角（Iridocorneal angle）　也称为房角，为排出房水的结构（图1-7）。如果房角结构或角度大小发生改变，造成房水无法正常排出就会造成眼内压（intraocular pressure, IOP）升高，从而引发青光眼（图1-8）。

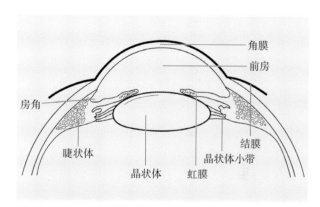

图1-7　犬和猫眼前房相关结构剖面图

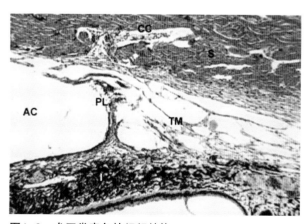

图1-8　犬正常房角的组织结构
房角开放，小梁网结构正常，清晰可见梳状韧带。AC-前房，PL-梳状韧带，S-巩膜，TM-小梁网，CC-睫状裂

（三）眼球的血液供应

主要由眼动脉（ophthalmic artery）供给，眼动脉为颈内动脉的第一主要脑内分支。眼动脉在眼内又分成数个小分支，第一分支为视网膜中央动脉，其他还有泪腺动脉、后睫状体动脉等。

第二节　眼球外及附属结构

一、眼眶

眼眶是容纳眼球的腔室，内有丰富的脂肪，有减轻眼球震动及保护眼球的作用。犬、猫的眼眶是由前头骨（frontal）、口盖骨（palatine）、泪骨（lacrimal）、上颌骨（maxillary）、颧骨（zygomatic）和前蝶骨（prephenoid）所共同组成的腔室。在太阳穴以上的眶骨不完整，是由致密的眶韧带（orbital ligament）互相连接而成，主要位于颧骨的前头突和前头骨的颧骨突之间。眼眶内容物被眶骨膜的结缔组织所覆盖，而此结缔组织以Tenon氏囊延伸至角巩膜缘（limbus）。眶骨膜与眶骨壁之间及眼外肌的周围会存有一些脂肪。颧骨腺（zygomatic salivary gland）位于太阳穴之下，深及颧骨弓（zygomatic arch），而泪腺（lacrimal gland）位于眼眶的上方、眶韧带之下。

二、眼睑

眼睑是指眼球前面的皮肤皱襞，分为上下眼睑，上下相对，其游离缘上下相对构成眼睑裂（palpebral fissure），而内外两端相接处构成内眦（medial canthus）和外眦（lateral canthus）。眼睑内有睑板腺（meibomian glands），可分泌含脂质的泪膜，具有润滑眼睑及角膜的功能（图1-9）。

1. 眼睑的功能

（1）负责眼睛的开闭。

（2）保护眼球免受机械伤害的第一道屏障。

（3）保护眼角膜，使角膜不会暴露而造成角膜干燥。

（4）眼睑上下开闭将泪膜（tear film）涂布于眼角膜上。

（5）睑板腺（meibomian glands）提供油性分

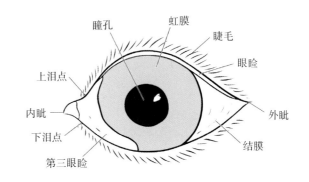

图1-9　犬、猫眼睛正面外观结构

泌物以减缓泪液的蒸发。

2. 眼睑的组成

（1）最外层为皮肤，其游离缘移行为结膜。

（2）疏松结缔组织内含汗腺及眼轮匝肌末梢纤维（orbicularis oculi muscle），由面神经支配。

（3）由坚实结缔组织构成的眼睑板（tarsal plate）。

（4）提上睑肌（levator palpebrae superiori）的放射纤维（由动眼神经支配）及Müller氏肌（经由三叉神经而受交感神经支配）。

（5）眼睑部睑结膜（palpebral conjunctiva）内含杯状细胞（goblet cells）。

（6）睫毛（cilia）位于眼睑边缘。

三、睑睫毛

睑睫毛位于眼睑边缘，可将异物挡在眼外，避免眼球损伤。睫毛毛囊的后方为皮脂腺（即睑板腺）的开口。双行或异生的睑睫毛（distichia）会接触眼角膜，造成刺激性流泪（lacrimation）。

四、泪膜

泪膜可保护角膜，为角膜供给营养，如果泪膜产生出现异常，会造成干眼症，缺乏泪膜容易引起角膜损伤。泪膜主要由3层构成，由外到内分别为脂质层（lipid layer）、水样层（aqueous layer）及黏液层（mucus layer）（图1-10）。

1. 脂质层 由眼睑内的睑板腺（meibomian glands）所分泌，脂质层的功能为避免泪膜蒸发及润滑眼睑的滑动。

2. 水样层 为泪膜的主要部分，约占泪膜厚度的90%以上，可为角膜供应氧气及养分，还有抗菌及清洁冲刷杂质的功能。主要由两类的泪腺所分泌（lacrimal glands），主泪腺位于眼眶底部前侧部，主要负责流泪反射，也会负责基本的泪液分泌。副泪腺（acccessory lacrimal glands）位于结膜穹窿上方（superior conjunctival fornix），以及第三眼睑腺（third eyelid gland），负责基本的泪液分泌。

3. 黏液层 由眼结膜的杯状细胞所分泌，成分为含水的糖蛋白（hydrated glycoprotein），可提高角膜表面的亲水性，增加泪液附着于角膜上皮的亲和力及时间，并降低泪膜的表面张力。

五、鼻泪管系统

眼球上方外侧有泪腺，负责分泌泪液，泪液主要是靠眼睑的运动而分布于角膜表面之上，而排出则经由内眦（medial canthus）附近的上、下泪点（upper and lower punctum），进入泪小管（canaliculus）及泪囊（lacrimal sac），然后再由鼻腔中鼻泪管（nasolacrimal duct）排出（图1-11）。

六、眼结膜

眼结膜是一种薄且透明的黏膜。表层为复层上皮组织，周缘与眼睑皮肤游离缘连接，覆盖于眼睑、第三眼睑内面，至巩膜前方翻转包覆于眼球的外表（巩膜的外表），形成结膜囊；与上眼睑及巩膜交接处称为结膜穹窿（conjunctival fornix）。眼球表面上的结膜与筋膜（Tenon氏囊）混合，而筋膜则固定在角巩膜缘。眼结膜因为富含血管又

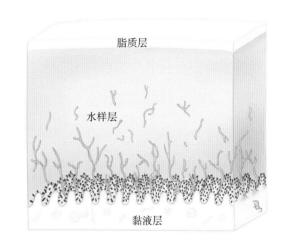

图1-10 泪膜的组成

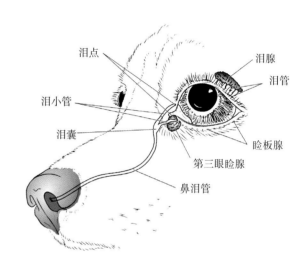

图1-11 内眦处的泪液排出结构

具延展性，因此可以用来修补角膜的缺损，也是淋巴细胞的储存池，用以应付眼球的免疫反应。眼结膜按照位置分可为眼睑结膜（睑结膜）及眼球结膜（球结膜）。眼睑结膜（palpebral conjunctiva）富含血管，呈桃红色，有管状及泡状的结膜腺，黏膜上皮存有杯状细胞，分泌泪膜的黏液层。眼球结膜（bulbar conjunctiva）为巩膜部结膜，以结缔组织与巩膜及眼肌连接，覆盖于巩膜上。结膜由多层柱状上皮组成，由杯状细胞分泌黏液状泪液。结膜与皮肤连接于眼睑边缘，与角膜上皮相接于角巩膜缘；在角巩膜缘处，筋膜与结膜互相融合约3 mm。结膜在内眦形成柔软、可活动、增厚的半月型褶皱，称为第三眼睑（third eyelid）（图1-12）。

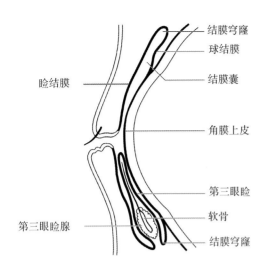

图1-12　结膜的组成

七、第三眼睑

第三眼睑又称瞬膜（nictitating membrane），是位于内眦的可移动性结构，由结膜组织所覆盖，内有一个T形透明软骨及结缔组织。软骨底部有第三眼睑腺（副泪腺），约有1/3的泪液由该腺体所产生（图1-13）。此腺体及软骨基部向下附着于巩膜及眶骨膜。许多种犬较常发生第三眼睑腺体脱出类疾病（樱桃眼）。切除第三眼睑腺可能会造成干眼症（keratoconjunctivitis sicca）。

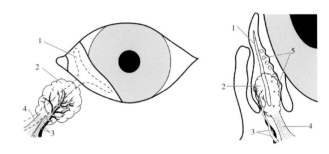

图1-13　第三眼睑及其附属结构
1. T形软骨　2. 第三眼睑腺　3. 血管　4. 结缔组织　5. 淋巴滤泡

林怡君　医师（台北远见动物眼科医院）
林中天　教授（台湾大学兽医专业学院）

第二章 | 小动物眼科的检查方法

第一节　概　述

如何正确且高效地完成整个眼科疾病诊断的过程，是每个动物眼科医生必须具备的基本技能。与诊断身体其他器官疾病一样，对于疑似患有眼科疾病的动物必须先获得其既往病史，进行眼睛与眼周完整的检查，甚至在某些患病动物中依据其病史或是上述的检查结果还需做其他更多的特殊检查。

本章的目的就是帮助读者系统地完成眼科学检查，并进一步找出病因，进而对患病动物进行治疗。

第二节　既往病史

获得患病动物完整且相关的病史，对于疾病的诊断非常重要，临床医生需针对患病动物最主要的症状，询问其主人相关可能的病史。以下一些问题可帮助临床医生获得患病动物的完整病史。

（1）患病动物的生活环境与饮食情况。

（2）患病动物过去曾发生的重大疾病或是外伤，特别是近期内发生的或是与眼睛相关的疾病及外伤。若就诊时患病动物已经失去一侧眼睛，则必须了解其原因与治疗状况，因为可能与这次的疾病相关而有助于临床医生的诊断，也可帮助医生了解其疾病的严重程度与患病动物对于治疗的反应。

（3）患病动物有无表现出视力受损的状况？如果有，则需确定患病动物在白天或是夜晚、在熟悉或是陌生的地方是否有表现视力减弱的情况，并了解其症状的发生时间，是否有改善或是处于持续恶化中，某一眼视力恶化的程度是否比另一眼严重？

（4）眼睛最近有无分泌物？如果有，是何种分泌物？

（5）眼睛有无表现出疼痛的情况？

（6）受影响的眼睛有无出现颜色异常？（如眼角膜是否变白？或是晶状体变白？或是巩膜或结膜充血而变红等异常？）

（7）患病动物最近有无表现出行为或是运动失调等异常？

（8）与患病动物接触的其他动物或是其兄弟姐妹等有无眼科相关疾病发生？

眼科检查需在一个暗室或是至少光线较暗的环境中进行。眼科检查方法有很多种，并非所有检查都需要在暗室内进行。为了方便病情记录，有些临床兽医师会设计属于自己专有的眼科检查表以方便记录（表2-1）。

表2-1　动物医院眼科检查表

××动物医院眼科检查表

日期＿＿＿＿＿＿＿＿

主人姓名	动物名	品种	年龄	性别	

	右	左
眼睑	上眼睑　正常□　异常□ 下眼睑　正常□　异常□ 第三眼睑　正常□　异常□	正常□　异常□ 正常□　异常□ 正常□　异常□
巩膜	正常□ 异常□ 黄染□	正常□ 异常□ 黄染□
结膜	正常□　异常□	正常□　异常□
角膜	◯	◯
晶状体	正常　□ 白内障□ 硬化　□	正常　□ 白内障□ 硬化　□
虹膜	正常□　异常□	正常□　异常□
瞳孔	正常□　异常□ 缩小□　放大□ 轻微反射□　无反射□	正常□　异常□ 缩小□　放大□ 轻微反射□　无反射□
睫状体	视盘血管	视盘血管
泪液量	正常□　异常□　mm/min	正常□　异常□　mm/min
眼球位置	正常□　内陷□　突出□	正常□　内陷□　突出□
眼内压：IOP：	mmHg*	IOP：　　　　　mmHg
眼前房：	正常□　积血□　积脓□	正常□　积血□　积脓□
荧光染色：	正常□　异常□	正常□　异常□

1mmHg=0.1333kPa——编者注

第三节　眼部形态检查

一、眼附属器的检查

（一）眼睑

眼睑的检查需要特别观察眼睑的位置、闭合功能、眼睑形状、运动、双侧对称性、眼睑皮肤颜色、眼睑边缘与睑板腺开口等。

（1）眼睑附近的分泌物　可分为水样、黏液样、脓样、血样或是混合性。

（2）眼睑附近的皮肤炎／眼睑炎　包括脱毛、结痂、充血、皮屑、水肿或溃疡等。

（3）眼裂大小　眼裂太小或太大。

（4）眼睑位置与运动性　包括眼睑内翻、眼睑外翻、眼睑下垂或是眼睑痉挛。

（5）睫毛或是眼眶附近的毛发有无生长异常　包括异生睫毛、双行睫和倒睫。

（二）第三眼睑

检查第三眼睑时，需检查其静止时的位置与其表面（分为内侧表面–与眼角膜接触面，与外侧表面–与眼睑接触面）。可轻轻按压上眼睑将眼球向内推而暴露第三眼睑，并检查第三眼睑外侧表面，若患病动物患有深层或穿透性眼角膜溃疡或巩膜病灶等其他眼球疾病时，不应该施行此检查方法。第三眼睑后侧表面的检查需在局部麻醉后，使用带锁扣的镊子或蚊氏止血钳将第三眼睑拉出后再进行检查。可根据以下方法进行检查。

（1）静止时第三眼睑暴露的面积增加　可能为疼痛、肿块、眼球凹陷、眼球萎缩、小眼球症、霍纳氏症候群和Haw症候群等。

（2）眼睑附近有分泌物　可分为水样、黏液样、脓样、血样或是混合性。

（3）第三眼睑软骨有无卷曲。

（4）第三眼睑上发现有肿块　可能为第三眼睑腺体脱垂或是肿瘤。

（5）第三眼睑边缘是否不规则　可能是慢性结膜炎或创伤。

（6）第三眼睑有无异物。

（7）第三眼睑颜色改变　有无黑色素化、充血和苍白（贫血）。

（8）第三眼睑表面湿润度与分泌物　有无泪囊炎和干眼症。

（三）鼻泪管

正常情况下，肉眼只能看到位于内眦处睑结膜上腹侧和背侧鼻泪管的开口。当鼻泪管排出管道中有任何一处出现问题时，便会造成眼球与眼周症状，因此可根据以下几点来观察判断鼻泪管有无异常。

（1）眼球表面的分泌物（水样、黏液样、脓样、血样或是混合性）。

（2）内眦有无因泪溢造成的毛发或皮肤着色。

（3）将荧光素钠滴于结膜囊内，检查同侧鼻孔内或口腔内有无颜色。

（4）上、下泪点狭小或是不存在　可能无鼻泪管、鼻泪管纤维化或结痂愈合和管状异物（特别是草芒）。

（5）近内眦处发生脓疡、水肿或是化脓性皮肤炎（泪囊炎）。

（6）泪液分泌试验。Schirmer泪液检查（STT）为半定量的检查泪膜中水样液的方法。此检查必须要在其他眼睛局部检查之前进行，否则将会出现人为误差。有些药物会造成泪液检查结果假性升高，还有些药物（如局部麻醉药或副交感神经阻断剂等）会降低泪液量，其他检查（如眼角膜或结膜采样或冲洗鼻泪管等）也会造成泪液量假性升高。因此，若患病动物需要检测STT时，则必须在其他检查之前进行。

此项检查必须使用无菌且单独包装的专业泪液检测试纸条。每张纸条在检测前需先弯折其凹角处，再放置于患病动物下眼睑中间近外侧处（图2-1），放置60 s，当时间一到立即取下纸条并读取其泪液在此时间中所浸湿的距离，此数字即为患病动物的STT。

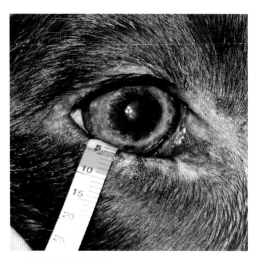

图2-1　泪液分泌量测试

STT为检测患病动物基本与反射性泪液量的检测方法，包含纸条基部本身对角膜刺激所造成的泪液量。这也是为何泪液试纸需要放置于下眼睑靠外侧处的原因，在此处试纸可轻柔地接触到患病动物的角膜而产生刺激，若太靠近内侧则会因第三眼睑保护角膜而会造成泪液测量值较低。正常犬的STT值会大于15 mm，若低于10 mm则可诊断为干眼症；若为10～15 mm，再加上有干眼症相关的临床症状时，则可高度怀疑为干眼症。

有研究指出正常猫的STT值为12～25 mm，平均值为17 mm，作者推断此原因可能为猫在压力因素下短时间内所造成的现象，所以，固然要记录其泪液测试的数字，但也要配合其临床症状来一同判读，而不能只依据数据便过度地解读。

此外，也可以测量另一种泪液量，即眼睛使用局部麻醉药麻醉而忽略因刺激角膜所造成反射性泪液量，但这在小动物眼科临床上意义不大，故尚未广泛应用。

（四）结膜

除要检查第三眼睑内外两面的结膜之外，还要检查睑结膜（位于眼睑内面）与球结膜（眼球表面）。因此检查结膜时需将患病动物的上下眼睑打开并外翻来进行检查，主要从以下5方面进行检查。

（1）颜色有无改变？有无充血、贫血、黄疸或黑色素化等？

（2）结膜有无水肿？

（3）表面有无不规则、增厚或肿块？

（4）表面是否太干或太湿，有无分泌物？

（5）有无结膜下水肿或气肿发生？

二、眼前节检查

对动物进行眼科检查之前或检查过程中，都应尽量避免镇静或是麻醉，以避免其所带来的负面影响，如反射与反应、视力的检测、瞳孔大小、眼球移动性与位置、泪液检测数值、眼角膜结膜表面的润滑度、眼睑裂隙的大小、视轴是否有缺陷等，都无法对被麻醉或镇静的动物进行精准的检测。此外被镇静动物的眼球可能会内缩并向内腹侧翻转，从而使第三眼睑遮住绝大部分的眼睛，使眼科检查更加难以进行。

无论在对何种动物进行镇静前，都先要在正常光线下距患病动物一定距离处确定有无肉眼可见的异常，包括眼裂大小、有无任何不对称、眼睛或鼻分泌物及干燥度、眼眶附近有无脱毛、视轴有无缺失、泛红或其他颜色改变、眼角膜清澈度和潮湿度（观察眼角膜的反光）等。

患病动物刚进入检查的房间时，对于新环境的反应也可以用来评估患病动物有无视力功能。视力的测试包括迷宫测试，眼睛会随着有声音或味道的物体移动（可使用棉花球或是激光笔进行检测）。此外，威胁反应也可以用来评估患病动物的视力，但需要避免产生风或是直接接触到患病动物的胡须或毛发而造成假阳性，接着可以继续检查患病动物双眼有无正常的眼睑反射（触碰患病动物眼睑的皮肤时，可以引发完整的眨眼反应），可用来评估患病动物第5与第7对脑神经功能是否正常。最后评估患病动物眼球的运动与位置，正常情况下将患病动物的头往上、下或侧边移动时，眼球会移动而保持在眼裂的中央处，而产生生理性眼球震颤。

完成上述的检查后，便可在昏暗的环境下以单点聚光的光源配合具有放大镜的设备进行检查。注意必须使用足够亮且聚光的光源进行检测，放大镜与点光源可以从不同角度检查眼睛。常用简易型放大设备的焦距为15～25 cm，具有2～4倍放大效果。当点光源垂直进入眼睛时会经过眼角膜、晶状体前囊与后囊而产生3个反射点，可以从不同角度下所观察到的反射情况来评估眼球内部的状况（图2-2）。

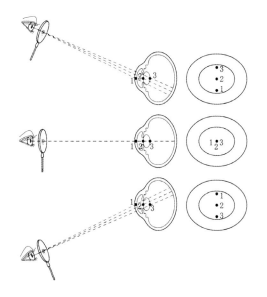

图2-2　从不同角度观察到眼内结构产生反射的示意图

裂隙灯则是更精密的眼科检查仪器，具有放大40倍的功能，可用来检查肉眼不可见的病变，如眼角膜各层的疾病等，也因为其可以更精准的观察病灶，可以获得更精准的诊断、预后与治疗措施。如何使用该设备需要相关的训练与一定的技巧，因此一般只有在眼科专科或教学医院中才能见到裂隙灯（图2-3）。

图2-3　手持裂隙灯

使用放大镜与点光源，临床兽医师可以根据既定的眼科学检查表来逐一检查眼睛结构，通常会有

逻辑、有顺序地由周边往中央、由前往后来进行检查，相关的检查技巧会在下文中分结构进行介绍。

（一）眼角膜

正常眼角膜因其生理及解剖学上的特性为清澈透明，因此当眼角膜内发生病理变化时，便会造成眼角膜不透明化。可根据下面4点来检查眼角膜。

（1）失去透明度　眼角膜若发生纤维化、水肿、黑色素化、血管增生、细胞浸润、脂质或矿物质沉积、炎症细胞堆积等便会影响其透明度。

（2）轮廓改变　如圆锥形角膜、球型角膜、眼球破裂、眼角膜溃疡。

（3）眼角膜表面不规则或混浊　如眼角膜肿块/斑块、眼角膜溃疡、干眼症、虹膜脱垂等。

（4）眼角膜直径改变　如牛眼症、小眼症或眼球萎缩等。

（二）巩膜

巩膜只有其最外侧的前面部分可直接进行肉眼检查，其上方由一层几乎完全透明的结膜覆盖，检查者可直接透过结膜检查巩膜前半部；通常无法直接看见巩膜后半部。当后半部巩膜发生病变时，通常会造成脉络膜或是视网膜的显著病变，从而可在眼底视网膜检查时看出。然而巩膜的变化也可能不显著而不易被发现，因此在评估有无巩膜疾病时，可以根据以下几点进行评估：

（1）巩膜厚度改变　是否变薄而伴随葡萄肿（staphyloma）发生和因巩膜炎而导致的全面性增厚。

（2）巩膜表面不规则　如结节样肉芽肿性巩膜上炎症、肿瘤、葡萄肿、眼球破裂等。

（3）巩膜暴露面积改变　因眼球突出、眼球萎缩、小眼症、破伤风、兔眼症等而变大；因眼睑眼球粘连、眼睑下垂、眼睑痉挛而变小。

（4）轮廓改变　因为眼球破裂（常发生在接近或在角巩膜缘处）。

（5）颜色改变　巩膜发生充血、出血、黄疸、黑色素化、黑色素癌。

（三）眼前房

眼前房是指位于虹膜与眼角膜之间充满水样液的空间，检查此空间是否发生问题时，以下几个技巧可提供参考：从眼球的侧面评估眼前房的情况；

根据是否可以清楚地观察到眼内结构（如虹膜），来推断眼角膜或是眼前房有无异常。

当进行眼前房评估时，需依照以下几点进行评估。

（1）确定眼前房的深度有无改变 若晶状体后移、晶状体过小、牛眼症、过成熟白内障、晶状体移除手术后等都可以看到眼前房深度变深；若晶状体前移、虹膜或睫状体的肿块或囊肿、虹膜与晶状体360度粘连、肿胀白内障等则可看到眼前房深度变浅。

（2）是否有异常的内容物 如晶状体前移、异物、眼前房积血/积脓、眼前房液混浊、虹膜囊肿、肿瘤、永久性瞳孔膜、玻璃体等出现在眼前房中。

（四）虹膜与瞳孔

通常会对虹膜与瞳孔同时进行评估，因为只要其中一个有问题时，常会影响到另一个。两者都要在散瞳之前和之后进行评估，虹膜表面异常易在散瞳前发现，而虹膜后方或是睫状体异常则需要在散瞳后才能发现。

1. 虹膜与瞳孔检查的主要内容

（1）瞳孔变形或异位 粘连、虹膜萎缩、虹膜发育不全或虹膜缺损都会导致瞳孔变形或异位。

（2）虹膜缺口不只一个 可能发生虹膜缺损、永久性瞳孔膜、虹膜萎缩、虹膜发育不全等异常。

（3）虹膜上出现肿块 虹膜囊肿、肿瘤等都会导致虹膜上出现肿块。

（4）虹膜颜色异常 虹膜异色症、虹膜红变、水肿、黑色素化、黑色素细胞瘤、虹膜肉芽肿/脓疡、慢性或急性葡萄膜炎都会造成虹膜颜色改变。

（5）瞳孔大小改变 如葡萄膜炎、青光眼、霍纳氏症候群、虹膜萎缩、视网膜或视神经疾病、中枢神经疾病、第三对脑神经麻痹、药物给予、晶状体异位都会造成瞳孔颜色变化。

（6）虹膜震颤 手术移除晶状体或晶状体异位时可见虹膜震颤。

（7）瞳孔颜色改变 如白内障、晶状体核硬化、玻璃体出血、视网膜剥离或星状玻璃体症时可见瞳孔颜色变化。

2. 检查虹膜和瞳孔的主要方法

（1）后照法 后照法简单好用，可用来检查患病动物的瞳孔大小、形状与对称性，检查者用单一聚光的光源，在距离患病动物鼻子至少一个手臂远的距离处照射患病动物的双眼，并可以看到患病动物的视网膜反光（图2-4、图2-5）。在有脉络膜毯的患病动物中，其视网膜反射光大多为黄金色或绿色，而在缺乏脉络膜毯的患病动物中则大多为红色。此时可以根据反光来检查比较患病动物两眼瞳孔的大小、形状及对称性。后照法也可以用来评估患病动物眼球内结构的清澈度（包含泪膜、眼角膜、水样液、晶状体和玻璃体），若其中某一介质出现混浊就会影响到视网膜反光而被发现。后照法也可用来区分核硬化与白内障。

（2）瞳孔光反射 在对患病动物静止时的瞳孔大小、形状与对称性完成评估后，接着要评估瞳

图2-4 用后照法检查患病动物的虹膜与瞳孔

图2-5 后照法检查时眼底视网膜的反光情况

孔的反应。瞳孔光反射是指当有光线进入到视网膜后，所引发瞳孔反射性收缩。在大多数哺乳类动物，眼睛被光直接照射后瞳孔收缩的程度（又称为直接瞳孔光反射）会比另一侧没有被光直接照射到

的瞳孔（又称为间接瞳孔光反射）还要大。

要判读瞳孔光反射的结果，需要了解神经反射等其他干扰因子。此神经反射途径涉及视网膜、视神经、视神经交叉、视束、顶盖前区、第三对脑神经的副交感神经核。上述任何一个神经反射出现问题，便可能会造成瞳孔光反射减弱或消失。

除此之外，若患病动物发生虹膜萎缩（老龄患病动物常见）、虹膜缺血（如因为急性青光眼造成）、瞳孔物理性障碍（如虹膜粘连或晶状体移位）、使用散瞳药物、循环系统中有高浓度的肾上腺素时（如极度恐惧的动物）都可能会影响到检查结果，此外，如果检查时所使用的光源太弱也会造成影响。

瞳孔光反射为大脑皮质下的反射之一，同时需要患病动物的视网膜仍保有一点功能才能引发反射，然而直接瞳孔光反射阳性反应并非代表眼睛具有视力。此反射可检查视力产生途径中的部分途径，故当患病动物表现出视力减弱时，可检查其瞳孔光反射而帮助医师找出病灶所在处。

进行瞳孔光反射检查时，需要同时评估与比较两眼反射结果的强度与速度，并且检查前需要了解品种特异性，如肉食动物瞳孔光反射的速度最快也最完整，其中猫在全部常见的家养动物中反射速度最快。正常的马在明亮的光下其瞳孔光反射会收缩速度较慢；牛和羊的收缩速度会稍微快一些；鸟与爬行动物也有瞳孔光反射，但因为其虹膜肌肉层中骨骼肌多于平滑肌，所以可以受到控制。

（五）晶状体

检查晶状体就像检查其他清澈的组织一样，检查者可使用裂隙灯来确定晶状体内有无混浊。晶状体的疾病相对较少见，大多以透明度的改变（如白内障或是核硬化）或是位置改变（晶状体异位）为主。检查时可从以下方面进行。

（1）瞳孔颜色改变　如白内障。

（2）瞳孔大小改变　如晶状体过小、过成熟白内障或肿胀白内障。

（3）瞳孔形状改变　球状晶状体、圆锥型晶状体、过成熟白内障、肿胀白内障或晶状体囊袋破裂等。

（4）瞳孔位置改变　晶状体完全或部分异位。

（5）晶状体混浊　如白内障、晶状体核硬化、晶状体前囊黑色素化等。

完整地检查完晶状体后，眼睛前半部的检查便已经完成，而临床上大多数的眼科疾病都发生在眼睛前半部，但完整的眼科学检查还包含眼睛后半部结构的检查，包含玻璃体与视网膜等。若要检查眼球后半部需要其他仪器与技术，其他章节则会继续介绍。

三、眼后节检查

（一）眼底镜的使用

在大型动物（如马或牛）中，因其眼球较大，临床医生可在其散瞳时，直接从视轴上看到患病动物的视网膜，但在小型动物中（如犬猫），甚至在大型动物中，想要了解视网膜上详细的情况（如血管形态）时，无法直接用肉眼检查，因此需要依赖眼底镜，眼底镜可分为以下两种。

1. 直接眼底镜　该眼底镜可直接将光线照入待检查的眼睛中，检查者在适当的位置上便可以直接看到患病动物正立的视网膜影像，故称为直接眼底镜。其光线的强度、颜色、进入光线的宽度与焦距都可以调控。在暗房中距患病动物约25 cm处，检查者经直接眼底镜看见患病动物眼底反光时，再逐渐靠近患病动物直至找到焦距，可清楚地看见视网膜视神经盘与血管。

2. 间接眼底镜　使用间接眼底镜时需要在检查者与患病动物之间放置一个凸透镜（通常为20～30D），以产生上下颠倒的虚像，而其放大倍率不及直接眼底镜，但可以在快速、全面性眼底检查时使用。头戴式双目间接眼底镜（图2-6）可以从检查者和动物中间投射光源进入患病动物的眼中，而此时检查者可一手持凸透镜，另一手协助翻开患病动物的眼睑，以辅助眼底检查（图2-7）。

虽然还有其他更容易使用的眼底镜，但其实只要坚持练习，无论是何种眼底镜都可以熟练使用。大多数动物眼科医生都喜欢先以间接眼底镜检查整个视网膜后，再以直接眼底镜对疑似有病变的部位以较大放大倍率进行检查。在进行眼底检查前必须先将瞳孔散开，可以局部使用散瞳剂（复方托吡卡

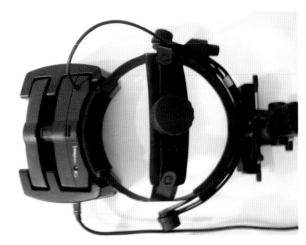

图2-6　头戴式双目间接眼底镜

图2-7　使用头戴式双眼间接眼底镜配合使用凸面镜进行眼底检查

2. **视盘**　全称为视神经盘，也叫视神经乳头。视网膜由黄斑向鼻侧约3 mm处有一直径约1.5 mm，视界清楚的淡红色圆盘状结构，称为视神经盘，简称视盘。

3. **视网膜**　视网膜上重要的结构包括视网膜血管、视网膜色素上皮层（RPE）和神经视网膜。不同品种动物的视网膜血管之间存在差异。视网膜的动脉和静脉均由视盘发出。视网膜色素上皮层的名称可能不够准确，因为很多时候并没有色素存在（黑色素）。当存在脉络膜毯反射的时候，一般这一区域没有色素沉积，这样才能使光线到达此区域。在那些没有脉络膜毯反射的动物，主要是因为感光色素层有过多的黑色素，从而妨碍了对后面脉络膜的观察。在某些白化动物的感光色素层缺乏黑色素，所以可以清楚地观察到脉络膜（图2-8）。由于神经视网膜呈透明状（更像一层蜡纸），所以一般很难观察到，但由于它的存在，可使脉络膜毯反射减弱，同时使非脉络膜毯的颜色呈灰色而不是黑色。多在视网膜变性、变薄的时候才能观察到这种效果。所以当视网膜出现变性时，会表现出脉络膜毯过度反射，同时视网膜的血管变细。

（1）犬的视网膜　犬视盘的直径大约为1.5 mm。由于眼底的病变都很微观，所以要清楚地了解眼底的组织学关系。正常的视网膜是透明的，可

胺）。

（二）正常眼底

不同品种动物的眼底之间存在很大差异，临床医生只有借助良好的眼底镜反复、多次地观察才能对眼底的变化有所了解。所以一般眼底的疾病都需要转诊到专业的动物眼科医生才能找到真正的问题。如下结构都可以在眼底检查时发现。

1. **脉络膜毯**　在眼底背部可见。猪、鸟和骆驼没有脉络膜毯。脉络膜毯区域通常占据眼底的上半部。非脉络膜毯区域则会因为脉络膜血管内黑色素的多少而发生面积大小的变化。幼犬或幼猫在睁眼后眼底呈灰色。长至4个月左右的时候，背侧的眼底逐渐变为亮蓝色，并具有了反光性。

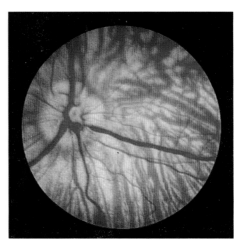

图2-8　白化动物的视网膜色素层缺少色素，从而使脉络膜血管清晰可见

以清楚地看到视网膜的血管、色素和视神经。多数家养动物的脉络膜毯位于脉络膜的上半部。视网膜主要由色素上皮层和感觉神经层组成。在色素上皮层与光感受器之间的腔隙非常重要，这个腔隙也是常发生视网膜脱离的区域。

使用眼底镜时，一定要对眼底结构进行彻底检查。检查时一般先找到视盘，然后分4个象限逐一检查。犬的视神经外的髓鞘一直延伸到视盘，而其他动物的视神经髓鞘止于巩膜（筛板）。所以犬的视盘外观呈多样化，具有不同的形状、颜色和大小。由于视盘生理性的杯状结构，中央呈小的灰色凹陷。多数视网膜静脉在视盘中央吻合。根据髓鞘遮盖血管的多少，这种吻合可能是完全的也可能是不完全的。视网膜的动脉比静脉细，主要围绕在视盘周边。

（2）猫的视网膜　猫眼底的外观比犬更有规律（图2-9），多数脉络膜毯区域呈金黄色或绿色，并且占据了很大的范围。非脉络膜毯区域富含黑色素，但白化动物例外。视盘表面没有髓鞘，所以猫的视盘较小、较圆、较黑。视神经乳头多位于脉络膜毯区域，视网膜的血管多围绕在视盘周边，不同于犬在视盘中央区的吻合。

4. 脉络膜　脉络膜是高度血管化，并有不同程度黑色素沉积的结构。与视网膜的血管（相对较细、黑红色、有分支）不同，脉络膜血管则较粗，呈橙色到粉红色。当感光色素层缺少黑色素

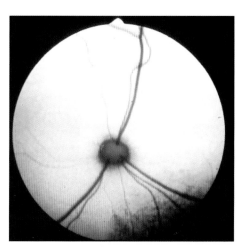

图2-9　猫的正常视网膜

时，脉络膜毯缺少则可以看到脉络膜，这种现象多见于白化动物的腹侧非脉络膜毯区域。

（三）玻璃体

正常的玻璃体呈透明状，完整的玻璃体检查需要在散瞳后通过眼底镜检查，可以根据以下几点进行评估。

（1）出现不透明　有无永存性玻璃体动脉或其残迹、星状玻璃体、玻璃体胆固醇沉积症、炎性渗出物或玻璃体出血等异常。

（2）通过眼球移动来旋转玻璃体　观察玻璃体有无液化现象。

（3）有无视网膜剥离。

（四）视网膜

视网膜的病变最容易从脉络膜毯、脉络膜等的改变间接观察到，可以根据以下几点进行评估。

（1）颜色的改变　可在脉络膜毯上观察有无炎症细胞、水肿、黑色素、出血、纤维化、胶样变性、肿瘤或脂质等堆积。

（2）脉络膜毯反光度改变　如反光度下降（通常指示为正在进行或急性的过程）或反光度上升（指示慢性或不活跃的变化）。

（3）无法清楚地看到视网膜　如有玻璃体碎片、视网膜水肿、视网膜剥离或巩膜畸形时会无法清楚地看到视网膜。

（4）视网膜血管形态改变　视网膜血管变细（指示视网膜退化或是贫血）或血管变粗／扭曲（指示高血压、脉络膜视网膜炎、血管炎等）。

（五）视神经

判读视神经乳头是否正常时，需要了解不同品种动物其正常视神经乳头的形态，可以根据以下几点进行评估。

（1）面积或突起变大　如视神经炎、视神经乳头水肿、过度髓鞘化。

（2）面积或突起变小　畸形、视神经发育不良、小乳突症、视神经萎缩，以及青光眼造成的视神经病变。

（3）血管变化　出血、贫血、血管怒张等。

第四节　其他检查方法

根据之前所介绍的眼科学检查，完成眼球前半部与后半部后的检查后，又可根据患病动物的主诉、病史、检查结果与怀疑的疾病再进行其他检查，这些检查会在下文进行介绍。

一、房水闪辉

房水闪辉（房闪）是眼前房因发生葡萄膜炎导致眼球内血管屏障受到破坏，使血管内蛋白质（有时伴随细胞）进入眼前房，而造成眼前房不透明而形成的。最容易检查出的方法是在暗室中将患病动物瞳孔散开后，以一裂隙、强光源斜照患病动物的眼睛。在正常眼睛中可以清楚地看到第一道反光与第二道反光，两道反光间清澈无其他连接；当有眼前房混浊时，两道反光中会有一道朦胧的光线将两者连结起来（图2-10）。一旦发现患病动物眼前房混浊时，便可以诊断患病动物患有前葡萄膜炎；但反过来说，患病动物没有发生眼前房混浊时，则不代表没有前葡萄膜炎发生，仍需综合其他临床症状进行诊断。

二、眼压测量

眼压测量是眼科检查中最重要的检查之一，但在兽医临床中却常常被忽略。眼压的测量并不是单纯地诊断患病动物有无青光眼（眼压上升），也可以用来诊断葡萄膜炎（眼压下降），并可帮助区别诊断红眼症（如眼角膜炎、结膜炎或巩膜炎等，并不会影响眼压）。除了诊断上述疾病外，定期监测眼压也可用来评估上述疾病的治疗效果，和辅助调整治疗的方向。目前临床医生最常使用的眼压计为TonoPen，这是一款使用方便、价格合理的压平式眼压计。直接式眼压测量（使用导管直接测量）仍局限于在实验室使用；直接用手指经眼睑触按眼球坚硬度来推测眼压大小的方法，不但不精准、不可靠，而且按压眼球的同时也可能造成如失明或疼痛等不可预期的并发症。

眼压测量仪可分为压陷式眼压计、压平式眼压计与反弹式眼压计。压陷式眼压计测量原理很简单，将眼球想象成一个装满水的水袋，当给予固定的压力时，若眼压正常则可以使其下陷一定的距离；若眼压下降则下陷距离会变大，反之，若眼压变高则下陷距离减小，从而确定眼压高低。使用压陷式眼压计时需要患病动物清醒且良好配合，因为需要向上看，使眼角膜维持水平，从而使测量仪垂直于眼角膜表面，且测量数据与眼球坚韧度有关，在小动物临床上较难施行（图2-11）。

压平式眼压计原理是将一个球状物体压为平面

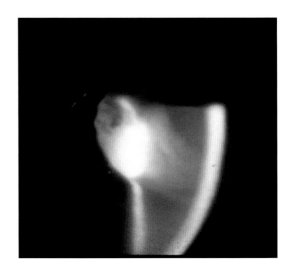

图2-10　房水闪辉

图2-11　使用压陷式眼压计（修兹眼压计）测定眼压

时，此时所施的力与物体内的压力成正相关，因此当压平的面积固定时（为眼压计末端区域），便可以推算出此物体内的压力。此眼压检测方法简单准确，将患病动物的角膜且固定于水平位置便可以操作，而且需要与患病动物眼角膜接触的面积较小（只有眼压计末端），可避开眼角膜不规则或是有病灶处而增加准确度。接触眼角膜的眼压计末端可使用一次性商品乳胶套，从而可避免患病动物之间的交叉感染等。此为目前动物眼科医生中最常用的眼压测量工具。其检测方法是在患病动物眼部事先滴加局部麻醉药物后，只需稍做保定（要避免压迫到颈静脉，以免增加眼压），小心地打开眼睑，将眼压计垂直地轻触眼角膜正中央数次（可从侧面观察接触时眼压计是否垂直于眼角膜），便可以读取仪器上出现的数值（其误差低于5%），即为患病动物的眼压值（图2-12）。

图2-12 使用压平式眼压计（TonoPen）测量眼压

反弹式眼压计为第三种眼压测量方法（图2-13），与上述两种方法的原理不同，此测量方法是在距眼角膜固定的距离下，快速弹出一圆端金属探头后，计算此探头触碰眼角膜后回弹时的运动模式，当患病动物眼压偏高时，此探头接触到眼角膜时会快速减速，并以较短的时间回到测量仪中。使用反弹式眼压计测量眼压与眼角膜张力有关，必须在使用任何药物（包含局部麻醉药）之前进行检测。然而这也带来一些疑问，如对于患干眼症的动物，其眼表面润滑度与正常动物不同，而其眼压值该如何去判读等。除此之外，对于配合性较低的患病动物，很难固定仪器与眼角膜间的距离，因此虽技术已经出现了50多年，但只有最近几年得以广泛应用。

正常犬猫的眼压为10~20 mmHg，但不同动物之间存在个体差异且使用不同类型眼压计的测量值差异较大，因此测量眼压需要同时测量患病动物双眼来帮助评估眼压高低。正常时两眼眼压差通常不会超过20%。当两眼压存在一高一低时，仍需综合考虑眼睛的其他临床症状，才能评估是哪只眼正常而哪只眼患有葡萄膜炎或青光眼。除此之外，眼压也受镇静药物或麻醉药物的影响，因此在判读数字时需要小心谨慎。

图2-13 使用反弹式眼压计（TonoVet）测量眼压

三、房角镜

房角镜是用来检查房角的仪器，房角是眼角膜与虹膜之间的结构，负责调控眼前房液排出，所以会影响眼压的高低。正常情况下，来自房角的光线碰到眼角膜和空气分界时会完全反射回去（图2-14，A），因此无法直接以肉眼观察患病动物房角的情况，需要借助屈光系数与眼角膜相近的材质所制造的房角镜，才能观察到房角的状况。

房角镜可以分为直接观察型（如Koeppe Lens，图2-14，B）与间接观察型（如Goldmann Lens，图2-14，C）两类。目前动物眼科医生最常使用的为低度真空的房角镜，可以用来诊断患病动物的房角是否正常，有无关闭、狭窄、异物阻塞或炎症物质

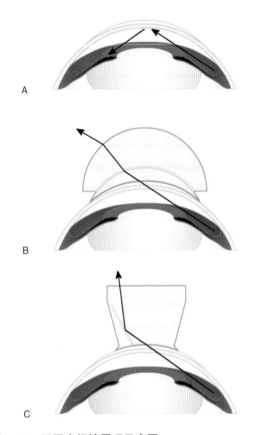

图2-14 不同房间镜原理示意图
A. 正常房角会完全反射射入的光线　B. Koeppe直接房角镜　C. Goldmann间接房角镜

堆积等结构问题，还可以用来协助治疗青光眼。对于配合性高的患病动物，只需要做局部麻醉即可进行检查，否则需要镇静后再检查。进行检查前需了解正常动物其房角的结构才能判读结果。此检查适用于各种动物，但最常用于犬、猫或马因其眼前房较深，有时通过肉眼便可以直接检查其房角结构。

四、活体染色

活体染色是指在活体组织中进行染色。在动物眼科中最常用的方法为荧光素染色与孟加拉玫瑰红染色。

1. 荧光剂染色　荧光剂是一种水溶性染剂，可以附着在所有的亲水性组织上。眼角膜最外层为疏水性，其下的基质层则为亲水性，当患病动物的眼角膜完整无缺损时，荧光剂并不会附着在眼角膜上，换言之，当患病动物眼角膜上皮出现缺损而暴露基质层时，则会使荧光剂残留，因此

荧光素染色最常用来检测患病动物是否患有眼角膜溃疡。

在进行检查前将荧光试纸取出，前端以无菌生理食盐水沾湿后，轻触患病动物的结膜，注意不可以直接接触到患病动物的眼角膜，否则可能会造成人为的假阳性，然后用无菌生理盐水将过多的染剂清洗冲洗，再以钴蓝光检查有无荧光反应。当眼角膜上皮存在缺损时，则可以看到亮黄绿色的荧光阳性反应（图2-15），而不同类型的眼角膜溃疡都有各自典型与特征性的荧光残留特性，需要谨慎判读。当眼角膜溃疡深度达到眼角膜的后弹力层（也是疏水性）时，则无法染上荧光颜色，此时荧光染色结果也为阴性，需要谨慎判读结果。

当眼角膜上皮没有缺损时也可能出现阳性反应，如当眼角膜变粗糙或有血管新生时，因眼角膜表面不规则而造成染剂淤积而呈现假阳性；纤维血管组织新生（或肉芽组织新生时），因其组织也为亲水性，故也会造成染色假阳性反应。

荧光素染色除了用来判读有无眼角膜溃疡外，也可以用来检测患病动物鼻泪管是否通畅。正常情况下，大多数品种的犬在眼内滴加荧光剂后，荧光剂会在5～10 min经鼻泪管流至同侧的鼻腔与口腔中，可根据观察鼻腔或口腔来判读其鼻泪管是否通畅（图2-16）；而短吻犬或猫因鼻泪管开口位于鼻腔后半部，若只检查鼻腔则可能会造成假阴性，需要打开口腔检查（图2-17）。

荧光剂也可以用来检测泪膜破裂的时间，来评估泪膜的稳定性。检测方法如下，先将一滴染剂滴入受检眼睛后立即闭合眼睛，然后用钴蓝光照射受检眼睛后，打开并暂时固定眼睑（使之不能闭合），观察眼角膜背外侧处，并记录黄绿色的泪膜的干燥时间（即看到黑色斑点出现），即为泪膜破裂时间。此为泪液中黏液层质与量的检测方法，当质或量下降时便会造成泪膜不稳定而提早干燥。犬正常泪膜破裂时间为20 s，猫约为17 s。

2. 孟加拉玫瑰红染色　孟加拉玫瑰红染色可使死亡的上皮细胞着色。当眼角膜上皮开始出现缺损，但未到全层上皮细胞死亡的程度，尚未暴露出下面基质而其荧光素染色呈阴性时，可使用孟加拉玫瑰红染色来在早期发现眼角膜上皮的缺

损（图2-18）。

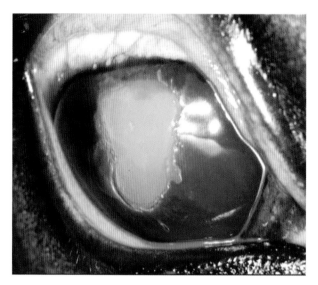

图2-15 角膜溃疡时可在钴蓝光下观察到荧光剂着色（源自佛罗里达大学兽医学院）

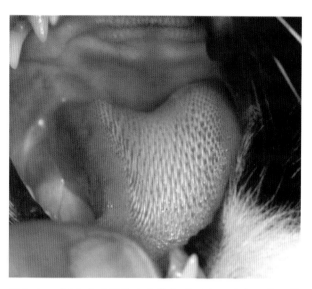

图2-17 短吻犬或猫荧光素染色后可在口腔中观察到荧光剂（源自佛罗里达大学兽医学院）

图2-16 鼻腔中可以观察到荧光剂证明鼻泪管通畅（源自佛罗里达大学兽医学院）

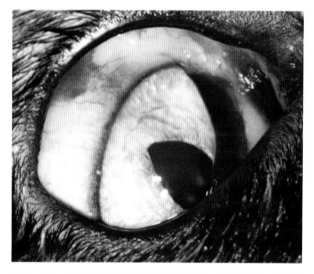

图2-18 孟加拉玫瑰红染色可以使死亡的角膜上皮着色（源自佛罗里达大学兽医学院）

第五节 眼部功能的检查

一、眼神经功能的检查

（一）与眼睛功能有关的脑神经

许多脑神经与眼睛的功能有关。

1. 第二对脑神经 与视力和瞳孔光反射有关。

2. 第三对脑神经 与眼球移动（指由上、下、内直肌与下斜肌所调控的运动）、眼睑张开、瞳孔收缩有关。

3. 第四对脑神经 与眼球移动（指由上斜肌所调控的运动）有关。

4. 第五对脑神经 控制颜面与眼球的感觉、与流泪和散瞳有关。

5. 第六对脑神经 与眼球移动（指由外直肌与内引肌所调控的运动）有关。

6. 第七对脑神经 与眼睑闭合有关。

（二）眼神经功能的检查

完整的眼科学检查也包含基本的神经眼科学检查，在大多数病例中都可以简单快速地进行检查，基本的神经眼科检查有以下几种。

1. 瞳孔光反射 如前文所述。

2. 瞳孔转移光检查 此为改良的瞳孔光反应测试，大多数哺乳动物的瞳孔直接受光照射时，其收缩程度都会比间接大。因此当光线先直接照射某一眼（如左眼），再快速移动到另一眼时（如右眼），正常情况下另一眼（右眼）收缩的程度会比原本直接受光照射眼（左眼）的收缩程度还要大，这是因为右眼受间接瞳孔光反应影响，会先缩小后又受到直接光照射所致。因此当患病动物单侧视交叉前病灶时（如右眼），则此时先照射另一眼（如左眼），再快速照射病灶眼时（如右眼），则病灶眼的瞳孔会先收缩（受正常左眼间接瞳孔光反应影响）后又散瞳，此现象则称为瞳孔转移光检查阳性或称Marcus Gunn瞳孔。

3. 瞬目反射 当受检测眼的眼睑半开或全开时，以强光直接照射后，正常情况下会闭上眼睑。但存在严重视网膜、视神经或颜面神经病变时会呈阴性反应。

4. 眼睑反射 是指轻触眼睑的皮肤来观察能否完全或部分关闭眼睛。判读此检测结果前需了解此反射需要患病动物调控眼睑皮肤的感觉神经正常，且调控眼睑闭合的运动神经也正常的情况下，才能完成此反射。其他的原因，如兔眼症时因物理性造成眼睑关闭困难或检测非常紧张的动物（如鸟类或野生动物）时，都可能会出现假阴性反应。此外在进行眼睑反射检查时，需要分别触碰患病动物的内外眦两处皮肤进行检测，触摸内眼角时大多数患病动物都可以引起完全的眼睑闭合，而对于较紧张的动物或是较凸眼的品种，触摸其外眼角则可能只引起眼睑部分闭合。

5. 威胁反应 正常的威胁反应是指建立在患病动物"可以看到"检查者所做的刺激而产生反应做出眼睑闭合动作，故检查前需确定患病动物有正常的眼睑反应，才可以间接确定患病动物有无视力。在进行此检测前需确定此刺激除了让患病动物看见之外，不可以与患病动物身体产生任何接触（如触碰到毛发或产生风或味道等）；两个眼睛需要分别进行检测（只要有一只眼可以看到刺激动作便会让双眼眼睑闭合以保护自己）；对于极度害怕的患病动物，可能反应不明显；检查时需要同时检查其内外视野；此外反应为经后天学习而得来，因此对于10~14周以下的幼犬或幼猫都不适用。

6. 视力的行为测试 评估患病动物有无视力是动物眼科医生面临的最大难题之一。患病动物有无视力可以经由许多行为测试进行观察，且与患病动物的个性、情感、意识和认知能力有关。可进行棉球测试（一次测试一眼，在患病动物眼前20~30 cm处抛一棉球，观察患病动物视线是否会跟着棉球移动），有些动物对于激光笔测试（视线会随激光笔的移动而移动）也有反应。也可以利用障碍物测试来观察有无视力，将形状大小不同的障碍物摆放于房间中，观察患病动物能否顺利绕过，要在昏暗与明亮环境下分别进行，由于有些患病动物记忆力很好，因此明暗环境交替时必须改变障碍物的位置才能避免误判。

二、视网膜电图

当光线进入视网膜时，视网膜对于不同光强度、波长或光照时间会产生不同的电位差，可通过放置于眼周的电极收集而产生的特征性波幅后记录成视网膜电图（图2-19）。此检测适用各种动物，目的是检查患病动物的视网膜功能而非视神经或视力，通常只有在动物眼科专科医院才能进行此项检查。进行此项检查的目的如下。

（1）进行白内障摘除手术前，在无法进行眼底检查时可以用来评估视网膜的功能。

（2）鉴别诊断不同类型的遗传性视网膜病变。

（3）探讨眼底检查正常，但发生不明原因的失明。

图2-19 视网膜电图电极放置

三、视网膜镜

视网膜镜可用来评估眼球的屈光状况，还可以用来评估患病动物是否有近视、远视或是散光。一般用于白内障手术后评估视网膜电图和眼底镜检查都正常但视力异常的动物。

四、影像学检查

其他有助于评估眼球结构的影像学检查包括X线检查、眼科B超、计算机断层扫描、核磁共振或眼底血管荧光造影检查等。

1. X线检查 可由背腹侧、侧面或由前往后、斜照等姿势拍摄X线片来确定眼周组织或骨有无病变、肿瘤或异物等异常，必要时可搭配显影剂（如泪管显影照相术等）。

2. 眼科B超 当眼内发生病变不透明而无法进行眼科学检查时（如眼内出血或白内障），可以用超声波来检查眼内结构是否正常（如有无视网膜剥离或晶状体移位等），也可以帮助评估眼周组织或引导细针采样等（图2-20）。进行眼科B超检查时需要了解与熟悉眼睛内部的结构与B超的使用。检查时不建议对患病动物做全身麻醉，可局部给予麻醉药物后，在B超探头涂上无菌超声耦合剂后直接贴在眼角膜后进行检查，适用于诊断以下各种疾病：晶状体异位或破裂；玻璃体退化；眼内肿瘤或有无异物；确定有无眼球后疾病；帮助引导眼睛内或周边的细针采样；视网膜剥离。

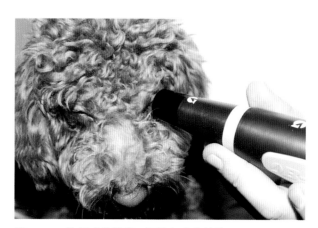

图2-20 使用动物眼部B超检查眼内结构

参考文献：

Maggs D, Miller P, Ofri R. 2008. Slatter's Fundamentals of Veterinary Ophthalmology, 4th Edition. St. Louis, Mo.: Saunders Elsevier.

CHAPTER 3

董 轶 博士（北京芭比堂动物医院）

第三章 | 眼睑病

第一节 概 述

　　眼睑主要由皮肤、肌肉、睑板和结膜等组织构成。内表面是结膜，外表面是皮肤，分为上、下眼睑，覆盖于眼球表面，其功能主要是保护眼球。除此以外，眼睑还有附属的器官，如睫毛和腺体。眼睑的皮肤是全身最薄、最富有弹性和活动性的皮肤之一。犬、马、牛、猪、羊的睫毛位于上眼睑的外表面，马的下眼睑也存在少量的睫毛。猫虽然没有睫毛，但是可以很容易在眼睑边缘看到有一排特化的毛发存在。眼睑边缘附近分布着许多汗腺（Moll氏腺）和皮脂腺的开口。蔡司氏腺是残留的皮脂腺，开口于滤泡，睫毛就从此处生长。睑板腺附着在睑板上，是特化的皮脂腺。由于睑板是由一层纤维组织构成，所以对眼睑有一定的支撑作用。睑板腺刚好位于睑缘的睫毛后面（图3-1）。在睑缘可以清楚地看到睑板腺的这些开口，睑板腺液就从这些开口排出。睑板腺具有两方面的功能：一方面其覆盖在眼睑边缘，阻止泪液溢出，另一方面其组成了前泪膜的脂质层，这层结构因为具有很大的表面张力，因此具有更强的稳定性，从而阻止了泪膜中水样层的蒸发。

　　在靠近内眦3~4 mm的上下眼睑边缘处有泪小管开口，瞬目过程中，上、下眼睑除会彼此相向移动外，同时也会向内眦侧移动，从而产生负压泵效

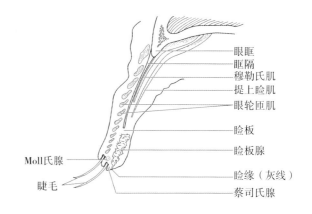

眼眶
眶隔
穆勒氏肌
提上睑肌
眼轮匝肌
睑板
睑板腺
Moll氏腺
睫毛
睑缘（灰线）
蔡司氏腺

图3-1　正常眼睑的解剖
摘自Severin's veterinary ophthalmology notes.

应，使泪液从泪点引流到鼻泪管。眼轮匝肌环绕在眼裂周围，当其受第七对脑神经（面神经）的颞支支配收缩时，可使眼睑闭合。眼睑反射就是靠眼轮匝肌完成的。我们在临床上观察到的眼睑痉挛就是因为此肌肉过度收缩造成的。对于大动物，眼部局部麻醉和诱导上眼睑运动障碍就是在该神经周围注射药物。

　　眼睑的开张不单纯靠眼轮匝肌的舒张，同时也需要提上眼睑和降下眼睑。对于哺乳动物，上眼睑的活动性大于下眼睑，但对于鸟和爬行动物则相

反。负责开眼睑的主要肌肉是提上睑肌，受第三对脑神经（动眼神经）支配；Müller（穆勒）氏肌位于提上睑肌后，受第五对脑神经（三叉神经）的交感神经纤维枝的支配，也是负责开眼睑的。当交感神经兴奋（如惊恐、愤怒或疼痛等）时此肌肉会收缩，加大眼睑裂开的程度（图3-2）。在眼轮匝肌与睑板之间有肌下组织层，使眼轮匝肌可以自由活动，此层内神经纤维特别丰富，是眼睑的感觉神经分布区。手术时可以将麻药注入此层，用量少且效果好。

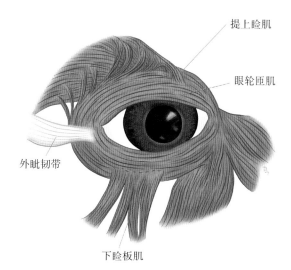

图3-2 控制眼睑大小的肌肉包括：眼轮匝肌（闭合），提上睑肌（开张），外眦韧带（开张），下睑板肌（开张）。穆勒氏肌在图中没有显示

第二节 眼睑炎症

一、睑腺炎

睑腺炎（hordeolum）是眼睑腺体的急性、痛性、化脓性、结节性炎症病变，又称麦粒肿。睑板腺感染时会形成较大的肿胀区，称之为内睑腺炎。眼睑皮质腺（蔡司腺）或汗腺（Moll腺）感染则为外睑腺炎，其肿胀范围小而浅表。

【病因】大多数睑腺炎由葡萄球菌感染引起，睑板腺开口阻塞引起的急性无菌性炎症可继发为内睑腺炎。睑腺炎伴发睑缘炎时，可表现为多发性病灶或反复发作。

【临床表现】眼睑有红、肿、热、痛的急性炎症表现。外睑腺炎的炎症反应集中在睫毛根部附近的睑缘处，触诊动物表现疼痛，还可出现压痛性硬结。感染部位靠近外眦部时，会造成结膜水肿。内睑腺炎因为受睑板的限制，所以肿胀范围受限，但同样有硬结和疼痛的症状。相应的睑结膜面可出现局限性充血水肿。睑腺炎发生2~3 d后，病灶中央区会变白，最后自行破溃，睑腺炎破溃后炎症可明显减轻，1~2 d内症状会逐渐消失。睑腺炎容易发生于犬，并经常继发脓性、化脓性结膜炎（图

3-3）。因为睑板腺分泌泪膜中的脂质泪液，对于维持泪液的功能至关重要。睑板腺炎经常会导致结膜和角膜的炎症，最后可能发展为干眼症。

【诊断】眼睑皮肤可见局限性红、肿、热、痛，触诊有硬结。睫毛根部、近睑缘皮肤或睑结膜面出现脓点。细菌培养和药物敏感实验可协助致病菌诊断和选择敏感药物进行治疗。

【治疗】根据病情的严重程度，治疗方法也有所不同（表3-1）。一般情况下，全身和局部抗菌

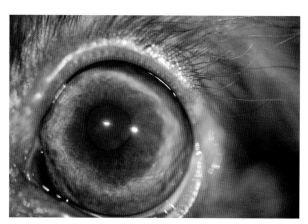

图3-3 犬睑腺炎

表3-1 犬睑腺炎的诊断治疗

疾病严重性	诊断方法	治疗
早期／轻度	临床症状、药敏或培养实验	局部抗菌素—激素眼膏、全身抗菌素（头孢、强力霉素、阿莫西林克拉维酸或根据药敏实验结果）
中度	临床症状、培养和药敏实验、结膜和皮肤的刮片做细胞学评估	最初治疗可以同早期，然后根据药敏或培养结果更改治疗，至少持续治疗6～8周，假如没有寄生虫或真菌的感染，在治疗的第3周时，口服泼尼松0.5 mg/kg，连续7 d
严重、慢性、反复性	临床症状、培养和药敏实验、结膜和皮肤的刮片做细胞学评估	等同中度的治疗，但持续的时间会更长，可能还需要征求皮肤专家的意见

素结合糖皮质激素治疗是非常必要的。当药敏和培养实验尚未得出结果时，可以先使用阿莫西林克拉维酸、强力霉素或头孢菌素。发病初期也可采用冷敷的方法，硬结未软化时可进行湿热敷，每日3～4次，每次15 min。

慢性、严重性、反复性的睑腺炎需要耐心和穿刺性治疗。脓肿形成后切开排脓时，需注意外睑腺炎切口在皮肤面，与睑缘平行，以减少瘢痕形成。内睑腺炎切口在结膜面，与睑缘垂直，以避免过多伤害睑板腺导管。脓肿尚未形成时切忌用手挤压，因眼睑及面部静脉无静脉瓣，挤压可导致细菌进入血管引起败血症，引起生命危险。国外有些学者认为，大多数睑腺炎是可以控制的，但很难治愈。

对于顽固的病例，可以取睑板腺的分泌物进行细胞学检查和真菌培养。化脓性睑腺炎也可能是由真菌造成的（如犬小孢子菌和发癣菌曲菌），有时在眼睑皮肤和局部刮片或拔毛时，在显微镜下有可能证实疥螨的存在。必要时也要考虑免疫介导性皮炎。

二、睑板腺囊肿

睑板腺囊肿（chalazion）又称霰粒肿，是睑板腺的特发性、慢性、非化脓性炎症。由于脂类物质在蔡司腺和睑板腺内积存，阻碍腺体的分泌，挤压临近组织并引发慢性肉芽肿性炎症。通常有一纤维结缔组织包囊，囊内含睑板腺分泌物及包括巨噬细胞在内的慢性炎症细胞浸润。病理形态类似结核结节，但不形成干酪样坏死。

【病因】可能由慢性结膜炎或睑缘炎导致睑板腺分泌受阻引起，也可能与蔡司腺分泌功能旺盛或维生素A缺乏有关，从而造成腺上皮过度角化，阻塞排出管道，腺体分泌物潴留形成无菌性慢性肉芽肿炎症有关。值得注意的是容易将睑板腺的肿瘤误诊为睑板腺囊肿。因此，长期的、复发的或非典型性睑板腺囊肿必须进行病理学检查。

【临床表现】典型表现为睑板上可触及单个或多个边界清楚的韧性肿块，位于皮下距离睑缘5 mm内，无痛、不红、表面皮肤隆起，但与肿块无粘连，相应结膜面出现局限性暗红或紫红色充血（图3-4）。如果腺体破溃，脂质物质进入到眼睑的基质中，会引起明显的脂质肉芽肿性炎症表现。

小的囊肿可自行吸收消退，多数睑板腺囊肿可长期不变或逐渐长大，质地变软，也可自行破溃，排出胶样内容物，在睑结膜面形成蘑菇样肉芽肿，肉芽也可经睑板腺排出管道，在睑缘开口处形成乳头状增生。当囊肿内容物通过皮肤或睑板得到引流后，病变会在数周或数月内消失，少部分会有瘢痕残留。睑板腺囊肿有继发感染时，即形成内睑腺炎。

【诊断】根据动物无抓蹭等疼痛症状，眼睑皮下有与皮肤无粘连的无疼痛性结节，相应结膜面出

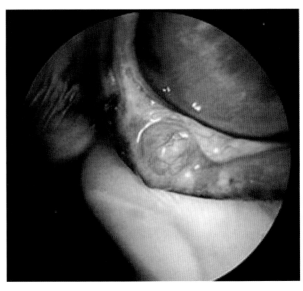

图3-4 犬睑板腺囊肿（霰粒肿）

现局限性暗红或紫红色充血可以确诊。反复发生的睑板腺囊肿要进行组织学检查，排除眼睑的肿瘤。

【**治疗**】禁止使用局部挤压的治疗方法，因为这会导致感染和肉芽扩散到周围的组织。可在局部麻醉状态下，用睑板腺夹放置于睑板腺囊肿上，翻转眼睑（图3-5）。沿睑板腺囊肿及睑板腺做垂直切口，避免损伤睑缘。用刮匙伸入囊腔，将囊腔内的胶冻样物质和腺上皮细胞刮除。剪除分离后的囊壁以防复发。术毕注意加压止血，也可局部热敷控制术后局部的疼痛和肿胀。术后结膜囊内使用抗菌素—激素的眼膏。在猫会出现类似的疾病，称作脂质肉芽肿性结膜炎。

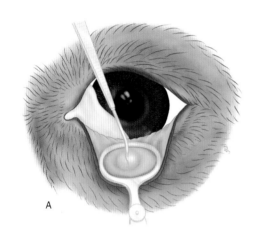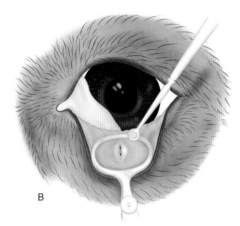

图3-5 睑板腺囊肿的治疗
　　A. 麦粒肿夹固定病变的部位及眼睑，用65号刀片垂直睑缘切开　B. 使用麦粒肿挖匙将囊肿内容物彻底去除

第三节 睫毛异常

　　正常的睫毛应该从睑缘的皮肤侧生长（图3-6）。常见睫毛异常有3种情况。

　　1. **双行睫**（图3-7）　睫毛从睑板腺开口生长出来。很多犬可见到小的双行睫，特别是贵宾犬和可卡犬。如果没有临床症状，很少会被人发现。

　　2. **异位睫毛**（图3-8）　睫毛从睑板腺处生长的同时睫毛从睑结膜侧生长，最后对角膜产生强烈刺激，甚至导致角膜溃疡的发生。睫毛可能呈白色或其他颜色，只有仔细查找才能会发现。偶尔也能会在放大镜或是裂隙灯下发现。

　　3. **倒睫**（图3-9）　睫毛或临近皮肤的毛发生长位置正常，但是最后生长的方向朝向角膜。这种问题可能是先天的，但也会继发于其他疾病，如鼻皱褶、眼睑发育缺陷、眼睑缺失和眼睑内翻。

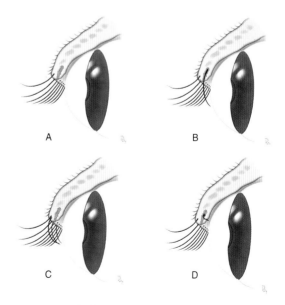

图3-6　A. 正常睫毛生长的位置　B. 双行睫　C. 倒睫　D. 异位睫毛

图3-7　双行睫

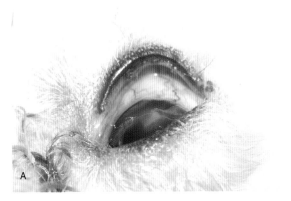

图3-8　异位睫毛
A.异位睫毛病例　B.异位睫毛示意图

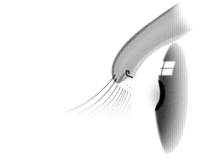

图3-9　倒睫

睫毛异常可能是双眼也可能是单眼的，上下眼睑都可能会受到影响，但是异位睫毛更容易发生在上眼睑。尽管这种问题不是先天的，但是多数动物在幼龄时就会出现此问题，很少到成年后才出现问题。犬的睫毛问题非常常见，这可能有品种遗传和家族遗传性。

【临床表现】所有的睫毛异常表现都会表现出如下相同的症状。

（1）泪溢　眼泪过多，尽管鼻泪管通畅，但面部仍然有泪痕。很少有脓性眼分泌物，除非患有角膜溃疡。

（2）慢性结膜充血　眼球表面血管充盈，明显发红。

（3）角膜溃疡　睫毛异常，特别是异位睫毛，可以导致角膜溃疡。如果是由睫毛异常导致的，溃疡通常浅表，并且溃疡发生的位置应该与异位睫毛的位置相吻合。

【治疗】睫毛异常的类型不同，治疗方法也不同。

1. 双行睫的治疗　双行睫的治疗方法有很多种。由于术后局部眼睑边缘瘢痕太严重或造成睑板腺受损，眼睑劈开术和部分睑板切除术，这两种手术方法已经废弃。取而代之的主要是冷冻法和电解法。电解法主要适用于少量双行睫，如果双行睫过多，则建议使用冷冻法。不配合使用冷冻法或电解法，单独用镊子拔出睫毛，效果暂时会很好，但3～4周后又会重新长出睫毛。

（1）冷冻法　该方法是有针对性地选择毛囊进行冷冻。使用睑板腺夹固定睫毛异常的区域，用液氮或二氧化碳冷冻睑板腺的开口，确认冷冻球刚好位于睑缘的毛囊处，连续进行两次的快速冷冻和缓慢解冻（图3-10）。融化后，睫毛囊内的睫毛就很容易拔出了。手术后眼睑可能会出现肿胀，是因为在冷冻过程中，睑板腺也受到冷的刺激，但优点在于这种方法损伤面很小。一般4周后，睑板腺的功能可重新恢复，冷冻位置就不会再长出新的睫毛，没有冷冻的区域，又会长出新的睫毛。

手术后局部的肿胀可以局部和全身使用糖皮质激素或非类固醇类药物进行控制。手术后使用非类固醇类药物还有镇痛效果。抗菌素—激素眼膏还

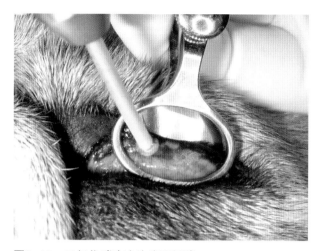

图3-10　二氧化碳冷冻治疗双行睫

能控制结膜的肿胀。眼睑可能会有脱色素的现象发生，但大多数情况下6个月后就会恢复。

　　冷冻时最好不要用肉眼来观察冷冻的情况，直接用计时器计算时间效果更好。冷冻时要把局部组织展平，避免相邻组织受到损伤。

　　（2）电解法　原理是直接将电通到睑板腺内，用一根细针传导电流。一般需要借助放大装置，沿着睫毛将电针深入到毛囊内持续20～30 s（图3-11），然后就很容易将睫毛拔出了。

　　2. 异位睫毛的治疗　异位睫毛的治疗方法是将异常的睫毛和睑板腺一同切除。用麦粒肿夹固定异位睫的区域并防止出血，同时将眼睑翻折，用65号刀片将固定的异位睫毛囊及睑板腺一同切开，但要保持眼睑边缘的完整（图3-12）。无需缝合，局部压迫数分钟即可止血。术后局部使用广谱抗菌素，每天3次，连续1周即可。如果技术要领掌握到位，术后效果非常明显，并且很少复发。但其他区域的毛囊还可能会出现问题。

　　3. 倒睫的治疗　根据倒睫位置的不同，可以采取下面任意一种方法。

　　（1）定期剪除眼周围的毛，没有经验的动物主人常常忽略这一点。对于西施犬、贵宾犬和拉萨犬这点尤为重要。

　　（2）对倒睫进行冷冻。这种方法对于内眦处有大量朝眼内异常生长的睫毛时非常有效。一定要在术前提醒动物主人，手术后局部眼睑会出现6个月左右的脱色素症状。

　　（3）手术纠正发生倒睫的区域（比如眼睑内翻、鼻皱褶突出、眼睑缺失）。

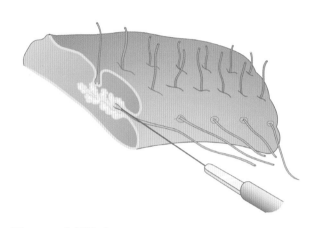

图3-11　电解睫毛

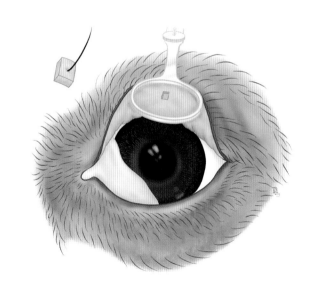

图3-12　去除异位睫毛，使用麦粒肿夹固定眼睑，防止出血

第四节　眼睑位置和功能异常

一、眼睑内翻

眼睑内翻是指眼睑的边缘向眼球方向内卷的眼病。这种问题在很多品种动物都很常见。很多原因都会导致眼睑内翻的发生，如先天结构发育性、痉挛性、瘢痕性或眼球位置的改变（眼球内陷）。先天结构发育性眼睑内翻常见于犬，但在猫并不常见。结构发育性眼睑内翻大多数情况下会影响双眼，但也有时会仅出现于单眼，或两眼间内翻的程度显著不同。眼睑内翻发生在下眼睑的概率远大于发生在上眼睑。在一些严重的病例，也可能会因为眼睑过长而造成内翻，但是这种内翻多数局限于眼睑边缘的某个区域。短头犬的眼睑内翻多发生于鼻侧，而对于大型犬或宽颅骨犬的眼睑内翻多发生于下眼睑的外侧或外眦处。结构发育性眼睑内翻在很多品种都公认是由遗传因素造成的，如松狮犬、英国斗牛犬、沙皮犬、大丹犬、藏獒、拉布拉多犬、金毛巡回犬等。尽管早在动物睁眼后即可发现很多结构发育性眼睑内翻，但很多动物直到后来因为头颅和面部皮肤发育不成比例时才会表现出临床症状，甚至有些个体在成年后眼睑内翻会消失。正因为如此，对于幼年动物的眼睑内翻，大多数情况下，我们要推后进行永久矫正手术，最好等到动物面部发育正常后再进行手术。

痉挛性眼睑内翻是由眼睛的其他问题引起的，如角膜溃疡、非溃疡性角膜炎、结膜炎或葡萄膜炎。这种问题在猫发生的概率相对较大，这是因为很多时候猫疱疹病毒会导致角膜发生问题。但是，不管何种原因造成的眼睑内翻，都会表现出倒睫，所有眼睑内翻的病例都会表现出眼睑痉挛的症状。在进行永久眼睑内翻矫正术前，一定要考虑所有造成眼睑痉挛的因素，否则术后可能会出现眼睑外翻的症状。所以建议术前按照如下步骤鉴别诊断造成眼睑内翻的原因。

（1）在局部使用麻醉眼药后，评估眼睑内翻改变的程度。

（2）进行泪液产量检查。

（3）进行荧光素染色，因为溃疡也可能导致眼睑内翻，这会加重眼睑内翻的症状。

（4）用放大设备检查是否有睫毛异常。

（5）用裂隙灯检查是否有房闪，并用眼压计检查眼压。

尽管控制了潜在的问题，但很多情况下结构发育性眼睑内翻还需要使用外科手术进行矫正。

【临床表现】眼睑向眼球方向内卷（图3-13），但并非所有眼睑内翻的症状都非常明显，比如当动物在诊室内兴奋时就很难观察到。一般来说，眼睑内翻有如下症状。

（1）眼睑痉挛加重了眼睑内翻的程度。

（2）局部的脓性分泌物增多或泪溢。

（3）眼睑周围被毛湿润且因为与泪液反应，造成颜色改变。

（4）动物抓蹭眼睛的频率增多。

（5）角膜溃疡。

（6）对于慢性经过的病例，角膜会出现色素沉积或大量的新生血管。

（7）结膜充血。

【治疗】下文将列举几种常见的矫正眼睑内翻的方法。应根据面部发育的状况、品种、眼睑内翻的位置和程度决定手术方法。尽管不同的手术方法

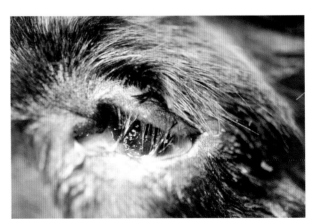

图3-13　犬眼睑内翻

存在差异，但必须遵从统一的原则。

1. 手术治疗眼睑内翻的原则

（1）手术前一定要排除眼睑痉挛造成的眼睑内翻的可能性。

（2）在进行麻醉和镇静前，一定评估好多余皮肤的量，最好找个标记笔做记号，如果双眼均需进行手术，一定要考虑到术后美观对称的问题。

（3）最大限度地减少对组织的损伤。

（4）没有必要切除眼轮匝肌，因为这样会造成更多的出血，并且会耽误时间、增加术后感染机会和加重术后水肿。

（5）使用细的缝合线（一般犬猫使用4-0或是更细的）。

（6）使用小的、细的棱针。

（7）带伊莉莎白项圈直到术后2~3d。

（8）手术后连续服用止疼药物7~10d。

（9）术后的一段时间内，可能会因为局部肿胀导致暂时的过度矫正现象，不用过分担心，随着局部肿胀的消失，症状就会有所改善。如果需要进行两次手术，一般要等到第一次手术后的4~6周再进行。

（10）如果考虑将来可能需要两次手术，可以过度切除部分眼睑，造成暂时瘢痕化的眼睑外翻。

2. 手术治疗眼睑内翻的主要方法

（1）暂时性"订书器"（手术缝合器）技术　对于某些品种动物，眼睑内翻的程度会随着动物的成熟而加重，所以永久性矫正手术最好等到动物面部发育成熟后再进行。有些幼龄动物会出现眼球后脂肪缺少，造成暂时性眼睑内翻，这也是不适合做永久眼睑矫正手术。但是所有这些病例都适合进行暂时性眼睑矫正手术，过去我们曾用很多吊线的方法进行手术（图3-14），但大多数需要进行全身麻醉才能完成，并且局部损伤也较大。目前最先进的方法是使用外科手术用的缝合器，这种方法的优点在于操作简单、快捷，并且对组织创伤小、刺激性小，在体内保留时间长（图3-15）。当然手术后也需要戴几天伊莉莎白项圈。有些动物可能先后需要几次进行暂时矫正手术，直到动物面部成熟时才能进行永久性矫正手术。

（2）楔形切除术　如果眼睑内翻是由于眼睑过长导致的，可以将下眼睑的全层部分切除，一般

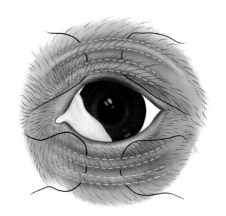

图3-14　暂时掉线矫正眼睑内翻
幼犬的眼睑暂时吊线缝合可能会避免成年后的眼睑内翻矫正术。上下眼睑至少两根吊线，缝合时间10~20d

图3-15　手术缝合器矫正眼睑内翻

从靠近外眦侧切除，手术方法与治疗眼睑发育不良相同。假如眼睑内翻同时伴发眼睑形态的改变，这时就应该将其切除，但是一定要避免在内眦处进行此手术，因为存在很大的风险。眼睑缝合时，内外两层结构需要分别缝合（图3-16）。

（3）Hotz-Celsus法　大多数品种遗传性、简单的和结构性眼睑内翻都可以使用Hotz-Celsus法（图3-17）。最初切口位置应该选择在眼睑边缘有毛和无毛交界的区域。常见的一种错误就是切口位置距离睑缘过远，这种方法最大的遗憾是切除同等大小的组织，但是机械性矫正内翻的程度最小。最初切口的长度取决于内翻部分眼睑的长度。用拇指轻轻将内翻处的下眼睑慢慢往外翻，直到看到整

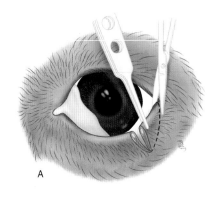
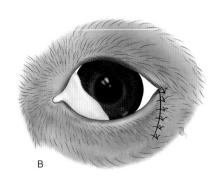

图3-16　眼睑外侧楔形切除术
　　A. 下眼睑外侧全层楔形切开　B. 双层缝合结膜和眼睑皮肤（使用4-0到6-0不可吸收线做结节缝合）

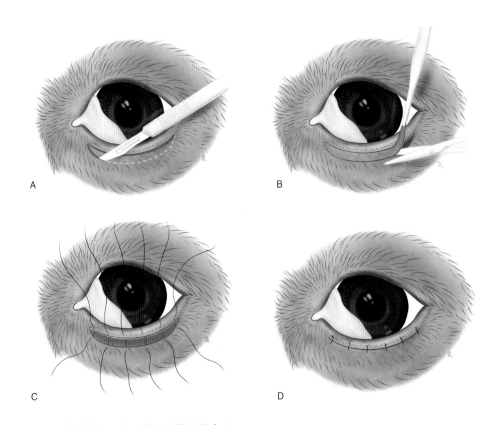

图3-17　Hotz-Celsus技术治疗下眼睑中央区的眼睑内翻
　　A. 切开皮肤和眼轮匝肌层，切口位于距睑缘1～2mm的位置，切口的大小和宽度决定于内翻的程度　B. 用小的肌腱剪小心地将皮肤和部分眼轮匝肌切除　C. 切口用4-0到6-0的不可吸收线做间断缝合，靠近睑缘侧线头的长度应略短，避免刺激角膜　D. 术后由于肿胀的原因，眼睑有轻度外翻

个眼睑边缘（眼睑腺的开口）。另外的线索是找那些出现脱色素、眼睑水肿和脱毛的眼睑区域，这是因为内翻的眼睑经常被泪液打湿造成的。很多时候

临床医师在计算内翻的眼睑长度时总是过短。事实上，我们在临床操作过程中，术后轻度的外翻是可以接受和允许的。眼睑内翻手术的最"艺术"之处

在于如何决定内翻程度最严重眼睑组织的切除量。最重要的一点是切除组织最多的部位一定应该是内翻程度最严重的部位，尽管有时切除的组织不对称。

通常建议使用64号小手术刀片切开皮肤，然后使用V形的肌腱剪剪去多余的皮肤，最后使用4-0到6-0的尼龙线或丝线间断缝合伤口。缝合伤口时要先从切口中央开始缝，然后逐渐对称地缝合两侧，这样可以保证内翻最严重部位组织对合得最好。标准的手术后用药应该包括局部抗菌素软膏、伊莉莎白项圈、全身给予非甾体类抗炎药。没有必要全身给予抗菌素。伤口的缝线一般于10 d后拆除。

（4）外侧眼睑内翻的剑型方法　剑型切开术主要用于矫正外眦的眼睑内翻，但本质上并不能增加眼裂的大小，如果上下眼睑长度不对称或眼裂过小则不适合采用此种手术方法。

外眦处皮肤用组织钳固定，采取类似Hotz—Celsus的手术方法，但切口的形状有所不同。使用15号刀片切开皮肤和眼轮匝肌，切口深度依据内翻的程度而定，切口距眼睑边缘1～1.5 mm，去除皮肤和眼轮匝肌层可以使用肌腱剪（图3-18）。

手术切口使用4-0到6-0的不可吸收线间断缝合即可。

（5）下内眼睑内翻和短头犬眼综合征的内眦成形术　短头犬经常会出现眼睑、结膜和角膜的病变，而短头猫并不常见，所以把这类疾病统称为短头犬的眼综合征，大多数情况下会表现出如下症状：①下侧内眦的眼睑内翻；②品种特异性眼球突出；③兔眼（睡觉时眼睛不闭合）；④内眦处有倒睫；⑤鼻皱折处有倒睫；⑥色素性角膜炎；⑦泪溢。

短头犬的眼综合征有时会因双行睫的问题而使症状加重，并且使泪液产量减少和质量下降。

内眦成型术提供了一种方法，几乎可以解决所有的短头犬眼综合征，通过缩短上下眼睑，并切除内侧肉阜，就可以矫正内侧的眼睑内翻，减少角膜的暴露时间，并解决鼻泪管堵塞的问题（图3-19）。这种手术方法适合眼球突出和兔眼造成角膜损伤的病例。对于非常严重的病例，可能需要同时进行内眦和外眦的成型术。建议在使用放大装置的情况下操作。动物背腹位仰卧保定，颈部前屈，最好用头枕固定，这样就能在术中更精确地评估需要切除组织的多少。最重要的是要避免在术中碰到泪点。术后护理同其他眼睑的手术。

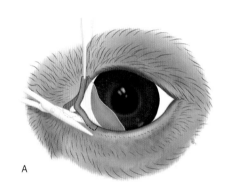

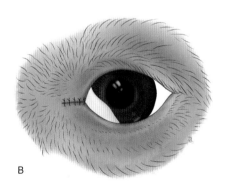

图3-19　内眦成型术缩短了眼裂长度
A. 区分出上下泪点以后，分别在距上下泪点1～2 mm处用肌腱剪将睑缘切除，深度为3～4 mm，避免触及泪点　B. 结膜用4-0到6-0可吸收线做结节缝合，然后用4-0到6-0不可吸收线结节缝合眼睑皮肤

图3-18　剑型手术方法

二、眼睑外翻

眼睑外翻是指睑缘离开眼球，向外翻转，睑结膜不同程度地暴露在外，常伴有睑裂闭合不全。大多数情况只是不同程度地影响下眼睑。在临床上眼睑外翻发病率比眼睑内翻要低得多。因遗传性造成面部皮肤松弛而引起结构性眼睑外翻的常见品种有巡回犬、寻血犬、可卡犬和圣伯纳犬（图3-20）。眼睑外翻在这些品种犬中非常常见，以至于这些品种犬眼睑外翻的临床症状不是特别典型时，我们都会认为是正常现象。瘢痕化的眼睑外翻是通常我们所说的眼睑外翻的一种特殊情况，大多数是因为外伤或原来眼睑内翻矫正过度所致。犬的这种问题很常见。无论何种原因导致的眼睑外翻，如果不治疗，严重时都会造成角膜和结膜的病变。

【临床表现】轻微的眼睑外翻仅在靠近内眦部出现下眼睑边缘离开眼球表面，下泪点向外不能吸引泪湖的泪液以致泪溢，泪液的长期浸渍可导致局部产生湿疹。严重的眼睑外翻整个眼睑都向外翻转，使结膜暴露。结膜长期暴露可导致干燥充血。因眼睑闭合不全，角膜失去保护，可发生干燥和上皮脱落，严重时可发生暴露性角膜溃疡。

【治疗】只有当眼睑外翻导致结膜炎、角膜炎或因为泪溢导致脱落性睑炎，以及干眼病症状加重时，才有必要进行手术矫正。在临床上，很多患轻微眼睑外翻的动物不会表现出任何不适，所以在这种情况下进行眼睑外翻矫正手术的必要性就不是特别大了。在临床上进行眼睑外翻矫正手术的病例远少于眼睑内翻矫正手术的病例。我们所介绍的手术方法一般用于单纯的、简单的眼睑外翻病例。如果同时患有眼睑内翻和眼睑外翻，这种手术会非常复杂，没有经验的临床医生不要轻易尝试这种手术。

"V-Y"眼睑成形术　"V-Y"眼睑成形术主要适用于瘢痕性眼睑外翻（图3-21）。特别适用于广泛性、瘢痕性眼睑外翻。这种手术主要是先在下眼睑做一与外翻的眼睑等长且平行的三角形皮瓣，三角形皮瓣以眼睑侧为基底，并从三角形的两个边将皮瓣与下面的瘢痕分离。然后逐渐从远端用3-0到5-0的尼龙线或丝线结节缝合垂直于眼睑的皮肤。缝合的部分将眼睑向上顶，直到将眼睑恢复到正常位置时，就停止缝合垂直部分的位置。有一点需要注意，垂直部分的长度最好比所需的长度长2~3 mm。最后结节缝合三角形的两个边，使局部形成了Y形。

三、眼睑闭合不全

眼睑闭合不全亦称兔眼，指睡眠或试图闭眼时眼睑不能完全闭合，致使部分眼球暴露。

【病因】眼睑不能闭合的最常见原因是面神经麻痹，导致眼轮匝肌收缩功能障碍，其次还有眼眶容积和眼球大小比例失调的原因，如眼眶肿瘤、外伤性眼球突出、慢性青光眼等。

【临床表现】可见结膜充血、干燥、过度角化、角膜上皮干燥脱落，严重病例可致角膜溃疡。

【诊断】眼睑不能自然闭合或闭合不全，结膜充血、干燥，角膜荧光素染色检查呈阳性。

【治疗】首先针对病因治疗，如一时无法去除病因的病例，应该及时采取角膜保护措施。可以使用各种类型的人工泪液频繁点眼，夜间时可以使用抗生素眼膏或含透明质酸钠的凝胶涂眼，避免角膜干燥和溃疡的发生。对于神经麻痹性眼睑闭合不全，可在眼裂区内外侧分别各做一个永久性睑缘缝合，可有效避免暴露性角膜炎。对于突眼性眼睑闭合不全，应针对病因治疗突眼，必要时可行睑裂缝合术，作暂时性保护治疗。

四、眼睑外伤

眼部血液循环非常丰富，只要手术修复得好，伤口愈合速度很快。为了保证最佳的术后效果，需

图3-20　眼睑外翻

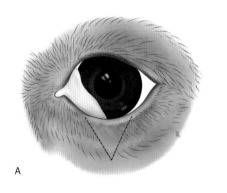
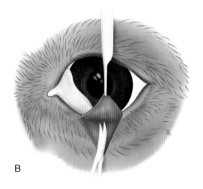
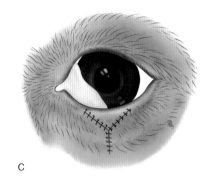

图3-21　"V-Y"成形术主要用于治疗轻度瘢痕性眼睑外翻

　　A. 距离睑缘1 mm的位置用65号刀片V形切开皮肤　B. 将V形皮瓣与其下组织钝性游离，切除瘢痕组织　C. 皮瓣用4-0到6-0的不可吸收线结节缝合成Y形

注意如下几点内容。

（1）因为眼睑的血液循环丰富，即使很小的伤口或手术，也会引起眼睑皮肤的严重水肿和变形。

（2）涉及眼睑的外伤越早手术越好，但前提是动物状况符合手术条件。

（3）当发现眼睑有外伤时，整个眼睛的附属器官也要进行仔细检查，包括角膜、结膜、巩膜、泪点等。

（4）所有的病例都应冲洗鼻泪管。

（5）眼睑的缝合线一定要避免接触到角膜，否则引起更严重的角膜问题。

（6）眼睑闭合时，睑缘一定要准确对齐，并缝合两层。

（7）为了防止术后发生局部感染，应在术后及时给予全身广谱抗生素（阿莫西林克拉维酸或头孢菌素）治疗。

（8）手术后为了防止局部自我损伤，最好给动物戴伊莉莎白项圈，并同时给予止痛药物控制继发的炎症。有时局部热敷也是一种不错的选择。

【治疗】小于1/3眼睑的损伤，按照常规方法消毒后可直接将断端吻合即可。假如损伤过长，可能就需要使用组织重建的方法进行修补。在准备手术过程中，操作要轻，因为粗暴的操作会加剧肿胀。在清创过程中，也要特别小心，不要使已经缩短的眼睑再受到损伤。缝合要严格按照标准的双层缝合法（图3-22）。手术前后都要给予全身和局部抗生素治疗。使用眼膏的目的主要是在控制感染的同时有润滑角膜的作用。一般来说，局部滴加糖皮质激素眼药没有必要，特别是当还患有角膜溃疡时就更要注意。全身给予非类固醇类药物，同时进行热敷都可以在很大程度减轻动物的疼痛和伤口肿胀，术后需要使用伊莉莎白项圈防止自我损伤。

泪点的损伤就会导致瘢痕的形成，并最后导致泪液引流不畅，临床表现为泪溢。所以还是应尽量修补受损的泪点。

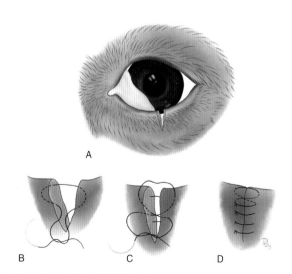

图3-22　标准的双层缝合技术

A. 这种技术适用于所有的睑缘切开或外伤　B. 4-0到6-0的可吸收缝合线不穿透皮肤和结膜做结节缝合，避免线结刺激角膜　C. 皮肤的缝合采取"8"字缝合法，使用4-0到6-0的丝线或尼龙线缝合　D. 皮肤的剩余未闭合处直接间断缝合即可，间断缝合的第一针要将"8"字缝合的线结固定远离角膜

第五节 眼睑肿瘤

动物患眼睑肿瘤在临床上非常常见，但是不同品种动物所患肿瘤的种类可能存在一定区别。

犬常发睑板腺腺瘤、乳头状瘤、组织细胞瘤、黑色素瘤。猫常发鳞状细胞癌。

【诊断与治疗】尽管这些不同种类的肿瘤有各自的特征和临床症状，但唯一能够确诊的方法就是细胞学或是活组织检查（细针抽取、穿刺等）。根据不同的肿瘤和个体，治疗方案会存在一定的区别，所以要先进行全身的评估后再和动物主人进行交流。对于恶性肿瘤来说，根据肿瘤的发病部位、种类、发病时间、目前角膜结膜的治疗情况决定目前的治疗。眼睑肿瘤多数需手术治疗，同时配合其他的治疗方法如放疗、冷冻、化疗、免疫介导等。冷冻术特别适合眼睑的病变，因为所有的眼睑组织基本都能抵抗冷冻的治疗。将肿瘤细胞冷冻至坏死后，眼睑组织仍然能正常工作。冷冻特别适合早期的小肿瘤、更适合老龄、体弱的动物。

【手术治疗】手术过程要尽可能将肿瘤切除干净，包括周边受影响的淋巴结，并且切口周围的组织也需要进行组织学检查。即使肿瘤很小，哪怕只有眼睑的1/3或更小，都需要手术全层切除眼睑，然后按照标准的双层缝合法修补手术造成的缺口，并同时矫正眼睑内翻或眼睑外翻，尽可能多地保留健康眼睑。如果眼睑肿瘤的范围超过眼睑1/3的长度，这时一般的手术方法就很难解决问题了，大多数需要眼睑重建术才能解决，最好找动物眼科的专科医生。更大的眼睑病变，就需要不同的皮瓣移植术，无论采用从下面或旋转等何种方法，具体要根据肿瘤的位置和大小而决定。进行这种手术的医生必须有显微外科手术和重建眼睑的经验。

一、特殊类型的肿瘤

1. **鳞状细胞癌** 鳞状细胞癌在各种动物都可能发生，特别容易发生在眼睑色素沉积少的动物，常见于马、牛和猫（图3-23）。这种肿瘤常常与暴露在紫外线中有关，这就是我们经常所说的紫外线对皮肤有致癌作用的一种证据。尽管鳞状细胞癌会通过周围的淋巴结转移到肺，但大多数这种肿瘤呈局部浸润性。肿瘤的浸润会导致周围结膜和眼睑发生炎症。临床上可见慢性、脓性眼分泌物，这种现象用抗菌素治疗很有效，但经常会在眼睑周围发现结痂或出血的现象。一定要注意和其他原因导致的睑炎进行鉴别诊断，需要通过刮片和活检进行细胞学检查后才能确诊。白色猫更容易患眼睑的鳞状细胞癌，并且还常常会影响到鼻翼。犬的鳞状细胞癌并不常见，有报道称在202只犬的眼睑肿瘤病例中，只有2.5%的肿瘤是鳞状细胞癌。

必要时，鳞状细胞癌唯一的治疗方法就是手术切除。如果肿瘤较大，则需要眼睑重建术来保证术后眼睑的正常功能。如果手术不能彻底切除肿瘤，术后就需要放疗或化疗进行巩固。

2. **睑板腺腺瘤** 睑板腺腺瘤是犬最常见的眼睑肿瘤，大多数发生在中年以后。在其他品种动物这种肿瘤并不多见。这种肿瘤原发于睑板腺，尽管很多睑板腺腺瘤生长很快，且组织学检查为恶性，但大多数临床病例为良性。一般来说，典型症状是从睑板腺开口呈浸润性生长（图

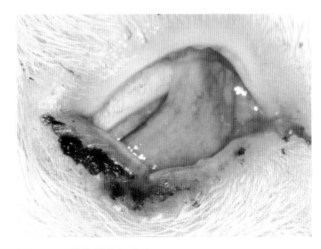

图3-23　猫的鳞状细胞癌

3-24）。随着肿瘤的增大，临床表现会越来越明显，特别是从结膜侧更容易发现。这些肿瘤的发生或许和睑板腺腺体分泌受阻或霰粒肿的形成有关。由于摩擦的原因，可能会造成角膜结膜炎，所以发现后应该尽早去除。

单纯切除突出的肿块是不够的，因为它是从睑板腺内生长出来的，如果切除不彻底，不久还会复发。但是，小的病变可以用睑板腺夹在局部进行固定，按照麦粒肿的方式进行治疗，同时需要配合冷冻来防止复发。这种小型手术可以在局麻或镇静的条件下进行，特别适合老龄动物。眼睑应全层切开，然后做双层缝合。冷冻法的复发率大约为15%，复发时间大约为7.4个月，如果采取手术切除法，复发率大约为11%，复发时间约为28.3个月。

3. 病毒性乳头状瘤 结膜和眼睑的病毒性乳头状瘤常发生于青年犬，多数伴发于口腔和全身的乳头状瘤（图3-25）。随着泪液将瘤体逐渐润湿，最后肿瘤变为灰白色，并变软。这种病大多数可自愈，特别是对于年轻动物，只有当肿瘤影响到眼睛本身的正常功能时我们才考虑手术治疗。

4. 组织细胞瘤 犬偶尔会发生眼睑的组织细胞瘤，爱尔兰猎狼犬和巴萨特猎犬都是组织细胞瘤的易感品种。组织细胞瘤多是良性的，但可能会发生转移，无论是影响到眼睑还是其他的器官或淋巴结。所以凡是怀疑患有组织细胞瘤的动物都应该进行全身的检查，同时需要对肿瘤进行细胞学检查。组织细胞瘤多数在眼睑处呈粉红色，有些生长非常迅速，并很快出现溃疡（图3-26）。

图3-26 眼睑组织细胞瘤

图3-24 犬睑板腺腺瘤

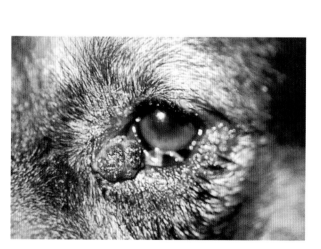
图3-25 犬病毒性组织细胞瘤

参考文献：

Bond R, Curtis CF, Ferguson EA, Mason IS, Rest J. 2000. An idiopathic facial dermatitis of Persian cats. Veterinary Dermatology, 11:35-11.

Bonney CH, et al. 1980. Papillomatosis of the conjunctiva and adnexa in dogs. J Am Vet Med Assoc , 176:48.

Bowman DD. 2003. Gerorgi's Parasitology for Veterinarinas, 8th ed.

Bussieres M, et al. 2005. The use of carbon dioxide laser for the ablation of meibomian gland adenomas in dogs. J Am Anim Hosp Assoc , 41:227.

Chambers ED, Severin GA. 1984. Staphylococcal bacterin for treatment of chronic staphylococcal blepharitis in the dog. J Am Vet Med Associ, 185:422.

Chambers ED, Slatter DH. 1984. Cryotherapy of canine distichiasis and trichiasis. An experimental and clinical report. I Small Anim Pract, 25:647.

Collins BK, et al. 1992. Idiopathic granulomatous disease with ocular adnexal and cutaneous involvement in a dog. J Am Vet Med Assoc, 201:313.

Doughterty J, McCulley J, Silvany R, Meyer D. 2000. The role of tetracycline in chronic blepharitis. Investigative Ophthalmology and Visual Science, 32: 2970-2975.

Greene CE. 2006. Infrectious Diseases of the Dog and Cat, 3rd ed.

Grier R, Brewer WJ, Theilen G. 1980. Hyperthermic treatment of superficial tumors in cats and dogs. Journal of the American Veterinary Medical Association, 177:227-232.

Hacker DV. 1989. Ectopic cilia in a Siamese cat. Companion Animal Practice, 19:29-31.

Helper LC, Magrane WG. 1970. Ectopic cilia of the canine eyelid. Journal of Small Animal Practice, 11:185-189.

Hoffman A, et al. 2005. Feline periocular peripheral nerve sheath tumor: a case series. Vet Ophthalmol, 8:153.

Holberg D, Withrow S. 1979. Cryosurgical treatment of palpebral neoplasms: clinical and experimental results. Veterinary Surgery, 8:68-73.

Johnson BW, Campbell KL. 1989. Dermatoses of the caninie eyelid. Compcont Ed, 11:385.

Kaswan RL, Martin CL, Doran CC. 1988. Blepharoplasty techniques for canthus closure. Companion Animal Practice, 2:6-8.

Kirschner S. 1995. Modified brow sling technique for the upper lid Entropion. Procelldings of the Scientific Meeting of the American College of Veterinary Ophthamologists, 25:68-69.

Koch SA. 1979. Congenital ophthalmic abnormalities in the Burnmese cat. Journal of the American Veterinary Medical Association, 174:90-91.

Lackner PA. 2001. Techniques for surgical correction of adnexal disease. Clin Tech Small Anima Pract, 16:40.

Latimer C, Dunstan RW. 1987. Eosinophilic plaque involving eyelids of a cat. Journal of the American Animal Hospital Association, 23:649-653.

Lenarduzzi RF. 1983. Management of eyelid problems in Chinese Shar Pei puppies. Veterinary Medicines/Small Animal Clinician, 78:548-550.

Lewin G. 2003. Eyelied reconstruction in seven dogs using a split eyelid flap J Small Anim Pract, 44:346.

Long R. 1991. Treatment of distichiasis by conjunctival resection. Journal of Small Animal Practice, 32:146-148.

Martin C, Stiles J, Willis M. 1997. Feline colobomatous syndrome. Veterinary and Comparative, 7:39-43.

Martin CM, et al. 1996. Ocular adnexal cryptococcosis in a cat. Vet Comp Ophthalmol, 6:225.

Medleau L. 1985. Using ivermectin to treat genital cutaneous habronemiasis in a stallion. Compendium on Continuing Education for the Practicing Veterinarian, 7:S94-S97.

Miller W, Braund K. 1991. Morphologic and histochemical features of the normal canine orbicularis oculi muscle. Progress in veterinary and Comparative, 1:150-154.

Molander- McCrary H, Henry C, Potter K, Tyler J, Buss M. Cutaneous mast cell tumors in cats:32 cases. Journal of the American Animal Hospital Association 34:281-284.

Morgan RV. 1989. Vogt-Koyanagi-Harada syndrome in humans and dogs. Compendium on Countinuing Education for the Practicing Veterinarian, 11:1211-1218.

Munger RJ, Carter JD. 1987. A further modification of the Kuhnt-Szymanowski procedure for correction of atomic ectropin in dogs. Journal of the American Veterinary Medical Association, 20:651-656.

Pellicane CP. 1994. Eyelid reconstruction in five dogs by the semicircular flap technique. Vet Comp Ophthalmol, 4:93.

Powell C. 1988. Innervation to the canine lacrimal glands. Masters Thesis, University of Georgia, 1-17.

Rubin L. 1989. Inherited eye Diseases in Purebred Dogs. Williams and Wilkins, Baltimore.

Sansom J, Heinrich C, Featherstone H. 2000. Pyogranulomatous blepharitis in two dogs. Journal of Smalll Aniaml Practice, 41:80-83.

Scott DW, Manning TO, Smith CA, Lewis RM. 1982. Observations on the immunopathology and therapy of canine pemphigus and pemphigoid. Journal of the American Veterinary medical Association, 180:48-52.

Stades FC, Boeve MH, van der Woerdt A. 1992. Palpebral fissure length in the dog and cat. Progress in Veterinary and Comparative Ophthalmology, 2:155-161.

Stades FC. 1987. A new method for surgical correction of upper eyelid trichiasis- Entropion: operation method. Journal of the American Animal Hospital Association, 23:603-606.

Walton DK, Scott DW, Smith CA, Lewis RM. 1981. Canine discoid lupus erythematosus. Journal of the American Animal Hospital Association, 17:851-858.

White SA, Rosychuch RAW, Relinks SI, Pardis M. 1992. Use of tetracycline and niacinamide for treatment of autoimmune skin disease in 31 dogs. Journal of the American Veterinary Medical Association, 200:1497-1500.

Wilcock B, Yager J, Zink M. 1986. The morphology and behavior of feline cutaneous mastocyctomas. Veterinary Pathology, 23:320-324.

Williams LW, Gelatt KN, Gwin RM. 1981. Ophthalmic neoplasms in the cat. Journal of the American Animal Hospital Association, 17:999-1008.

Wolfer JC. 2002. Correction of eyelid coloboma in four cats using subdermal collagen and a modified Stades technique. Veterinary Ophthalmology, 5: 269-272.

潘汉恩　医师（台北远见动物眼科医院）
林中天　教授（台湾大学兽医专业学院）
董　轶　博士（北京芭比堂动物医院）

第四章 ｜ 第三眼睑病

第一节　解剖结构与功能

第三眼睑是一可活动的防护构造，位于角膜和下眼睑之间，结膜囊下面靠近鼻侧部分。结构组成包含T形软骨、第三眼睑腺，表面有结膜覆盖，靠眼球面表面有淋巴滤泡（图4-1）。

一、第三眼睑的解剖结构

（1）第三眼睑是一可运动的保护结构，位于角膜和下眼睑靠近鼻侧的结构，具有保护角膜和帮助泪膜分布的作用。

（2）第三眼睑外表被结膜遮盖，在第三眼睑的球结膜侧是淋巴滤泡。

（3）在结膜间是一三明治样的软骨，其构成了第三眼睑的骨骼，对第三眼睑起到支撑作用，软骨的基部是第三眼睑腺的附着点。

（4）第三眼睑可能或没有色素沉积，大多数品种的犬在游离的边缘有色素沉积。缺少色素就会呈现红色的外观，容易造成结膜的增生或受太阳的

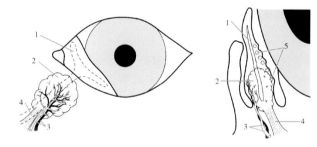

图4-1　第三眼睑解剖示意图
1. T形软骨　2. 第三眼睑腺　3. 血管　4. 结缔组织　5. 淋巴滤泡

辐射。

二、第三眼睑腺的功能

（1）泪液的产生　在犬类，这个腺体可产生大约30%的泪液，受副交感神经支配。

（2）摘除第三眼睑腺可能导致干眼症的发生。

第二节　第三眼睑的检查方法

从上眼睑按压眼球即可轻易地检查第三眼睑外侧靠眼睑的部分，至于靠眼球面的部分则需要以局部麻醉药点眼，以镊子轻夹翻出后检查。

在常规的眼科检查中，第三眼睑最常见的异常

就是各种原因导致的突出。下面列举了可导致突出最可能的原因。

（1）霍纳氏症候群（Horner's Syndrome） 因原本维持第三眼睑收缩的平滑肌丧失交感神经支配而导致。

（2）霍斯症候群（Haws Syndrome） 又称第三眼睑突出综合征。对于患有严重全身性疾病的猫，因为精神沉郁，而出现双侧第三眼睑持续突出的情形。

（3）眼眶内占位性病变将第三眼睑向前推，从而导致第三眼睑的突出。

（4）镇静时。

（5）眼球向后退缩、脱水或眼球萎缩。

（6）先天或后天小眼症。

第三节　先天性第三眼睑病

一、第三眼睑外翻

第三眼睑外翻是指T形软骨垂直部异常弯曲导致边缘外翻，可能为单侧或双侧同时发生，常见于很多大型犬的发育期。德国短毛指示犬被认为可能携带此病的隐性遗传基因。

【临床表现】单侧或双侧的第三眼睑软骨外翻，导致第三眼睑的边缘向前卷曲（图4-2）。经常会伴有大量的脓性眼分泌物，最初可见明显的结膜充血，临床表现非常典型，但随着时间的推移，会有色素在第三眼睑的表面沉积。

【诊断】主要是确定T形软骨的边缘，如果发生卷曲就可以诊断此病。偶尔T形软骨的外翻会连带第三眼睑腺的脱出。

【治疗】如犬的年龄小于4个月，大多数建议再等一段时间，观察犬能否自行恢复。但大多数情况下还是需要借助手术的方法切除变形的软骨。

在手术显微镜下，自眼球面切入，将变形的软骨切除，同时保留第三眼睑的游离边缘。切口以6-0Vicryl或PDS缝线缝合关闭，并将缝线于第三眼睑前侧打结，以避免缝线对角膜的刺激或刮伤。最后将第三眼睑按照第三眼睑遮盖术的方法固定于上眼睑或背侧球结膜，目的是使第三眼睑在愈合过程中能够按照原有的弧度生长。

二、第三眼睑色素沉积缺乏

【病因】单侧或双侧的第三眼睑边缘无色素沉积。这种状况经常与其他白化表现同时发生，如蓝色虹膜、白毛或粉色皮肤（图4-3）。

【临床表现】最典型的症状就是双眼的第三眼睑边缘色素沉积不同，一侧有色素沉积，另一侧则无色素沉积。患病动物经常表现出局部的刺激，或许这是因为缺少色素的原因。无色素沉积的结膜更容易受到太阳辐射的刺激。

【诊断】肉眼观察就可以诊断。

【治疗】通常局部给予低剂量的糖皮质激素即可。

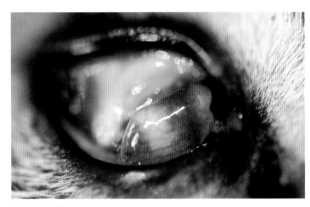

图4-2　第三眼睑外翻

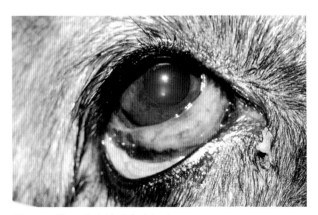

图4-3　第三眼睑缺乏色素沉积

第四节　第三眼睑腺脱出

第三眼睑腺脱出俗称"樱桃眼"，多见于犬，相对在猫少见。外观上可以发现从第三眼睑后面有一红色的小肿块突出（图4-4）。暴露的腺体会因摩擦或干燥而导致发炎及肿胀。发生初期，有时会自行恢复，回到正常位置。

这一突出的腺体应该通过外科手术的方法保留，而不要将其切除，这是因为30%的泪液是靠第三眼睑腺分泌的。临床上很多干眼症病例都是因为在年轻时进行过第三眼睑腺的切除手术。

【治疗】脱出的第三眼睑腺体不可以直接切除！必须以手术的方式将其复位，在经验丰富手术医师的操作下，在脱出的腺体边缘面结膜平行切开，以口袋包覆的方式复位，复发率较低。如果腺体因为炎症而增大或结膜有感染，最好在手术前局部使用抗炎眼药膏控制炎症后再进行手术。

1. 袋状包埋术　美国眼科专家Morgan在1993年首次证实了此种手术在第三眼睑腺脱出治疗是有效的（图4-5）。如果第三眼睑腺脱出时间过长，T形软骨就会发生变形，如果发生这种情况，则需要在睑侧将结膜切开暴露T形软骨，从

图4-4　第三眼睑腺脱出（樱桃眼）

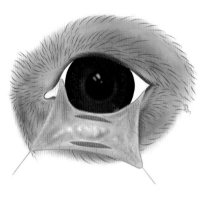

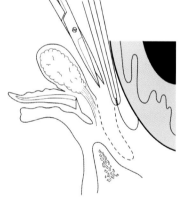

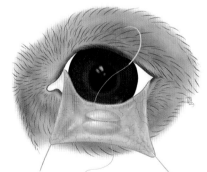

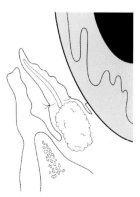

图4-5　第三眼睑袋状包埋术

而便于将腺体复位。全身麻醉后，分别在第三眼睑腺的上下平行于第三眼睑的边缘做两条弧形切口，第一个切口距第三眼睑边缘2~3 mm，第二个切口距第三眼睑边缘6~7 mm，切口的长度大约为1 cm。这时就形成了可以使腺体复位的口袋，然后用5-0或6-0的可吸收线做连续缝合。需要注意的是，所有线结都不要刺激到角膜，所以起始和结束时打结都应该位于第三眼睑的睑侧（图4-6）。

2. 荷包技术 美国眼科专家Moore首次描述了这一手术方式。全身麻醉后，用镊子将第三眼睑翻转后暴露第三眼睑腺。使用5-0或6-0的可吸收缝线沿第三眼睑腺的周边做荷包缝合，用无菌棉签将脱出的腺体复位后，收紧缝合线并将腺体包

裹回原位后打结，仍然要注意线结要剪短，避免对角膜产生刺激。然后局部使用抗菌素眼膏控制继发的感染。

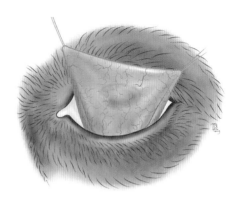

图4-6 袋状包埋术起始和结束时线结位于第三眼睑的睑侧

第五节 第三眼睑肿瘤

鳞状上皮细胞癌（Squamous cell carcinoma）是第三眼睑最常见的肿瘤，常发生在无色素区域；也可发生其他肿瘤，如腺癌（adenocarcinoma）、黑色素瘤（melanoma）、肥大细胞瘤（mastocytoma）、淋巴肉瘤（lymphosarcoma）、纤维肉瘤（fibrosarcoma）和血管瘤/血管肉瘤（hemangioma/hemangiosarcoma）。

【治疗】

（1）手术移除病灶及部分周围组织，尽可能保留具功能性的部位。

（2）放射线治疗 鳞状上皮细胞癌、肥大细胞瘤、淋巴肉瘤等皆可以进行放射线治疗。

第六节 第三眼睑外伤

争斗、异物穿刺、手术等皆可能导致第三眼睑外伤。若只有结膜撕裂伤，则不需要缝合治疗；若出现穿孔伤害，则必须加以缝合，并将线结打在睑侧；如有严重外伤必须移除部分组织，最后可将靠眼球部分结膜与睑侧结膜沿着第三眼睑边缘加以缝合。

CHAPTER 5

林怡君 医师（台北远见动物眼科医院）
林中天 教授（台湾大学兽医专业学院）
董 轶 博士（北京芭比堂动物医院）

第五章 | 泪器病

第一节 泪器的解剖与生理

一、引言

泪液系统包括下列组织（图5-1），本章将依序介绍。

- 泪腺与第三眼睑腺
- 副泪液腺体
- 泪膜
- 泪点与泪管（泪小管）
- 鼻泪管
- 鼻孔

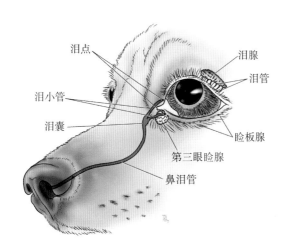

图5-1 泪液系统

（图中标注：泪点、泪腺、泪管、泪小管、泪囊、睑板腺、第三眼睑腺、鼻泪管）

二、泪腺与第三眼睑腺

第三眼睑腺为一扁平管腺状腺体，位于T形软骨内腹侧。泪腺腺体或第三眼睑腺体向眼球的那一面（内面）具有许多微细管，可分泌泪液后注入结膜穹窿，之后随重力作用、眨眼或第三眼睑的移动而将泪液分布于整个眼球表面。

三、副泪液腺体

副泪液腺体位于眼睑的边缘，可分泌一些物质共同组成泪膜，其包括下列腺体：

1. 睑板腺 犬眼睑边缘约有20～40个睑板腺，此为特化的皮脂腺，可分泌泪膜最外层的物质。

2. 穆勒氏腺 为特化的汗腺。

3. 蔡司氏腺 与睫毛相关的特化皮脂腺。

目前动物后两个腺体功能不明，但目前已知蔡司氏腺体感染时会造成麦粒肿。

四、泪膜

泪膜约为8～9 μm厚，其覆盖住眼角膜及结膜上皮，可分成3层，包括外层脂质层、中层水样层及内层黏液层。

1. 最外层的脂质层　由油性物质与磷脂组合而成（约0.1 μm厚），由睑板腺与蔡司氏腺分泌而成；此层可减少水分丧失、提高泪膜的稳定性。部分眼药水中的防腐成分或一般销售的浴液会清除此层，可造成眼角膜干燥进而造成眼角膜溃疡。临床上难以精确地评估此层，但在眼科检查中以高放大倍率、斜光源检查时可看到眼角膜上覆盖着一层油状物质；目前有一些实验是以偏光生物显微镜来评估其厚度。

2. 中间的水样层　由泪腺与第三眼睑腺分泌而成，为泪膜中最厚的一层（约7 μm厚），其具有下列几项功能。

（1）可将结膜囊中的异物或细菌冲洗出来。

（2）可作为第三眼睑或眼睑在眼角膜上移动时的润滑剂。

（3）为眼角膜提供营养，包括氧气、氨基酸、维生素A、生长因子、抗体（免疫球蛋白A）和移除代谢废物。白细胞也可经由泪膜而移行到眼球表面。

（4）为眼角膜提供平滑表面以维持适合的光学功效。最内层的黏液层可帮助填平眼角膜上不规则处，具有相似的功能。

（5）提供抗菌物质来源，如免疫球蛋白、乳铁蛋白和溶菌素。

此外泪液中还包含蛋白酶抑制因子，可保护眼角膜细胞不会因细菌、免疫细胞或眼角膜细胞产生的分解酵素而造成伤害。

3. 内层的黏液层　约1.0～2.0 μm厚，为一水和糖化蛋白，是由结膜中杯状细胞产生。此层是将亲水性水样层稳定的与其下方亲脂性眼角膜表面结合的重要因子；其黏液蛋白具有双极性，一端可与亲水性水样层接合，而另一端可与亲油性眼角膜表面接合，使得泪液不会轻易地从眼角膜表面流走。此层临床上也难以精确地直接进行评估，但可经由泪膜破裂时间来间接进行评估。

五、泪点、泪管与鼻泪管

大多数家畜哺乳动物具有上下两个泪点，位于上下眼睑的睑板腺内缘靠近内眼角处。上下泪点经由上下泪小管自眼睑边缘向鼻腔延伸，向内行经过眼眶骨膜再汇合而成泪囊。不同种类动物泪囊的大小不同，有些只是两条泪小管汇合处再稍微扩张一些。泪囊位于泪骨内一漏斗状凹陷内，此凹陷又称为泪窝。

泪囊经鼻泪管从上颌骨的内面连接至鼻点。在犬其开口位于在鼻翼褶的腹外侧，在马则位于黏膜皮肤交界处的腹侧，而牛则位于更外侧处。马与牛的鼻泪管较容易看到而可以放置导管，而犬则较难看到，即便在全身麻醉下仍需要利用适合的仪器才有可能看到。

犬的鼻泪管常见在泪囊与鼻管中有另一个开口可通往鼻腔；而兔子的鼻泪管则具有多处急陡、狭窄的弯曲处，因此此种动物更易发生鼻泪管阻塞或是泪囊炎，而其鼻泪管又更难以放置导管。

泪膜中约25%的水分是因挥发流失，其他则经由泪点进入泪管流入鼻腔，大部分泪膜会蓄积于内眼角处形成泪湖，大多数会经毛细管作用与眼睑运动促使泪液进入上泪点中。当眼轮匝肌收缩时，会促使泪囊壁拉紧而降低管腔内的压力并使泪液进入泪囊中，此机制又称为泪液帮补。

六、神经支配

泪腺的神经支配与其泪液调控的机制为一复杂的过程，家畜动物中其确实、详细的调控方式尚未明确。目前已知是由交感神经及副交感神经共同控制泪腺的分泌，其中由视神经的分支——三叉神经、颜面神经、翼神经节与从颈动脉丛分支出来的交感神经共同调控泪腺。

第二节　泪液功能的异常

泪液功能的异常可分为无法有效地排出泪液和无法产生正常的泪膜两类。

无法有效地排出泪液的原因可能是因为泪液排出系统阻塞或是泪液分泌过度。此临床症状与排出系统阻塞的程度或泪液分泌过度有关。

无法产生正常的泪膜，可能缺乏其中一种或两种内容物。通常会造成二次性结膜炎或眼角膜炎。可分为泪液质量的异常（可能是最外层脂质层或最内层黏液层量或功能的异常)或是量的异常(指水样层不足）。

一、泪膜功能异常的影响

泪膜量或质量异常会造成泪膜功能的异常而引起下列问题：

（1）剩存泪液的张力增加。

（2）结膜或眼角膜上皮细胞脱水。

（3）眼角膜上皮细胞与上皮细胞下的基质缺氧。

（4）缺乏润滑剂，当眼睑或第三眼睑在眼球表面移动时会产生刺激。

（5）眼球表面与眼睑上的微生物与黏液增加。

（6）造成结膜与眼角膜二次性发炎而导致基质血管新生与之后的黑色素化。

（7）眼角膜糜烂或溃疡。

二、检测

检测泪液异常方法的详细检测步骤会在第五章作细介绍，以下仅为检测的方式：

（1）Schirmer泪液试纸测试，可用来检测泪液的量。

（2）泪膜破裂时间，可用来检测泪液的质量。

（3）荧光染色测试，可用来检测有无眼角膜溃疡。

（4）孟加拉玫瑰红测试，可检测因泪液质量或量的异常所造成的眼角膜上皮细胞异常。

（5）荧光剂排出测试或Jones测试，可以检查泪液排出管道的异常。

（6）鼻泪管导管置入或冲洗，可用来检测泪液排出管道的异常。

（7）泪囊鼻腔造影法，可用来检测泪液排出管道的异常。

荧光剂排出测试或Jones测试阳性结果比较可信，因为即便鼻泪管相通仍可能出现假阴性结果。如果是因为泪液分泌过多造成的泪溢，通常可以看到患病动物有红眼的临床症状，且其Schirmer泪液试纸测试结果会高于正常范围。

三、泪溢的典型异常

若患病动物是因鼻泪管阻塞所造成的泪溢，其结膜并不会出现特别的异常；而因为刺激或发炎造成泪液分泌过多而引起的泪溢，患病动物会出现红眼等症状。

（一）泪囊炎

泪囊炎是指泪囊与鼻泪管发炎，最常见于犬和猫，而马则较少发生。有些患病动物是因为草、砂、尘土或化脓物的凝固物等异物引发炎症反应，但其主要病因尚不明确。犬的慢性泪囊炎会造成鼻泪管囊状扩张，可在鼻泪管进行造口将物质引流至鼻腔进行治疗。若为鼻泪管近端的感染，可能会造成结膜囊不断重复的感染，造成慢性、单侧性结膜炎。泪囊炎所产生的分泌物越多，预期发生的结膜炎就会越严重。

【临床症状】

（1）眼睛的分泌物 可能在内眦处出现清澈至黏液、脓样的分泌物，而其中可能出现气泡（图5-2）。

（2）轻度结膜炎 尤其在眼睛内侧出现轻微的结膜炎。

（3）泪点或鼻腔出现脓样渗出物 当挤压或冲洗时可发现泪点或鼻腔出现或流出黏液性脓样物质；触摸这些区域可能造成疼痛，但有可能完全不痛。

图5-2 犬泪囊炎
在内眦处可见黏液性分泌物

（4）皮肤炎　有些病例会在内眼角出现疼痛、红肿的皮肤炎。

（5）产生溃疡　在慢性、严重的病例中会形成很大的腔室而发生溃疡。

（6）相关病史　有单侧、复发性结膜炎，而对于抗菌素治疗只有暂时的效果。

【诊断】主要根据其临床症状，尤其是泪点发现化脓性物质来诊断。确切的阻塞位置需要由鼻泪管导管置入、泪囊鼻腔造影法或核磁共振来确诊。

【治疗】此疾病容易反复发生，因此建议进行鼻泪管导管放置。部分患病动物对于每天仅进行局部药物灌洗便可痊愈，但相对于鼻泪管导管放置，其复发率相对较高。

鼻泪管导管可放置2~3周，导管一旦放置后除非导管松脱否则都不会造成患病动物的不舒服。导管放置后的前几天，未放置导管的泪点需每天需用抗菌素眼药水进行局部灌洗，而眼球表面则需局部给予抗菌素/类固醇药物。若泪囊有脓疡或严重的皮肤病时则需要给予全身性抗菌素治疗。

（二）先天性泪点不发育或闭锁

该病为犬最常见的先天性鼻泪管系统疾病，受影响的泪点可能单一或两个，可能单侧或双侧发生；美国可卡犬、贝林登更犬、金毛犬、迷你玩具贵宾犬与萨摩耶犬为高发的犬种。大多数泪点阻塞的患病动物是因泪点上覆盖有一层结膜组织。此为先天性异常而通常伴随着泪溢的症状；有些患病动物一开始并无症状，直到约数周龄时，因眼泪的分泌增加，才会出现泪溢的症状。

在泪点的正常位置可以利用探针或导管置入（如聚四氟乙烯静脉导管、泪管导管和细尼龙线等）测试出阻塞部位，诊断有无此病。一般来说，大部分阻塞都发生于泪点开口处，偶尔也见于鼻泪管的其他部位。可根据将液体导入另一泪点产生压力，迫使覆盖于另一泪点上的结膜组织向上凸起或经由鼻开口逆行放置2-0尼龙线，经由鼻泪管到泪点使覆盖于上方的结膜凸起而辨别出泪点，之后可用精致的剪刀切开结膜组织，使泪点开口暴露出来而治疗此异常。部分患病动物可在术后短时间（约1~3周）内放置导管，以防制造出的新开口因纤维化而狭窄或愈合。

在年轻的猫则最常看到因为疱疹病毒所造成泪点疤痕化而闭锁。

（三）囊状异常

泪液系统与泪液组织的囊状异常并不常见，但可能会影响泪腺、泪管、鼻泪管、第三眼睑腺、颧骨的唾液腺、结膜的杯状细胞、泪囊和移植的腮腺管。临床症状通常局限于局部组织的肿胀，可经由切除或导管放置来治疗。

（四）瘢痕性鼻泪管阻塞

在猫尤其是小猫，常因疱疹病毒造成眼角膜结膜炎与上呼吸道感染，造成泪点或鼻泪管疤痕而阻塞的后遗症。在其他种类动物也可能因其他种种原因而造成结膜粘连，产生相同的异常。若阻塞无法使用导管置入恢复畅通，就必须使用结膜鼻腔吻合术或结膜口腔吻合术；此两种手术都建议在患病动物无慢性结膜炎或上呼吸道疾病时，由动物眼科专科医生进行，因为当患病动物患有这些疾病时会增加手术后新管道形成疤痕的概率，使得管道可能再度阻塞而导致手术失败。若猫一再发生呼吸道疾病，则必须检查是否为疱疹病毒感染、猫白血病、猫爱滋病或隐球菌感染。

（1）结膜鼻腔吻合术　是利用Steinmann pin从内侧的结膜囊往对侧的鼻腔穿洞，然后植入管状的支架，直到伤口愈合。术后要给予局部抗菌素，且要常常清洗支架，每周定期回诊检查，确保支架没有对眼睛造成刺激。此方法最适用于缺乏泪液排出管道的犬只，也可以用在猫上。猫因为伤口容易形成疤痕而再度阻塞，通常建议的支架放置时间较长（8~12周）。

（2）结膜口腔吻合术　从下方的结膜穹窿往口腔做一个管道，将导管放入，一端缝合在口腔黏膜上，一端缝合在内眼角的皮肤上以避免磨擦刺激眼角膜，导管建议至少放置两个月。

（五）泪痕症症候群

小型玩具贵宾犬与马尔济斯犬是最常发生泪痕症症候群的犬种。因为持续的泪溢，使内眼角毛发变成红棕色而造成美观上有很明显的缺陷。此疾病常发生于年轻动物，而眼睛通常没有其他不适的临床症状；部分动物在内眼角处会发生局部的皮肤炎。此症状在毛色较浅的动物中较明显，但也会发生于深毛色的犬种。泪液中具有类乳铁蛋白色素，当动物泪液排出系统发生功能性阻塞或障碍时，产生泪溢会使毛发被染色（图5-3）。

造成泪溢的原因有很多，如往眼内生长的毛发引流使眼泪顺势流至皮肤和毛发上，以及内腹侧的眼睑内翻、倒睫毛、泪湖较小、内眦韧带过紧、结膜褶皱造成泪液无法进入泪孔或眼睑关闭异常而造成泪液帮补失效。在部分病例中可能同时涉及多种因素，但某些病例却不涉及上述任何一个原因。短吻的波斯猫常见因鼻泪管阻塞而造成的泪溢。

图5-3　马尔济斯犬明显的双眼泪痕

【治疗】

（1）若能找出造成泪溢的原因，则较容易控制其症状；若无法确定其原因，则需要与动物主人沟通，此疾病只会造成美观上的缺陷，不会威胁动物视力或有不适感。

（2）若患病动物存在眼睑内翻或倒睫毛，可在内眼角以简单缝合或手术缝合器使眼睑暂时性外翻，再观察其症状是否有改善来进行诊断。若进行眼睑外翻后1~2周，泪溢的情况有所改善，则建议进行永久性外翻矫正手术作为治疗。

（3）口服四环霉素5 mg/kg，每天一次，或服用硝基甲嘧唑乙醇（metronidazole），可见短期的改善。一旦停药后约2~3周，泪液染色的现象还会复发。抗菌素改善染色现象的机制并不是很清楚，已知其泪液的分泌保持正常，且脸部的毛发仍会湿润，所以推测抗菌素可能会干扰细菌在毛发上分解

出染色性物质。

（4）以局部的类固醇与抗菌素眼药水、肥大细胞安定剂，搭配低剂量全身性类固醇等治疗并发的过敏情形时会有不错的疗效。

（5）有泪痕症症候群的犬只不应再用于配种。

（6）对于症状严重、无法以上述方法控制症状的患病动物，可采用另一个具争议性、非常规的治疗方法，此方法只建议用于Schirmer泪液测试每分钟大于15 mm的动物，此类动物可以进行第三眼睑腺体部分移除手术。第三眼睑腺体一旦移除后便会永久性影响到泪腺功能，并不适用于全部的泪溢动物，且进行手术前也必须告知动物主人未来发生干眼症的可能性。

（六）其他可能造成泪溢的原因

以下为其他可能会造成泪溢的原因，其详细的疾病与治疗方法会在其他章节作更详细的介绍。①鼻皱褶过高；②眼睑内翻；③睫毛异常生长；④过敏性皮肤炎或结膜炎。

（七）泪膜缺乏

（1）黏液层的缺乏　在犬（猫比较少），当结膜发生慢性发炎、化生、发育不良或纤维化时会造成结膜杯状细胞数量下降，而造成黏液层分泌减少或缺乏。受到影响的患病动物通常伴有轻微的干眼症状，而其Schirmer泪液测试正常或比正常值略低。因为黏液层可有助于泪液在眼角膜表面的稳定，一旦发生黏液层缺乏便会发现部分区域的眼角膜变得较干。患病动物泪膜破裂时间会缩短，从而可根据其结膜组织病理检查杯状细胞减少来确诊。除了上述方法之外，因在临床上难以精确地评估此层，通常难以诊断该病。建议以环孢素（Cyclosporine）眼药治疗该病，可改善眼角膜表面黏液的质量，同时还可给予黏液素模拟剂或黏液素取代剂。

（2）脂质层缺乏　脂质层缺乏主要是由眼睑边缘发炎或睑板腺发炎造成。常见因葡萄球菌，酵母菌造成的眼睑炎，全身性皮脂漏，异位性皮肤炎或螨虫等造成的炎症。脂质层异常会造成泪膜层中水样层提早挥发、流失而造成眼角膜干涩。

临床症状有时伴随眼睑炎（眼睑边缘变圆、肿胀）、睑板腺开口肿胀、结膜与皮肤交界处充血、

眼睑边缘干硬、睑板腺囊肿，以及从结膜面看睑板腺表面呈黄白色。轻轻按压睑板腺可挤出混浊的液体，呈黄白色像乳胶或奶酪状的物质。动物可能会患有慢性眼角膜炎（但症状会比水样层缺乏型干眼症轻微）、结膜充血、黏液性或黏液化脓性眼分泌物、眼角膜上皮水肿或糜烂。

这些眼睛表面的异常可能与泪液无法平滑地覆盖于眼角膜表面有关，也可能因眼睑边缘肿胀或慢性发炎对眼角膜细胞造成刺激或伤害。此时可每天可进行2～3次热敷、按摩眼睑，并可根据严重程度或感染物的药敏实验给予全身性或局部抗菌素治疗；当睑板腺破裂内容物扩散至附近组织时，会引起眼睑肉芽肿反应，此时可搭配给予全身性或局部类固醇。局部使用油脂如矿脂、矿物油、绵羊油等有一定帮助。对于慢性的病例中则需要长时间用药。

（3）水样层缺乏　犬最常见因泪膜中水样层缺乏而造成干涩与干眼症的问题。

（4）干眼症（Keratocon junctivitis sicca KCS）在犬为一种很常见且十分重要的眼科疾病，其发生率约为1%。

【病因】干眼症的病因可以分为下列几种：

（1）药物引起　目前已知磺胺类药物会直接造成犬泪腺组织的毒性，有50%犬只开始使用此类药物30 d内会发展成干眼症。其中体重低于12 kg犬的发生率较高。麻醉与全身或局部给予阿托品也会暂时降低泪液的产生。

（2）手术造成　干眼症常发生于因第三眼睑腺脱出而切除第三眼睑腺的患病动物中，平均手术后4.5年会发生干眼症。也可能发生在耳道切除的患病动物中(可能在手术过程中使颜面神经受到影响)。

（3）免疫引起　此为造成犬干眼症的最常见原因。泪液腺体细胞原为免疫特权区，不受身体免疫系统的影响，由血液泪液屏障隔离而有自己独特的免疫机制，当此屏障受到破坏时，机体的免疫系统便会开始攻击自己的泪腺组织而造成干眼症。实际上在干眼症患犬中可发现其身体内具有对本身泪腺组织、唾液腺与第三眼睑腺的自体抗体，与人类相似，犬的干眼症也可视为一种自体免疫异常。

（4）不明原因　犬不明原因的干眼症病例中，大多数应为免疫造成。

（5）眼眶或眼眶周创伤　因直接伤及腺体或神经而引起干眼症。这类患病动物常见伴有眼球脱垂。

（6）感染　犬瘟热病毒会攻击泪腺与第三眼睑腺体而造成暂时或永久性干眼症。其他疾病（如利什曼原虫感染、慢性病毒或细菌性结膜炎等）造成的泪腺腺体或管道纤维化也会引发干眼症。

（7）先天性　迷你犬种（如巴哥犬、吉娃娃犬、约克夏犬等）可能发生先天性泪腺组织发育不良。猫若存在先天性眼睑缺乏时，也可能因缺乏泪腺而患有先天性干眼症。

（8）老龄萎缩　10岁龄以上老龄犬因泪腺腺体萎缩造成干眼症的概率会增加。

（9）辐射　辐射也会造成泪腺、第三眼睑腺体的伤害而引发干眼症。

（10）神经性　当泪腺组织缺乏副交感刺激及其他神经异常（如影响到三叉神经或自律神经失调）时也会造成干眼症。通常神经性干眼症均为单侧，受影响侧的鼻孔也可能会表现干涩。

（11）其他原因　虚弱或是脱水的动物泪液分泌量也会减少。维生素A缺乏偶尔可引起犬干眼症，但在其他动物则较常见。

【品种易感性】干眼症常发生于美国可卡犬、猎犬、波士顿㹴犬、查理士王小猎犬、英国斗牛犬、英国波音达犬、拉萨犬、迷你雪纳瑞犬、北京犬、贵宾犬、巴哥犬、萨摩耶犬、西施犬、西高地白㹴犬、约克夏犬。

【临床症状】干眼症临床症状根据单侧或双侧、急性或慢性、暂时或永久等有所差别。

（1）黏液或是黏液脓样性分泌物　此为干眼症患病动物中最一致的临床症状，可发现患病动物有大量黏稠、粘在眼球表面的分泌物。可能因为结膜杯状细胞过度分泌黏液或泪膜中润湿、清洁能力下降造成。结膜常见充血、增厚或水肿。

（2）眼睑痉挛　可能出现不同程度的眼睑痉挛，也可能发现因眼角膜干涩产生刺激造成第三眼睑突出。

（3）眼角膜溃疡　在严重或急性患病动物中因眼角膜上皮细胞缺失（尤其是中央部位）而造成

溃疡。可看到黏液性眼分泌物会粘在溃疡处，严重时可能会发生眼角膜软化甚至眼角膜穿孔。

（4）眼角膜血管新生或黑色素化 慢性干眼症患病动物中常见眼角膜血管新生与黑色素化，而此病变会影响视力，严重时会导致失明。

（5）干涩或眼角膜混浊 因为缺乏泪膜而导致眼角膜看起来干涩、不明亮，此为干眼症患病动物的典型外观，约有25%干眼症患病动物会出现此异常。

（6）同侧的鼻孔干涩 通常同侧的鼻孔会较干涩，尤其是在神经性干眼症的患病动物中尤其明显。

【诊断】根据过往病史（用药记录、第三眼睑腺体切除、复发性结膜炎）、临床症状和Schirmer泪液测试纸可诊断患病动物有无干眼症。Schirmer泪液测试每分钟低于10 mm的患病动物应怀疑患有干眼症，尤其是短吻犬种或理论上应该泪溢的患病动物（如已发生眼角膜糜烂或结膜炎时），必要时可进行孟加拉玫瑰红测试。临床兽医师应进行完整的血液学与其他检查，排除患病动物是否为其他系统性或免疫性疾病（如糖尿病、甲状腺功能低下、多发性关节炎或肌炎、红斑性狼疮等）引起的干眼症。

【治疗】干眼症的治疗分为内科疗法及外科疗法两种，一般是先采用内科疗法，其中大多数患病动物都可获得改善，其中主人与患病动物的配合度为是否能成功治疗该病的关键。一般而言，当同一只眼睛需要给予多种药物时，若为药水，建议两种药物至少间隔5 min，若为药膏则至少间隔30 min。

1. 内科疗法 建议在给予任何药物前，为确定药物能确实给予到位，需每次给药前清除眼睛分泌物。在药物的选择方面，通常有以下几种药物视情况合并使用。

（1）泪液刺激剂 最常用的药物为环孢素（cyclosporine，CsA）。

目前在犬已有FDA批准的0.2%药膏。动物眼科医生会根据临床症状选择其他更高浓度的眼药进行治疗。有些患病动物对1%或2%药膏的反应比0.2%药膏的效果更好。

环孢素的作用机制还不是十分明确，但已知它具有免疫调节及刺激泪液分泌的特性。目前已知CsA会抑制T-帮助细胞（T-helper）而与环孢素受体接合可直接刺激泪腺，之后还会抑制泌乳素（可降低泪液分泌）。除了刺激泪液增加之外，CsA还可以降低眼角膜黑色素化和改善结膜杯状细胞分泌黏液素。建议每月都进行泪液测试。他克莫司是一种免疫调节剂，也具有刺激泪液的效果。

神经性干眼症，可口服毛果芸香碱来刺激泪液的产生。建议初使口服剂量为每10 kg的患病动物每天滴加两次2%的毛果芸香碱，每次1滴。观察2～3 d若症状没有改善可再增加1滴，以此类推。剂量太高时可能会产生全身性毒性（可见食欲不振、流涎、呕吐、腹泻、心动过缓等），因泪腺与其他脏器对此药物的敏感度不同，此治疗药物的安全剂量范围较窄，当眼睛症状没有改善而尝试增加剂量时，需小心评估其有无发生其他并发症。

（2）泪膜取代剂 当患病动物泪液产生尚未到达正常值时，需要泪膜取代剂来维护眼角膜健康。目前市面上有许多人工泪液与保湿剂，建议每个患病动物一开始可以尝试多种类型的人工泪液后再选择最适合的。

有些人工泪液含有聚乙烯醇（PVA），这是一种合成的亲水性树脂，为常见的添加物，其黏稠性较低，需要较高的投药频率。其他如甲基纤维素或玻尿酸较黏稠、可在眼角膜停留较长的时间、降低挥发速度，具有类似黏液层的效果。

泪膜药膏里含有绵羊油、蜡油、矿物油等，具有类似泪液中脂质层的功能，可在眼球表面停留的时间最长，可避免泪液挥发。适用于暴露性眼角膜炎或缺乏脂质层的患病动物。

（3）抗发炎剂 局部使用环孢素或他可莫斯（Tacrolimus）除能够刺激泪液分泌外，也可以控制眼角膜的炎症反应及血管新增、黑色素化。若无法获得上述的药物时，短时期（1～4周）局部给予0.1%地塞米松或1%泼尼松龙亦可减缓眼角膜血管新增、黑色素化与炎症。局部给予类固醇类药物时，必须先进行荧光素染色确定眼角膜完整且无感染状况时才可以用药。

（4）控制继发性感染 结膜与眼角膜表面原本就有白细胞存在，当眼角膜干涩又伴有炎症时，便可能看到脓样的眼分泌物，可能是细菌感染造成。对于感染应给予何种抗菌素，必须依据细菌培养及药敏实验的结果选择。一般的患病动物发生眼角膜溃疡时，都建议给予预防性抗菌素，避免继发性细菌感染；在干眼症患病动物中若发生眼角膜溃疡时，更要密切注意其抗菌素的反应，以免发生眼角膜软化等现象。除此之外，并不建议患病动物长时间使用抗菌素，一旦控制住感染后，便建议停用。

2. 手术治疗 当泪液分泌量持续下降、动物主人无法完成药物疗法来控制症状、或当患病动物临床症状无法通过药物控制时，可考虑做腮腺管移植手术（图5-4）。在进行腮腺管移植手术前，建议要确定患病动物为严重的干眼症，且其唾液腺有分泌唾液的功能，还要和主人详细讨论过术后并发症与护理。此手术较为困难，需要专业动物眼科医生精准的操作才有可能成功，且即使手术成功了，大多数患病动物的眼睛仍需要持续的药物治疗。

因为其术后高并发症（9%~37%），此手术只建议由动物眼科专科医生操作，且在患病动物至少经过3~6月的药物治疗后仍反应不佳时才可行。

术后并发症包括皮下水肿（尤其是术后前几天最常见），眼睛不舒适，睑缘炎，眼睛过分潮湿和脸部、眼眶周围毛脱落，眼角膜产生结晶沉淀（通常是钙盐），眼周细菌量增加而使感染机会增加和眼睑炎等。

图5-4　腮腺管移植术
将腮腺管从原有的位置移植到结膜囊内，让唾液代替泪液

第三节　泪器肿瘤

犬泪腺组织方面的肿瘤较少见，一旦发生主要是造成空间压迫，可选择适合的眼科仪器切除泪腺组织。泪腺腺癌若能及时切除，大多数病例的预后都比较好；结膜肿瘤可能经由鼻泪管而转移到鼻腔，同样的鼻腔肿瘤也可能经由鼻泪管转移到结膜。当肿瘤接近泪点或泪小管时可选择冷冻疗法，造成永久性阻塞的概率相对较小。

CHAPTER 6

董　轶　博士（北京芭比堂动物医院）
潘汉恩　医师（台北远见动物眼科医院）
林中天　教授（台湾大学兽医专业学院）

第六章 | 结膜病

第一节　结膜的解剖和生理

结膜是由眼睑缘末端开始覆盖于眼睑后（睑结膜）和巩膜表面（球结膜）的一层半透明黏膜组织。我们通常认为结膜是由球结膜、睑结膜和穹窿结膜三部分构成（图6-1），睑结膜与睑板结合紧密，球结膜和穹窿结膜则与眼球结合疏松。睑结膜比球结膜厚、颜色更红，球结膜相对呈淡红色，并且相对透明。透过球结膜可以看到其下层的筋膜（Tenon氏囊）和白色的巩膜。结膜从组织学上分为上皮层和黏膜下基质层。

结膜由非角化的柱状上皮构成（图6-2）。杯状细胞产生的脂质泪膜对角膜可起到营养作用，同时对结膜本身也具有营养和保护作用。杯状细胞功能的异常会影响泪膜质量和量，并最终导致干眼症的发生。

结膜表面有大量的血管，所以在受到刺激后就会表现出结膜充血。局部使用肾上腺素可以使这些血管收缩。透过结膜可观察到巩膜浅表的静脉。这些血管不会随着结膜的运动而运动，并且对局部给予肾上腺素也没有反应。正是因为如此，我们能够将结膜充血和巩膜充血（睫状充血）区分开来。

结膜上皮细胞与其他黏膜细胞相似，愈合能力很强，轻微的外伤一般在受损后24～48 h内即可

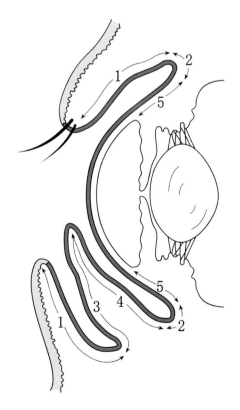

图6-1　结膜的位置
1.睑结膜　2.结膜穹窿　3.第三眼睑前结膜　4.第三眼睑后结膜　5.球结膜

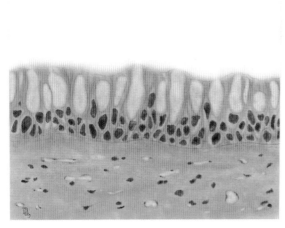

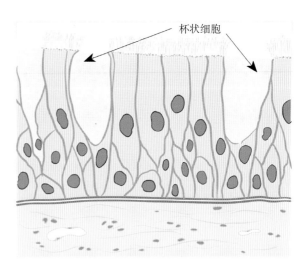

杯状细胞

图6-2　正常结膜组织

愈合。而结膜基质的修复伴有新生血管，修复过程受血管生成数量、炎症反应程度、组织更新速度等因素的影响。结膜基质的浅表层在损伤后不能恢复至与原来完全相同的组织。深层的组织（纤维组织层）损伤修复后，由于成纤维细胞增生，分泌胶原使结膜组织黏附于巩膜，这也是内眼手术后结膜瘢痕形成的原因。

检查结膜时，要观察结膜的颜色、血管情况、有无水肿、表面湿润度和生长情况。刺激会导致结膜上很多细小的血管充血，这样从外观看就表现为整个眼球很红。

如果结膜没有色素沉积则会清晰可见。结膜的颜色与动物皮毛的颜色有很大关系。白色或浅色皮毛动物的结膜颜色相对较浅，深色或黑色皮毛动物的结膜颜色相对较深。随着年龄增大，结膜上色素沉积越来越多。

出血性疾病经常最先表现在结膜，因为最容易观察到结膜。

经常要检查结膜的湿润情况，因为很多干眼病最初就是表现为结膜异常。

结膜上皮比邻于角膜上皮，并延伸至泪道，因此这些部位的疾病容易相互影响。结膜大部分表面暴露于外界，易受外界环境刺激和微生物感染而致病，最常见的疾病为结膜炎。

第二节　结膜炎总论

一、定义及分类

结膜炎是指结膜出现的炎症反应，特征是潮红、充血、水肿、分泌物增多、白细胞浸润与滤泡形成。结膜炎是在兽医临床上最常见的眼科疾病之一。慢性结膜炎在临床上由于很难根据实验室检查结果而做出明确诊断，所以有时在治疗过程中就显得很麻烦。

【临床表现】

1. 充血　结膜充血是结膜炎最典型的临床表现，充血的程度随病情的轻重而有差异。在临床上，需要将结膜充血与巩膜充血（睫状充血）加以区分，因为后者是眼内疾病的一个显著标志。结膜充血呈弥漫性，而不是局限在几个大的静脉（图6-3），多会影响到睑结膜（图6-4），但也可能影响整个结膜（图6-3）。

2. 水肿　严重的结膜水肿会导致球结膜遮盖住角膜，睑结膜超过眼睑的边缘（图6-3）。

3. 滤泡　通常发生在第三眼睑的球结膜侧，但如果发生在其他位置时则说明有慢性结膜炎。

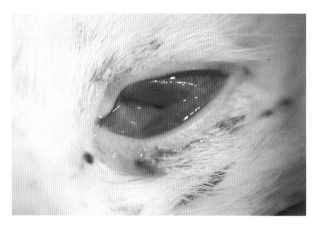

图6-3　整个结膜都出现充血和水肿

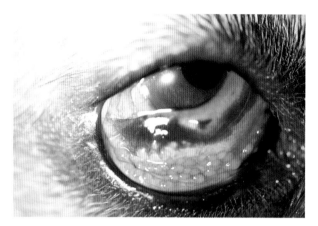

图6-5　睑结膜和第三眼睑表面的滤泡

图6-4　睑结膜充血、发炎

猫衣原体感染时也会出现上述症状。

4. **眼分泌物**　泪腺的功能和结膜杯状细胞的活性受三叉神经支配。眼分泌物最初多呈浆液性，后随病情加重逐渐变为脓性。

（1）浆液性分泌物　急性感染（特别是病毒和衣原体）、过敏和机械性刺激。

（2）黏液性分泌物　慢性疾病，特别是干眼症。

（3）脓性分泌物　细菌性感染和异物已经持续了几天后。

5. **疼痛**　根据病因不同可表现出不同程度的疼痛，还会表现出眼睑痉挛。慢性疼痛可能会造成痉挛性眼睑内翻。

6. **淋巴滤泡**　结膜表面可能出现不同数量的淋巴滤泡，多呈鹅卵石状，对于长期慢性的结膜刺激最终导致滤泡的增生（图6-5）。

【**临床分类**】结膜炎的分类是以持续时间、分泌物性质、外观、病原学等作为依据（表6-1）。

表6-1　结膜炎的分类

病原学	持续时间	外　观
细菌性	急性	黏液性
霉菌性	亚急性	化脓性
病毒性	慢性	黏液脓性
寄生虫性		出血性
过敏性		滤泡性
毒性或化学性		黏膜样
泪膜异常		伪膜

【**病因**】结膜炎有很多病因，所以要将原发性结膜炎（局部刺激导致的）和继发性结膜炎（全身系统性疾病导致的）加以区分，这对最终的治疗非常关键。

1. **物理性刺激**　是造成犬、猫结膜炎最常见的原因，包括：①风、尘土、太阳和草籽；②眼睛局部眼药的刺激；③眼睑疾病，如睫毛异常、眼睑肿瘤和眼睑功能异常。

2. **感染**　只局限于眼部或部分的全身性疾病。正因为如此，所有动物在患有结膜炎的时候都要考虑做全身的检查，特别要注意上呼吸道的感染。

（1）细菌　多数动物的结膜囊内都存在细菌，但并不意味有感染的存在。如果动物出现急性结膜炎时，这些细菌则是病理性的。

（2）病毒　全身和局部的病毒感染。

（3）衣原体　猫非常常见，犬尚未见报道。

（4）类菌质体　猫比较常见。

（5）霉菌性　正常动物的结膜表面存在真菌。原发性霉菌性结膜炎很少见，一旦发生则可能因为角膜的病变所导致。

3. 寄生虫　由寄生虫导致的结膜炎不常见。

（1）螨虫　眼睑周围的螨虫可导致结膜炎，特别是蠕形螨虫（图6-6）。

（2）吸吮线虫　犬猫均可能发生，通常会造成轻度的结膜炎或泪溢，严重时则会造成继发性角膜炎（图6-7）。

4. 过敏性　常见于直接接触或吸入某些致敏的抗原物质，也常见于全身性过敏反应性疾病。主要可表现出如下临床症状：①结膜充血和眼周红斑；②浆液性或黏液性分泌物；③皮肤、爪、鼻腔、耳朵等出现炎症反应。

结膜细胞学检查对于准确诊断过敏性结膜炎非常必要。并非总能发现嗜酸性粒细胞，但是经常可以见到淋巴细胞和浆细胞。细菌产生的毒素在结膜囊或睑板腺内也会引起过敏性结膜炎。某些抗菌素眼药（新霉素、庆大霉素）也会引发过敏性结膜炎。

5. 干眼症　要经常使用Schirmer泪液试纸排除干眼症导致的结膜炎。

辨别分泌物中的细胞形态将有助于区别造成结膜炎的可能病因（表6-2）。

【诊断】

1. 细菌培养　细菌培养并不是判断结膜炎原因的首选诊断方法，因为原发性细菌感染在小动物并不多见。多数病因（衣原体或类菌质体）需要特殊的培养才可以得出结果。所以如果考虑细菌培养一般也应在使用了一段时间抗菌素且效果不好时才进行。但一旦决定要进行细菌培养，就应该在所有检查前最先进行。在临床上，多数结膜炎对抗菌素的治疗无效是因为病因诊断不正确而不是抗菌素选择的不正确。

2. 结膜抹片　结膜抹片在临床上应用非常广泛，对查找结膜炎的病因和慢性病例的治疗都非常有价值。结膜抹片对于结膜恶性肿瘤的诊断就

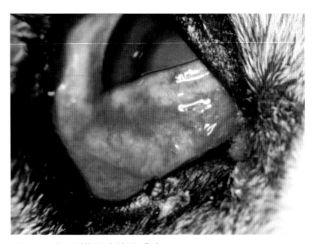

图6-6　蠕形螨导致的结膜炎

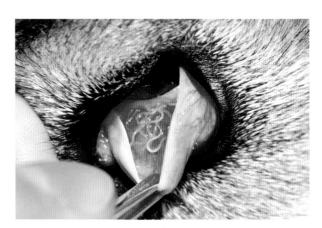

图6-7　吸吮线虫导致的结膜炎

表6-2　根据眼分泌物中的细胞形态区分结膜炎的病因

细胞型态	结膜炎形式
中性粒细胞	细菌性或急性
淋巴细胞与单核细胞	病毒性、披衣菌性或慢性
杯状细胞	慢性
嗜碱性或嗜酸性粒细胞	过敏性（但这类细胞在动物过敏性结膜炎很少见）
角化上皮细胞	任一原因引起的慢性结膜炎或泪膜缺乏

更有意义，如鳞状细胞癌。要多做几张抹片，因为可能用不同的方法染色（吉姆萨染色或革兰氏染色）。

3. 结膜的活组织检查　局部使用两滴表面麻

醉或眼部专用的局部麻醉眼药后就可以操作了。可以使用一细组织镊提起部分结膜，然后使用眼科剪去少量结膜组织。应避免在人为夹取过程损伤活组织而影响结果的判读。

4. 结膜的染色　荧光素染色可以发现溃疡性结膜炎，这很容易在暗室内用钴蓝光发现。

5. Schirmer泪液量检查　用于诊断干眼症。

【治疗】

1. 进行全面的检查，排除物理性原因　假如是继发于其他全身性疾病，就应该在治疗结膜炎的同时治疗原发病。

2. 清洁眼睛　如果眼分泌物过多，应该先用洗眼液彻底冲洗眼睛。但在冲洗眼睛前要确认已经完成所有需要提前进行的检查（培养或泪液量检查）。

3. 抗菌素　使用广谱抗菌素或多种抗菌素联合用药。药物的选择主要是考虑在能否在泪膜中起作用，而不必考虑是否能够穿透上皮的屏障。局部使用的抗菌素眼药主要是治疗原发的细菌性结膜炎和限制因其他治疗导致的正常菌群过度繁殖。药物的使用频率因病情而定，一般为每天3～4次，个别严重病例可能会每小时使用一次。常用的抗菌素眼药有：①新霉素、多粘菌素B、杆菌肽三联眼药是最有效的组合；②氯霉素；③庆大霉素或妥布霉素；④氧氟沙星。

4. 抗炎　糖皮质激素经常与抗菌素联合使用来降低炎性反应，使得有些病例的炎症反应显得非常"安静"，但结膜炎会持续很长时间。这是因为糖皮质激素抑制了愈合的进程，所以不要在禁用糖皮质激素的病例（猫疱疹病毒、类菌质体）中使用。但对于由刺激或过敏导致的急性结膜炎，毫无疑问要使用糖皮质激素治疗，每天局部滴眼2～4次。

5. 抗过敏　根据病情的轻重，可局部或全身使用糖皮质激素。局部肥大细胞稳定剂如色甘酸钠、奥洛他定已经在临床上治疗过敏性或嗜酸性结膜炎。

第三节　细菌性结膜炎

【病因】犬的细菌性的结膜炎比猫更常见。正常情况下结膜囊内可存有细菌，大约91%的犬结膜囊内可以分离出细菌。犬结膜囊内的正常菌群是革兰氏阳性菌（表6-3）。犬在正常情况下或患结膜炎时都可以分离出链球菌、葡萄球菌和类白喉菌。所以在培养时只有出现显著阳性时才有临床意义。

与犬相比，猫结膜囊相对较清洁，只有34%～67%正常猫的结膜囊内可以分离出细菌（表6-4）。

表6-3　正常犬结膜囊内分离出的细菌

细　菌	Bistner等（1969）	Urban等（1972）	Hacker等（1979）
葡萄球菌属	70	70.7	59
链球菌属	6	43.3	未见报道
棒状杆菌属	75	30	未见报道
奈瑟菌属	未见报道	26	未见报道

表6-4　正常猫结膜囊内分离出的细菌

位　置	细　菌	比　例（%）
结　膜	白色葡萄球菌	16.3
	金黄色葡萄球菌	10.4
	支原体	5
	杆菌	2.9
	甲型溶血性链球菌	2.5
	棒状杆菌	1.3
眼　睑	白色葡萄球菌	13.8
	金黄色葡萄球菌	8.8
	甲型溶血性链球菌	1.7
	杆菌	1.7
	大肠杆菌	0.4

摘自Campbell等（1973）。

一、急性细菌性结膜炎

【临床表现】主要表现为突然出现大量脓性分泌物，显著性弥漫性结膜充血和适度的结膜水肿（图6-8）。感染可能会影响到眼睑，造成急性湿润性睑炎。

图6-8　急性细菌性结膜炎

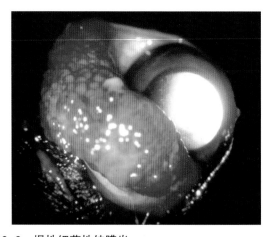

图6-9　慢性细菌性结膜炎

【诊断】急性细菌性结膜炎诊断的主要依据临床症状和细胞学的检查，培养和药敏实验主要用于确认治疗和引导用药，特别是结膜抹片革兰氏染色可有助于快速选择抗菌素。

由于急性眼眶蜂窝组织炎或眼眶周围的感染在初期阶段就会表现为急性化脓性结膜炎的症状，所以头部的检查特别重要。结膜的异物、鼻泪管堵塞和眼睑内翻等潜在的其他病因也需要考虑和排查。

【治疗】最初的治疗就是使用广谱抗菌素。多数动物在3～5 d内治疗效果比较理想。但如果出现耐药性，则需要通过培养或药敏实验来决定选用抗菌素的种类。在治疗前将结膜囊内的分泌物彻底冲洗干净非常必要。

二、慢性细菌性结膜炎

【临床表现】出现黏液性或黏液脓性分泌物，结膜变厚、充血和出现多余的皱褶。多会出现不同程度的滤泡增生，可能会引起眼睑边缘的脱色素。这种状况多发生于双眼，并且很容易找到原发的原因（皮肤病、耳病或眼睑的形态异常）（图6-9）。可卡犬、圣伯纳犬和猎狐犬很容易出现慢性细菌性结膜炎。如果不能及时治疗慢性细菌性结膜炎，多数最终会导致角膜炎的发生，有时还可能造成角膜溃疡。由于呈慢性经过，泪液的产量多数会下降（图6-10）。

【诊断】对于慢性细菌性结膜炎都应该进行泪

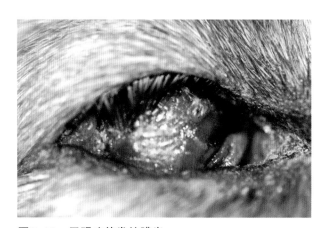

图6-10　干眼症伴发结膜炎

液量检查。如果泪液量检查在发病后期才进行，就很难区分是因为原发性干眼症造成的还是继发于其他疾病，但治疗都是针对干眼症的。如果是单眼的慢性细菌性结膜炎，还要考虑和泪囊炎进行鉴别诊断。鼻泪管堵塞导致泪液排出受阻，所以逆向使细菌在结膜囊内发生感染。如果原有的抗菌素治疗不理想，还是建议进行细菌培养和药敏实验。

【治疗】控制局部和全身的原发病（眼睑内翻、干眼症和耳炎），根据细菌培养和药敏实验结果给予抗菌素或糖皮质激素结合抗菌素。药物可能需要低剂量长期使用。很多干眼症病例很难治愈，只是通过药物控制症状，这点需要在治疗前和动物主人进行沟通。在治疗前将结膜囊内的分泌物彻底冲洗干净是非常必要的。为了防止动物自我伤害，推荐使用伊莉莎白项圈。

第四节　病毒性结膜炎

不同品种的动物均可能会因为病毒感染引发结膜炎。需要特别注意如下几点。

（1）尽管结膜可能成为病毒感染机体的一个门户，但一般结膜并没有明显的临床表现。

（2）全身性疾病导致的结膜炎的表现形式存在很大差异（如犬瘟热或猫疱疹病毒感染）。

（3）严重的病毒性结膜炎通常是最典型的症状，尽管其他系统或许也会受到影响（如猫的疱疹病毒性结膜炎）。

（4）从结膜分离出的病毒并非都是致病性的。

一、猫病毒性结膜炎

【病因】猫的疱疹病毒Ⅰ型（FHV-1）（图6-11）感染最初就表现呼吸道和结膜的异常。此时口腔和鼻黏膜是进行细胞学和培养的最佳位置。急性病例很容易出现点状的角膜溃疡，随着病情的加重逐渐出现地图样溃疡。如果病情再发展，也可能造成角膜的穿孔。紧张是造成后期感染的重要因素。

【临床表现】

（1）分泌物　有黏液性、黏液脓性和脓性分泌物，病情逐渐加重。

（2）结膜充血和轻度水肿。

（3）羞明和眼睑痉挛。

（4）角膜或结膜溃疡　①幼猫的弥漫性角膜和结膜溃疡很常见；②6个月后角膜溃疡可能呈树枝状或地图样，病变范围增大，严重时可能会影响视力。

（5）干眼症　可能是暂时性的，也可能是永久性的。反复发病的动物，泪液量减少可能是最初的临床表现。

【诊断】根据临床症状可以怀疑是结膜炎，但不能确诊。

细胞学、血清学、病毒分离和间接免疫荧光的方法都可以确切诊断病毒，但在临床上很少使用，主要还是根据临床症状确诊。血清学研究表明95%的猫都可能接触过疱疹病毒，无论是否注射过疫苗。

图6-11　猫疱疹病毒Ⅰ型结膜炎

【治疗】治疗非常困难，因为经常会复发。如果动物机体的免疫系统对病毒有反应，该病就会自愈，如果动物机体出现免疫抑制，任何治疗可能都没有效果。

1. 对症治疗

（1）局部抗菌素　控制继发的细菌感染

（2）角膜溃疡的清创　这是去除受病毒感染上皮的最好方法。

2. 抗病毒　到目前为止还没有专门针对动物的眼科抗病毒药物，但各种人类的抗病毒眼药已经广泛应用于兽医临床。只有当症状非常严重时，或症状持续或反复发作时才考虑使用抗病毒药物，由于全身使用抗病毒药物可能对动物造成毒性作用，所以多数只是局部用药。抗病毒眼药的使用频率至少应该在每天5次以上，特别是在疾病的早期治疗阶段。任何治疗药物在症状消失后，均应再至少持续使用1周。

人类用于治疗疱疹病毒药物对动物疱疹病毒的效果排序为：三氟尿苷>碘苷>阿糖腺苷。三氟尿苷是目前最有效的抗病毒眼药。其他支持疗法包括滴加抗菌素眼药、口服赖氨酸（成年猫每次500 mg，每天2次）和全身或局部使用干扰素。

二、犬病毒性结膜炎

导致犬病毒性结膜炎的最常见原因是犬瘟热病毒（图6-12），犬腺病毒和疱疹病毒也可能引起轻度的结膜炎。犬瘟热感染的初期，结膜炎非常常见，同时还会伴有结膜水肿和浆液性分泌物以及扁桃体炎、咽喉炎和淋巴结的肿大。在犬瘟严重期，双眼会出现明显的干眼症，甚至出现角膜溃疡和穿孔。

犬腺病毒 I 型（犬传染性肝炎）和犬腺病毒 II 型（犬传染性支气管炎）都可以引起犬结膜炎，但这些情况比较少见。显著的双眼充血、黏液或黏液脓性分泌物、年龄、注射疫苗的情况、最近接触的环境等因素均有助于与犬瘟热病毒感染做鉴别诊断。

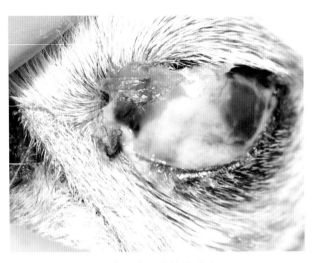

图6-12　犬瘟热病毒感染导致的结膜炎

第五节　先天性结膜疾病

皮样囊肿

皮样囊肿（图6-13）是指在不当的位置长出正常组织的先天异常，通常从结膜形成且常延伸超过与角膜的交界处，其中包含正常的皮肤组织，如表皮、真皮、脂肪、皮脂腺和毛囊，表面通常会有毛发生长，因而对角膜和结膜造成刺激，从而导致泪溢及角膜炎等症状。

皮样囊肿的治疗方法是通过结膜切除术，小心地切除该结构至巩膜（图6-14）；如果病灶涉及角膜，则需要配合角膜层切术，且需要动物眼科医生辅以手术显微镜进行显微手术切除，并依角膜伤口深度来决定是否需要进行显微修补（图6-15）。

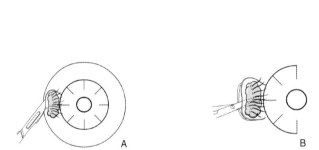
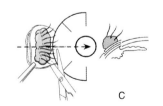
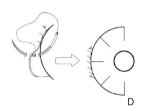

图6-14　皮样囊肿切除的方法
A. 距离皮样囊肿1 mm切开结膜　B. 在皮样囊肿下向角巩膜缘方向钝性分离　C. 用剪刀将皮样囊肿切除　D. 用6-0或7-0可吸收缝合线闭合结膜创口，缝合加快了愈合的速度

图6-13　皮样囊肿

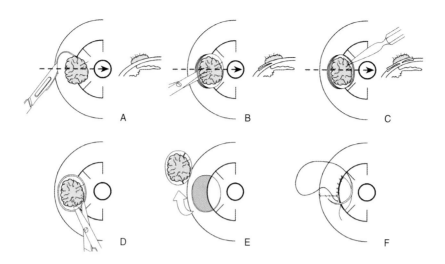

图6-15 皮样囊肿影响到角膜和结膜
A. 正面和侧面观 B. 距离皮样囊肿1 mm处开始向角巩膜缘钝性分离 C. 角膜的部分使用隧道刀分离 D. 用钝剪将皮样囊肿剪除 E. 皮样囊肿摘除后暴露出角膜 F. 结膜采用T形缝合方式缝合

第六节 其他结膜疾病

一、结膜下气肿

气肿是指结膜下有空气蓄积，可见结膜下肿胀且有磨擦音；通常涉及鼻窦的头部外伤会在结膜下出现小气泡，空气会经过腔室的骨片裂痕而进入眼眶中，再移行至结膜而出现气肿；如无更严重的病灶，将于7～14 d内自行吸收，其间可给予全身性抗生素避免某些在鼻窦内正常菌群造成眼窝的感染。

二、药斑

某些药物，如甲强龙，在注射后的数个月内，可能会在结膜下出现乳白色斑块，可引起局部结膜炎；通常建议做短时间的全身麻醉，直接以手术切除。

三、结膜撕裂伤

严重的撕裂伤通常是由外伤引起；结膜的愈合相当迅速，小的撕裂伤通常仅需短期的局部抗生素治疗即可，较大的撕裂伤则需要用生理食盐水冲洗并移除异物，再以6-0Vicryl或PDS缝线缝合，配合局部抗生素治疗。

四、结节肉芽肿性角膜结膜炎症候群

又称增生性角膜结膜炎、结节样肉芽肿性巩膜角膜炎（NGE）和纤维性组织细胞瘤（图6-16）。

【临床症状】

在角膜结膜交界的颞侧出现黄色至红色凸起的结膜下肿块，有时可出现以下症状：

（1）鼻侧或腹侧的角膜结膜交界或第三眼睑都有可能会受到侵袭。

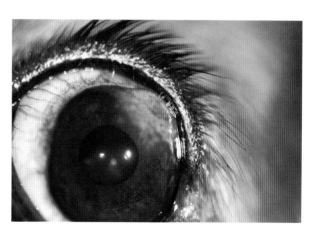

图6-16 增生性角膜结膜炎，又称结节状肉芽肿性表层巩膜结膜炎（NGE），纤维性组织细胞瘤

（2）第三眼睑增厚、浸润，边缘或前侧有时候会出现去色素化。

（3）轻微结膜炎。

（4）若病灶侵入角膜基质，则会出现角膜混浊。

【病程】如无适当治疗，病况将持续恶化进而造成失明；虽然有些病例在治疗之后症状出现消退，但通常仍需要长期以药物控制，甚至有些病例对治疗没有反应，最后仍造成失明。

【治疗】

（1）限制阳光暴晒。

（2）结膜下给予或局部点眼皮质类固醇治疗可以控制病情，在初期全身性给药也有效。

（3）若皮肤有类似症状，可以口服四环素（tetracycline）与烟碱酰胺（niacinamide）。

（4）手术切除较大且突起的肿块。

（5）放射线治疗。

（6）冷冻治疗。

（7）口服免疫抑制剂硫唑嘌呤。

五、猫的嗜酸性结膜炎

【病因】嗜酸性结膜炎是因为嗜酸性粒细胞和肥大细胞浸润结膜导致的结膜慢性炎症。这种状况经常伴发嗜酸性角膜炎，且大多数都和疱疹病毒感染有关。

【临床表现】大多数都会出现严重的结膜炎，单眼或双眼的球膜和睑结膜持续数月的病变，第三眼睑的结膜也会受到影响。眼睑痉挛的现象并不典型，但随着慢性的经过可能会引起角膜炎（图6-17）。下眼睑和内眦区域可能会因为睑炎造成的糜烂而脱色素或肿胀。

虽然慢性经过导致泪液产生减少，但只要治疗及时是可以恢复的。显著的结膜充血可能因为阻塞了泪腺的分泌。

【诊断】根据结膜的细胞学检查或活检可见大量的嗜酸性粒细胞和肥大细胞确诊。假如出现泪液量检查值下降，可能会误导为干眼症。

【治疗】

（1）最初局部糖皮质激素频繁滴眼，然后逐渐减量维持治疗。

（2）局部使用色甘酸钠或环孢素抑制肥大细

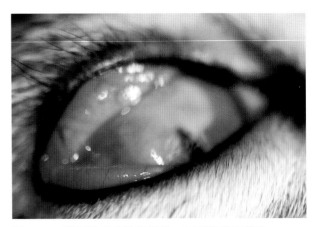

图6-17　猫慢性嗜酸性结膜炎，同时伴发角膜炎

胞的增殖。

（3）局部使用人工泪液。

（4）假如存在角膜炎或使用糖皮质激素后病情恶化时要考虑使用抗病毒眼药。

六、脂肪肉芽肿（lipogranuloma）

【病因】该病是指老龄猫出现的单眼或双眼的白色结节状病变，伴有结膜炎。组织病理学检查是脂肪肉芽肿，但脂肪的来源尚不清。潜在性的来源可能是睑板腺、全身的高脂血症或用药后造成的。浅色动物或太阳辐射强的地区的发病率较高。

【治疗】局部使用糖皮质激素非常有效，但由于具体的原因不详，应进行全身和眼部的全面检查。

七、木化结膜炎（ligneous conjunctivitis）

【病因】木化结膜炎是一类少见的膜性结膜炎。一般常见于杜宾犬。症状非常特殊，并且呈慢性经过，一般的治疗几乎无效。具体的病因不详，但会表现出口腔、呼吸系统和肾脏的系统性异常。

【临床表现】木化结膜炎主要会造成双眼的显著性结膜表面肿胀（包括第三眼睑表面)，并且结膜表面被灰色黏膜样物质遮盖（图6-18）。这层物质与结膜黏附得非常紧密，如果试图与结膜分开时会造成局部出血，最终角膜也会出现血管翳。口腔、呼吸道或肾脏也可能出现异常。

【诊断】主要根据品种和临床表现就基本可以确诊，但同时需要配合做细胞学检查。

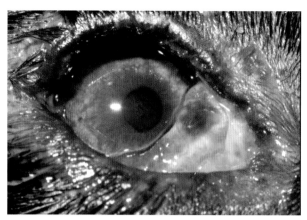

图6-18　木化结膜炎

【治疗】木化结膜炎对常规治疗无效。最有效的治疗是全身给予糖皮质激素和硫唑嘌呤，局部配合使用环孢素。局部使用冰冻血浆虽然也可以减轻症状，但由于使用频率和成本的原因，在临床上推广有困难。

八、结膜肿瘤

结膜肿瘤中，鳞状上皮细胞癌（Squamous cell carcinoma, SCC）最为常见，其他常见的肿瘤包括血管瘤及血管肉瘤（Hemangioma，hemangiosarcoma）、乳突瘤（Papilloma）、肥大细胞瘤（Mastocytoma）。来自阳光的辐射可能是造成鳞状上皮细胞癌、血管瘤、侵入性血管肉瘤等的原因。

结膜肿瘤相对而言较不常见，必须以细针穿刺及组织病理学检查才能做出确切诊断与治疗。

CHAPTER 7

第七章 | 角膜和巩膜病

第一节 概 述

一、大体解剖

角膜呈不规则的圆形。大多数角膜的水平长度大于垂直长度。犬角膜水平直径为13～17 mm，垂直直径为12～16 mm；猫角膜水平直径为17 mm，垂直直径为16 mm。夜行动物为了更好地吸收有限的光线，所以比昼行动物有相对较大的角膜。所有品种动物的角膜面积都小于巩膜面积。猫和一些有蹄动物的角膜相对较大，所以在眼裂处只可以看到角膜，但灵长类通常因为眼球相对较小，所以角膜也较小，因此在眼裂处可以看到角膜和巩膜。

不同品种动物的角膜厚度不同，角膜不同部位的厚度也不同，一般中央薄，周围厚。在治疗角膜溃疡和进行角膜活组织检查时就特别需要对这些知识有所了解。不同品种的角膜厚度一般为0.5～0.8 mm。不同品种动物的角膜厚度大致如下。

（1）犬 大约为0.62 mm。

（2）猫 大约为0.56 mm。

（3）马 中央区域为0.6 mm，边缘为1 mm。

（4）牛 大约为0.8 mm。

（5）羊 大约为0.75 mm。

（6）猪 略低于1 mm。

角膜、巩膜和球结膜的交界处称作角巩膜缘，这个区域是内眼手术切口的重要位置，如常见的青光眼手术、白内障超声乳化术等。

角膜表面是机体神经末梢分布密度最高的区域，感觉神经纤维从睫状长神经发出分支，在上皮下形成上皮下神经丛，释放的神经递质包括乙酰胆碱、儿茶酚胺、P物质和降钙素基因相关肽等，因而角膜敏感性是结膜的100倍。任何深浅角膜的病变（角膜溃疡、角膜异物、角膜炎等）都会导致疼痛、眼睑痉挛。由于神经末梢分布在上皮下，所以浅层溃疡较深层溃疡疼痛显得更明显。角膜中央区的敏感性明显高于角膜边缘。经测试，犬猫角膜的敏感性高于其他品种的动物。

二、显微解剖

角膜通常无血管，最初是通过角膜缘毛细血管和房水来提供营养。角膜主要由如下4层结构组成（图7-1）。

（1）上皮层及基底膜。

（2）基质层。

（3）德斯密膜（后弹力层）。

（4）后上皮层（内皮层）。

角膜上皮层由多层细胞（不同品种动物层数不同，一般为5～20层）构成，从深到浅依次为基底膜、基底上皮细胞、鳞状上皮细胞（图7-2）。基底细胞通过半桥粒附着于基底细胞膜上。角膜缘部上皮基底层的基底细胞被角膜缘干细胞所替代，可逐渐分化为瞬间扩充细胞及终末分化上皮细胞，是角膜上皮增值和修复的来源，角膜上皮的生命周期为4~7 d。基底细胞从最下层逐渐分化成表面的鳞状上皮细胞。上皮层是防止微生物和有毒物质进入眼内的主要屏障，很容易受损，受损后很容易就可

以看到角膜的基质层。

绝大多数品种动物的角膜基质层厚度占角膜厚度的90%以上，非常致密，由胶原纤维有序平行交叉排列组成（图7-3）。在胶原纤维束间分布着可以用来修复基质损伤的角膜基质细胞，但修复可能需要一段时间。角膜胶原纤维的规律排列保证了角膜的透明性。所以当角膜发生溃疡或变性时，胶原纤维排列不规则时，角膜的透明性就不存在了。

德斯密膜（后弹力层）是一层富有弹性的胶原性膜，它是角膜内皮细胞的基底膜，位于后基质层和角膜内皮层之间（图7-1，图7-4）。德斯密膜终身由内皮细胞分泌，所以随着年龄增大逐渐增厚，主要由Ⅳ型胶原组成。在末梢部分，其分裂开并且盖住角膜的基质层。后弹力层具有很好的弹性，但在青光眼或穿透性角膜损伤时也会被破坏。当后弹力层暴露时，说明所有的基质层都已经消失（后弹力层膨出）。荧光素是不能使后弹力层着色。后弹

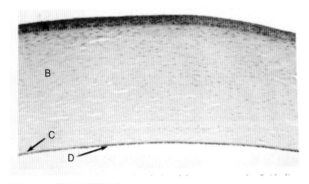

图7-1 猫的角膜结构
A.上皮层 B.基质层 C.后弹力层 D.后上皮层

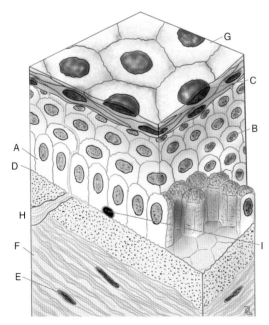

图7-2 角膜上皮由柱状细胞组成（A），多面体翼细胞（B），未角化的鳞状上皮细胞（C），基底细胞与上皮的基底细胞膜相连（D），角膜基质细胞（E），基质纤维（F），角膜表面的微绒毛（H），帮助稳定泪膜，三叉神经纤维（I）
摘自Histology of the Human Eye. Saunders, Philadephia.

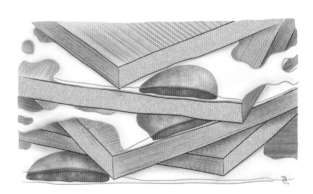

图7-3 角膜基质的胶原纤维排列

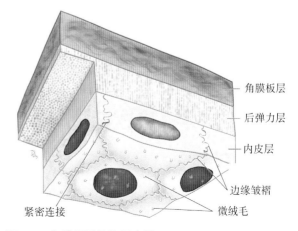

角膜板层
后弹力层
内皮层
边缘皱褶
紧密连接
微绒毛

图7-4 角膜深层结构示意图

力层也具有一定的阻止微生物进入眼内的功能。

后上皮层（一般认为是内皮层，尽管不具有内皮层的特性）位于角膜的后表面，是单层的六角形细胞结构，这些细胞以镶嵌的形式相互交错密集地排列在一起。后上皮层再生比上皮层慢得多；在某些品种动物不具再生能力，但是可通过细胞的扩大及移行来填补衰老及受损死亡细胞留下的位置来填充缺损区域。角膜后上皮层会因为外伤（外力或晶状体前脱位）、遗传易感性（内皮失养症）、内眼或角膜手术、眼内炎症（葡萄膜炎）或青光眼等原因造成永久性损伤。由于这些损伤超过了周围细胞的代偿能力，从而引起角膜内皮失代偿，导致角膜持续水肿和失去透明性。

完整的角膜上皮细胞和泪膜、基质层胶原纤维素的规则排列、角膜无血管，以及相对脱水的状态共同维持角膜的透明性。角膜的透明也依赖于角膜基质层保持的半脱水状态，主要由上皮和内皮的机械性屏障及内皮的温度依赖性Na^+-K^+离子泵来调控，内皮细胞以耗能的运输方式将基质中水分从内皮细胞顶部胞质中泵入房水。因此内皮细胞可维持角膜基质层约78%的含水量。如果内皮细胞的离子泵功能减退或内皮间紧密连接被破坏，水分进入基质的速度超过水分泵出的速度，则水分会在基质层弥散，破坏胶原纤维的正常排列结构，从而引起角膜水肿和混浊。此外，泪液蒸发的动力和渗透梯度可促使角膜浅层基质水分排出，对保持角膜的脱水状态也起到了一定的作用。

三、角膜的生理

（一）角膜的代谢

因为角膜是一无血管的结构，氧气和营养的获取，以及废物的代谢需要特殊的途径（图7-5），这一途径包括房水、前泪膜、空气，以及相邻近的巩膜和结膜上的毛细血管网。角膜后上皮和后基质层的营养主要来源于房水，空气中的氧气和泪膜是提供前角膜营养的重要来源。角膜主要从房水中获得葡萄糖。

角膜的主要功能是折射光线，这种功能被认为比晶状体还重要；所以需要保持角膜的透明。角膜的透明性是由于特殊的解剖结构和生理特征实现

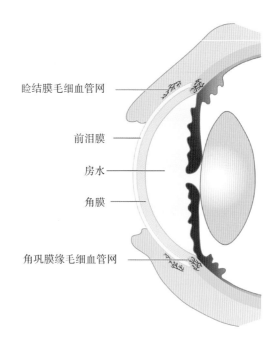

睑结膜毛细血管网

前泪膜

房水

角膜

角巩膜缘毛细血管网

图7-5 角膜获取氧气的途径
摘自Textbook of Ophthalmology, 9th ed. Saunders, Philadephia.

的。下述的几个方面是重要影响因素：

（1）缺少血管。

（2）相对的角膜细胞密度较低。

（3）缺少黑色素或其他色素。

（4）光滑的光学表面（由泪膜保证）。

（5）高度规则排列的基质胶原细胞。

（6）基质层的相对脱水状态。

（二）角膜的愈合

不同品种动物的角膜损伤和角膜愈合存在差异。马的角膜反应最严重并且愈合最慢，同时奶牛的角膜反应最弱且愈合最快（绵羊和山羊与奶牛相似），而犬很快就会形成血管化，这样可能会加快角膜的愈合进程，但同时也会增大角膜疤痕化的可能。猫的血管化倾向相对较低，所以尽管疤痕小，但愈合的时间较长。

1. 上皮的损伤 受损后几分钟，角巩膜缘上皮细胞就开始向病变部位移行，并覆盖病变区域。在移行的过程，会将角巩膜缘的色素带到透明角膜区域，将来就可能在病变区域看到有色素的沉积。全角膜的上皮化可在4～7 d内完成，但是要达到完全正常厚度和成熟的上皮则额外需要

一段时间。假如损伤过重，可能要在角膜边缘区进行有丝分裂来帮助完成愈合的过程。

2. 基质的损伤　基质的愈合速度比上皮慢很多。基质的胶原会因为上皮的缺失而水肿。多核的炎性细胞只需数小时就可以侵入角膜。假如损伤浅表，只需要周围上皮细胞的填充这一种方式即可。深层的损伤不能完全靠上皮细胞填充，需要基质胶原的填充（这一进程非常缓慢，且缺损永远不可能完全填充，上皮化区域可能留下一个永久性小坑）。

假如损伤非常严重或愈合进程过长，角膜就会发生血管化，大约需要4～7 d。当开始时，血管生长会按每天1 mm的速度向角膜病变区域生长（图7-6）。当血管侵入角膜后，即使排除了刺激因素后，角膜也会留下微小的血管痕迹。特别是用裂隙灯检查时就会比较明显。假如将来局部再有炎症发生，这些血管又会立即充盈。

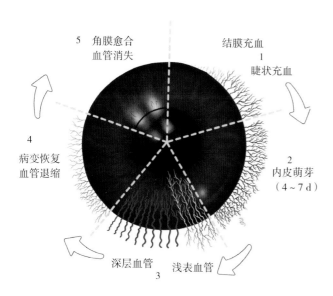

图7-6　角膜的新生血管

角膜基质的新生血管化愈合按照下述方式完成：

（1）在趋化作用的影响下，中性粒细胞会浸润和包围病变。这些细胞大多是从泪液、房水和角巩膜缘的血管中释放并迁徙而来。

（2）在趋化作用病变区域的角膜细胞会很快

死亡，周围的角膜细胞转化成成纤维细胞后向病变区域移行，在此区域形成胶原纤维后填充在病变区域。这种胶原纤维排列不规律，所以降低了角膜的透明性。

（3）在趋化作用角膜受损48 h后，巨噬细胞会浸润病变区域，并清除细胞碎片。

（4）在数周到数月，瘢痕的密度逐渐降低，但不会完全消失。不同品种、不同年龄和不同病情都会影响瘢痕的消除。

胶原蛋白酶是在角膜损伤愈合过程中释放的，来源通常是上皮细胞、多核炎性白细胞、角膜细胞或微生物。通常它是在角膜愈合过程中一种非常重要的酶。偶尔，但是胶原纤维在严重的角膜溶解病例中可能会过剩。在特殊情况下，比如碱烧伤，很多人认为胶原的活性应当受到控制，否则会影响角膜的愈合。糖皮质激素可以使胶原酶活性迅速提高14倍以上，所以禁止局部用于绝大数的溃疡和类似的角膜损伤。

3. 内皮的损伤和后弹力层的膨出　角膜后弹力层受损后可以由内皮细胞分泌再生。内皮细胞的屏障功能遭到破坏后，伤口缘的后弹力层收缩并向基质层卷曲，数小时内，毗邻的内皮细胞会向伤口区迁徙，通过细胞重组、增大和迁徙，重建完整的内皮单层结构。当完整的单层内皮细胞重新覆盖后弹力层时，细胞间可形成接触抑制和稳定的细胞连接。此时，参与创伤修复的细胞体积大于未参与修复区域的细胞。如果内皮损伤较严重，局部的内皮细胞会形成复层及纤维化，引起异常的基底膜样物质沉积。

4. 糖皮质激素对角膜溃疡愈合的影响　在角膜溃疡时，局部使用糖皮质激素可以通过抑制纤维素的生成而改善角膜的水肿，减少角膜表面的新生血管和色素沉积，同时还可控制角膜溃疡继发的前葡萄膜炎。但是糖皮质激素也会抑制上皮的再生、成纤维细胞的活性，以及炎性细胞对角膜的浸润和内皮细胞的再生。这样就影响了角膜的愈合，同时胶原纤维酶的活性会提高14倍，所以感染的机会就会大大增加。所以局部是否使用糖皮质激素的要根据医生对病情的把握，最后才能做出决定。一般情况下，可以使用糖皮质激素的时机如下：

（1）感染已经被控制。

（2）上皮化已经完成，荧光素染色已经为阴性。

（3）角膜完整。

（4）在趋化作用的角膜病变不是因为猫的疱疹病毒或其他原发的感染因素。

动物眼科医生在严格监视动物对药物的反应时，眼科手术后经常会联合抗菌素和糖皮质激素共同控制感染和炎症。

第二节　角膜的病理反应

因为角膜的无血管、结构紧密的特性，所以当角膜发生病理变化时就显得特别迅速，有时甚至比较难恢复。因为角膜是透明的，所以即使一些病理变化很小，如水肿、脂质沉积和轻微的瘢痕形成，也会特别的明显。

根据发病的原因，角膜疾病大致可以分为3个方面：外源性；眼睛其他结构的影响；内源性。

外源性原因如果要影响到眼睛，首先要突破的屏障就是角膜上皮，角膜上皮具有重要的屏障作用，可阻止外来微生物和病原进入眼内，在正常的结膜囊内都可见常驻的病原微生物，但并不会引起机体的异常，这就说明了角膜上皮的重要作用。但某些因素会造成角膜上皮脱落或破损，病原微生物则很容易进入角膜的基质中。

眼睛其他附属器官造成的角膜疾病在临床上非常常见，如葡萄膜炎、青光眼、晶状体异位、全身性病原微生物通过葡萄膜血管造成炎性细胞进入角膜，以及多数可见的眼部肿瘤（如淋巴肉瘤）。

内源性的原因多见于遗传性眼病，如角膜内皮失养症和永久性瞳孔膜。

一、角膜对疾病的反应

临床上常见的角膜病理变化主要有以下几种表现形式：

（一）角膜水肿

正常角膜呈相对脱水的状态，防止水分进入角膜的重要结构是角膜的内皮层，通过调节电解质来阻止房水中的水分进入角膜基质，尽管角膜上皮调控角膜的水肿的作用不如角膜内皮，但是对于阻止泪膜中的水分进入角膜也是至关重要的。角膜基质同样会因为角膜溃疡损伤角膜上皮后出现角膜发白、水肿的现象，直到角膜上皮重新生长良好时，这种水肿和透明性才能恢复。角膜内皮损伤后造成的角膜水肿一般都会很严重，并且面积很大（图7-7）。由于角膜内皮几乎没有再生的能力，所以在动物老龄后就会出现内皮细胞的缺失，这种生理性丢失不会出现角膜水肿的现象。角膜内皮细胞急剧减少就会表现出角膜水肿的临床症状，如角膜内皮失养症、青光眼、晶状体脱位、葡萄膜炎。无论何种原因导致的角膜水肿，只要角膜内皮细胞的功能没有过度损伤，都有恢复角膜透明性的可能，但一定要尽早找到潜在的病因。

（二）角膜黑皮症

角膜黑皮症经常被称作角膜的色素沉积或是色素性角膜炎（图7-8）。实际上这些叫法都不够准确，因为色素的沉积并不一定只是黑色素，但只要知道是描述角膜上有黑色物质沉积就可以了。角膜的黑皮症多数是因为不同原因对角膜慢性刺激导致的，病因不同治疗方法也不同。黑色素一般沉积在

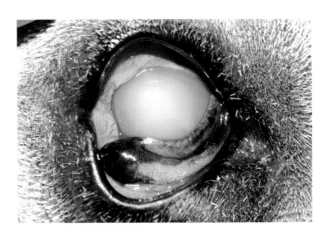

图7-7　角膜弥漫性水肿

角膜的上皮，有时也会沉积在角膜的基质中，这都是因为在慢性炎症反应过程中，黑色素从角巩膜缘移行造成的。角巩膜缘的黑色素越多，发生的角膜黑皮症就越严重。

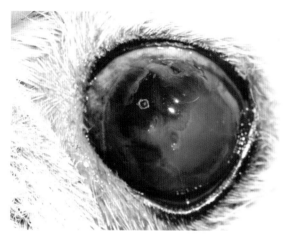

图7-8 色素性角膜炎

角膜黑皮症都是因为角膜的慢性刺激造成的，这些刺激包括眼部结构性原因（眼睑内翻、鼻皱褶突出、双行睫等）、过度暴露（暴露性角膜炎、面神经麻痹等）、泪液缺少（干眼症）、慢性免疫介导性疾病（德国牧羊犬的血管翳）。在这些疾病中，多数去除了刺激原因后，症状就会被控制，甚至症状明显改善。

角膜黑皮症不能自愈，除非在一些特殊品种的动物发展特别迅速时才可能用药物控制。治疗的主要方法就是在早期去除刺激因素，比如矫正眼睑内翻、使用人工泪液代替泪液等。在临床上，如果发现有黑皮症的病例，为了找到确切的病因，至少要进行下述6项检查。

（1）Schirmer泪液量检查。

（2）评估眼睑反射。

（3）荧光素染色。

（4）检查有无双行睫、倒睫、异生睫毛等。

（5）检查有无眼睑内翻。

（6）角膜的细胞学检查。

（三）角膜新生血管

正常的角膜是没有血管的，但是当角膜基质中有血管浸润时，就说明角膜有损伤，造成这种损伤的原因可能是多方面的，特别是在角膜基质愈合的过程中，新生血管起到了重要作用。角膜的新生血管会发生在浅层、深层或全层。角膜的浅层血管主要发生在角膜的上皮层和角膜基质的上1/3层，大多数呈树枝状，这些血管大多数是从角巩膜缘而来，然后逐渐分支进入角膜上皮或浅层基质（图7-9）。可以看到非常浅层的血管穿过角巩膜缘，这是因为这些血管和结膜的循环相连。角膜深层的血管呈篱笆状，短、直、分支少、呈刷子状（图7-10）。这些血管是从角巩膜下而来的，这是因为与睫状循环相连接。角膜血管的深浅，一般可以反映病变的严重程度，深层的血管说明病变的部位深，病情严重。在复杂和慢性病例中，这些血管还可能发生肉芽肿样增生（图7-11）。

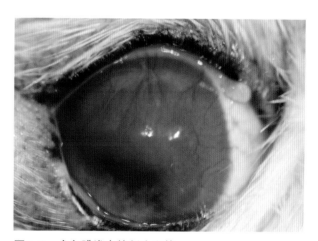

图7-9 犬角膜浅表的新生血管

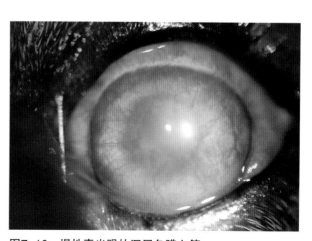

图7-10 慢性青光眼的深层角膜血管

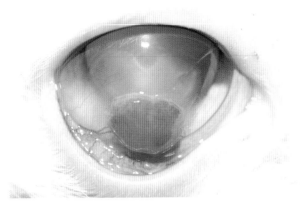

图7-11 猫角膜肉芽肿样增生

大多数情况下，角膜的新生血管对角膜有益，特别是在角膜基质的修复过程中。尽管角膜的新生血管可能会将炎性细胞和黑色素带到病变的区域，且可能会造成角膜基质的纤维化，但是这些与新生血管对角膜基质修复的作用相比，保留这些血管还是很重要的。所以在角膜基质修复的过程中，千万不要局部使用抑制新生血管的糖皮质激素类眼药。

（四）角膜瘢痕化

角膜基质在愈合的过程会产生胶原纤维，由于胶原纤维排列不规则，干扰了光线的透照，于是在角膜内形成了一些很淡的灰白色瘢痕或羽毛状印迹，这些现象要和角膜内皮的细胞沉积加以区分。特别要注意的是，有时可能会见到原来炎症反应过程留下的血管遗迹（图7-12）。随着时间的推移，多数瘢痕都会减轻，但并不是所有的瘢痕都能消除。如果动物处于幼年，角膜的瘢痕化就不会很明显，如果是老龄动物，瘢痕化则可能会较严重。犬在瘢痕化区域经常还会伴发黑皮症。在犬的瘢痕周围还经常出现脂质变性（图7-13）。当初角膜损伤越深，则将来瘢痕越明显，反之损伤越浅，将来角膜的透明性就越好。根据角膜表面瘢痕的大小，我们将其按照瘢痕从小到大的顺序分为云翳、斑点和白翳。

（五）角膜异常物质的沉积

角膜的脂质沉积或矿物质沉积在临床上都表现为角膜表面闪闪发光发白的区域，这些沉积中经常会有胆固醇或钙混合在一起。角膜的全层都可能会出现这种类型的沉积，但多数脂质沉积只发生在

上皮下，所以荧光素染色也不会着色。虽然这种脂质沉积是原发或遗传性的，但并不意味着出生后就有。很多品种易发此类疾病（角膜内皮失养症），但同时很多品种也不会患此病。如果是因炎症反应后获得的，我们称作角膜脂质变性。角膜的脂质沉积如果是原发的，大多数会双眼同时发生，无痛，不影响视力（图7-14）。但角膜脂质变性则多数是单眼，并且多数都会伴有炎症反应（角膜炎、巩膜炎、葡萄膜炎），同时会出现角膜的新生血管、角膜水肿、瘢痕、黑皮症等（图7-15），有时会有明显的外伤史，多数情况是在角膜溃疡愈合后，突然出现角膜变性。角膜的脂质沉积多数需要很长时间才能恢复。

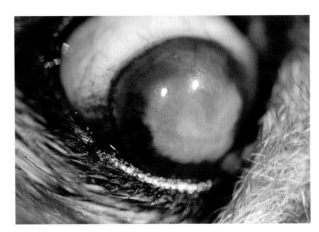

图7-12 角膜炎症留下的血管遗迹

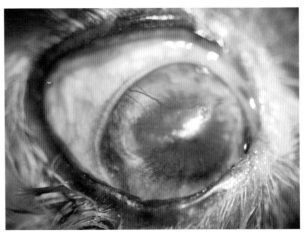

图7-13 角膜瘢痕周围出现的脂质变性

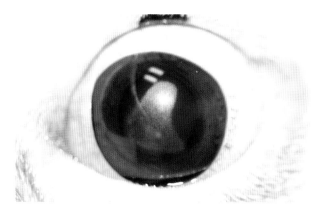

图7-14　角膜的脂质沉积

图7-15　角膜的脂质变性（角膜脂质失养症）

（六）角膜软化（角膜溶解）

角膜软化或称作角膜溶解，是因为角膜的白细胞浸润，特别是基质中中性粒细胞的浸润，导致释放胶原蛋白酶，进而导致了胶原纤维的溶解（图7-16）。缺少胶原纤维的角膜就会变得缺乏韧性，基质层变薄就会导致角膜溃疡的发生，甚至是后弹力层膨出。这种变化可能发展得非常迅速，多数原因是因为基质的白细胞浸润和水肿。

图7-16　角膜溶解

第三节　先天性角膜异常

一、皮样囊肿

皮样囊肿是指先天性的正常组织长在了异常的位置（图7-17）。这种异常多表现为异常的皮肤组织、毛发、肉芽组织和脂肪。皮样囊肿可能发生在结膜、角膜、睑缘、角巩膜缘等不同位置。由于皮样囊肿表面存在毛囊，所以从毛囊生长出的毛发就会对结膜和角膜产生刺激，导致角膜混浊和结膜充血，有时还会有眼睛的脓性分泌物。皮样囊肿一般生长缓慢。多数认为皮样囊肿在某些品种动物具有遗传性，如腊肠犬、圣伯纳犬、大麦町犬、缅甸猫。治疗的方法只有通过手术切除。如果皮样囊肿位于角巩膜缘，则需要分别在角膜和结膜进行手术，由于皮样囊肿使得角膜比正常情况下要薄很多，一般建议转诊到动物眼科医生外就诊。

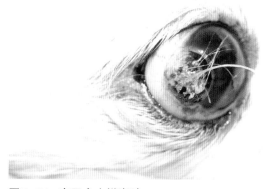

图7-17　京巴犬皮样囊肿

二、小角膜

相对于正常的眼球来说其角膜较小，通常临床表现不明显。如果想确诊，则需要用尺子测量异常角膜的水平和垂直直径与正常一侧角膜的数值进行对比（图7-18）。

多数犬种都有散发现象，但在迷你雪纳瑞犬特别多见。这种病可能会有遗传性，并会导致严重的其他眼病，如白内障。也会出现眼前段的其他异常，如浅的眼前房和永久性瞳孔膜。这种问题常常发生于单侧眼，并且还经常伴有小眼球。该病没有治疗的必要，但具有遗传性，患此病的动物不宜留作种用。

三、永久性瞳孔膜（PPM）

永久性瞳孔膜是在眼睛发育后期出现的最常见的血管遗迹。有些会跨越瞳孔区，虹膜与晶状体前囊接触导致白内障的发生（图7-19）或与角膜内皮接触导致角膜的混浊（图7-20）。在某些品种动物临床异常可能只有一种，但在其他品种动物可能会出现多种异常，如小眼症、角膜水肿等。巴辛吉犬具有品种遗传性。这些非炎症性病变与角膜或前囊接触面积的大小决定了对角膜透明性的影响。永久性瞳孔膜一般无需治疗，患此病动物不宜留作种用。关于永久性瞳孔膜的更多内容将在葡萄膜的章节进行讨论。

四、先天性浅表地图样角膜失养症

先天性浅表地图样角膜失养症在很多犬都可能会发生，但这种异常只是暂时的，症状不明显，只

图7-19　PPM与晶状体前囊接触导致白内障的发生

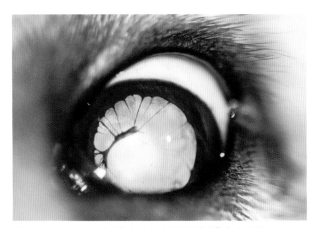

图7-20　PPM与角膜内皮接触导致角膜内皮受损

是在睑裂区域多见白色混浊、地图样花斑，没有任何疼痛，幼犬一般于10周龄左右即可自行消失。无需治疗（图7-21）。

图7-18　小角膜症

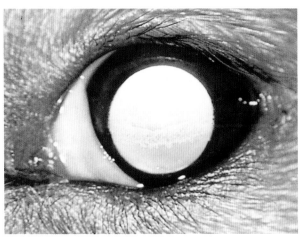

图7-21　先天性浅表地图样失养症

五、浅表点状角膜炎

浅表点状角膜炎是指角膜上皮出现的多点状、浅表的圆形缺陷，可能会被荧光素着色（图7-22）。病变部位弥漫于角膜表面，有时角膜看上去就像黄色的皮肤。这种病在腊肠犬、喜乐蒂犬有家族史，主要原因可能是泪液中缺少黏液层所致。症状经常反复，有些类似顽固性角膜溃疡。治疗可使用0.2%环孢素点眼，效果不错。

六、角膜脂质失养症

犬的角膜脂质或矿物质在角膜前基质的沉积在临床上非常常见，但较少发生于猫。这种沉积多数发生在角膜中央或远离角巩膜缘，一般都是双侧发生，尽管可能发病的位置不对称。这种病有遗传性，并且可能随时间推移而缓慢发展。这种脂质沉积有很多种类型，如环状、椭圆形等。在临床上，一定要将此病与角膜变性（图7-15）和高脂血症导致的角膜病变相区别。因为角膜内皮失养症不是炎症反应，与角巩膜缘的关系不紧密，所以血清中胆固醇和甘油三酯的浓度并不一定会升高。

七、角膜内皮失养症

角膜内皮失养症主要发生于波士顿狸犬、拳师犬、腊肠犬、贵宾犬和吉娃娃（图7-23）。这种疾病具有遗传性，主要是因为角膜内皮细胞丢失导致了角膜的水肿。随着角膜水肿的加重，可能会导致大疱角膜炎，最后出现角膜溃疡。这种病无痛，全身使用高渗氯化钠软膏可以明显改善内皮的水肿，

并抑制大疱的形成。这种高渗眼膏每天至少使用4次，否则没有效果。有些病例可以考虑角膜热成形术。角膜内皮失养症通常处于缓慢发展中，且不可治愈。

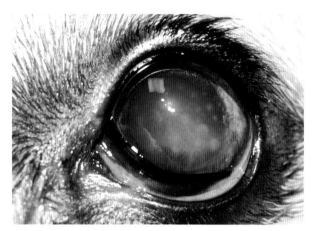

图7-22　浅表点状角膜炎

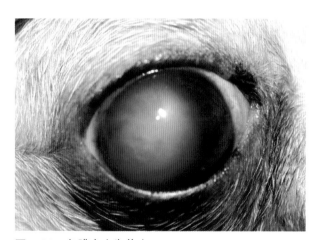

图7-23　角膜内皮失养症

第四节　获得性角膜异常

根据临床特征，角膜炎大致可以分为如下几种类型。

（1）浅表的伴随新生血管（如角膜血管翳、色素性角膜炎、肉芽增生性角膜炎、慢性感染性角膜炎和肿瘤）。

（2）浅表的没有新生血管（如点状角膜炎、代谢性浸润性角膜炎、角膜变性、瘢痕性角膜炎）。

（3）间质性（深层）角膜炎。

（4）溃疡性角膜炎。

（5）角膜结膜炎。

一、德国牧羊犬型血管翳（免疫介导的浅表角膜结膜炎）

血管翳被是指上皮下血管和肉芽组织浸润到角

膜，并蔓延到基质层表层的角膜炎（图7-24）。

德国牧羊犬血管翳是典型的血管、淋巴结、血浆细胞和黑色素从颞侧的角巩膜缘开始到基质表层的角膜炎，可导致上皮下的肉芽组织色素化。

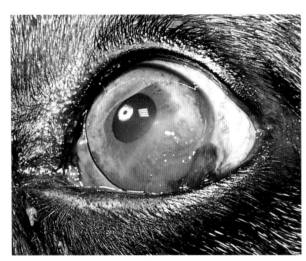

图7-24 德国牧羊犬的血管翳

【病因】具体病因不详。但多数认为和易感犬种的免疫介导性疾病有关，同时紫外线的照射会加重此病。

1. 易感品种

（1）常见于德国牧羊犬和牧羊犬的混血犬（90%以上的病例都是此类犬）或见于有类似祖先的犬。

（2）其他品种 ① 比利时坦比连犬，被认为比德国牧羊犬有更高的品种易感性；② 边境牧羊犬；③ 灵提犬；④ 西伯利亚哈士奇犬；⑤ 澳大利亚牧羊犬。

2. 紫外线照射（海拔） 生活在海拔1 500～2 000 m高度犬的发病率是生活在1 000～1 500 m高度犬的2.7倍，生活在海拔2 000 m以上犬的发病率是生活在海拔1 000～1 500 m犬的7.5倍。

3. 性别因素 未做绝育手术的动物较少发生此病。

【发病年龄】最小可以发生在9月龄的动物，最大发生在10岁的动物。多数动物发生在3～6岁。一般发病年龄越小，病情越严重；发病年龄较大时，病变相对较为局限。

【症状】多数双眼均可发生。

（1）从颞侧的角巩膜缘开始，然后发生在鼻侧的角巩膜缘，然后相对生长，最后影响到靠近背侧的角巩膜缘。如果能及早发现，可能一侧症状会相对较轻。如果不能及时诊治，最终病变会将所有角膜遮盖，导致动物失明。

（2）在透明角膜与血管翳病变交界处，可见小的斑点状水肿。

（3）当病变被色素遮盖时，动物主人一般不认为是病，只有当动物失明时他们才会发现。没有色素沉积的区域有闪亮的外观。

（4）此病可能急性发生，2～3周即可被发现，也可能呈慢性经过，发展需要数月。

（5）慢性病变会发展为脂质性角膜变性（胆固醇沉积），当病情严重时，尽管局部治疗已经控制住了血管翳，但同样可导致失明。

（6）第三眼睑可能出现色素减退，在边缘伴随浆细胞的浸润，并且变厚。

【诊断】可以通过角膜和结膜的细胞学检查来进行诊断，当发现几乎都是淋巴细胞或浆细胞的时候就可以确诊。角膜血管翳一定要和一些慢性刺激（干眼症、过度暴露、眼睑结构异常）造成的黑皮症相区分，同时也要和角膜基质受损过程出现的肉芽肿增生做鉴别诊断。

【治疗】该病需要及时控制，但还要终身坚持用药，但该病不可能治愈，用药的目的是在一定程度上控制病情的发展，尽量避免造成动物失明。药物反应的好坏与环境有很大关系。高海拔（大于2 000 m）地区的动物很难控制此病。具体的治疗方案如下：

1. 早期病例 局部用药。

（1）糖皮质激素

① 强有力的治疗是必要的，可使用0.1%地塞米松、1%醋酸泼尼松龙、1%磷酸泼尼松龙。

② 局部浅表使用糖皮质激素每天4～6次，直到症状改善，然后根据用药后的反应，改为每天2～4次。

③ 眼膏或眼药水需和抗菌素联合用药，但常规治疗最好不用抗菌素。

（2）环孢素 1%环孢素眼药对于有血管爬行

的病例有效，对于降低上皮色素沉积也有一定的效果。最初每天两次，随着症状好转可逐渐减量。

（3）联合用药　1%环孢素（每天两次）联合局部应用糖皮质激素（每天4次）会有协同作用。随着症状改善，糖皮质激素可减到每天两次。

2. 病情较轻或局部治疗无效的病例　按下述方法进行治疗。

（1）皮下注射糖皮质激素

① 甲基泼尼松龙：10~20 mg／眼

② 倍他米松：3 mg／眼

③ 氟氢泼尼松：5~10 mg／眼

（2）之后局部继续使用糖皮质激素，期望在7 d内有所改善。根据病情不同一般在1~6个月内有效。多数动物会在注射后的3~5 d出现多饮、多尿的症状。

3. 病情严重的病例　尽管使用了糖皮质激素和环孢素，但仍有小的瘢痕形成或病情继续发展的病例。

（1）采用激光治疗，同时结膜下注射糖皮质激素。

（2）症状应该在1周，最多30 d内有所改善。这种治疗特别适合角膜的色素沉积。通常大约60%~70%的色素会在30 d内消失。如果病变厚度超过1 mm或激光没有照射的病变会有复发的可能。如果治疗的效果不好，可以再次用激光照射。

4. 更严重病例　病例严重且已导致失明，并伴有严重的瘢痕，角膜有很多的脂质沉积和（或）在基质中有色素沉积。

（1）浅层角膜切开术　最初可以使用角膜隧道刀，尽可能将深层的所有血管切除，这对于预后非常重要。在分离暴露下面的透明角膜时，使用64号刀片可很容易地分离角膜。将角膜分离到角巩膜缘，然后将其去除。任何连带的有色素的结膜也需要切除3~5 mm（从角巩膜缘计算）。

（2）手术后用激光照射整个角巩膜缘，对于防止新生血管有很重要的作用。

（3）使用抗菌素软膏直至重新上皮化之前（9~12 d）。如果能严密监视动物，可以使用抗菌素和糖皮质激素软膏。愈合完成后，仍然需要局部用药。如果愈合过程有血管形成，上皮化完成后可

以结膜下注射糖皮质激素。

（4）手术操作可以重复2~3次。每次手术后角膜都会变薄，直到最后到达不能再生的那一层结构。

【预后】根据生活的区域，低海拔地区对此病恢复有所帮助。如果停止治疗，可能会复发。在低海拔地区用药可以减少到每周2~3次。如果主人选择间断的治疗，效果不会很好。只要限制在固定的区域内，多数失明动物的生活质量不会有太大的影响。

【并发症】

1. 浅表角膜变性　这是因为这种病是慢性发展的。

（1）上皮下和前基质层胆固醇沉积　发病一年后，经常会出现浅表的上皮混浊，这些病变可能会在原位置复发。胆固醇的沉积可能会很稳定，有时在使用环孢素治疗后还会消退。

（2）浅表性囊肿变性　在进行了浅表角膜切开术后或激光照射后，可能出现上皮囊肿，有些动物只接受了局部的环孢素治疗后也会出现。囊肿通常很小（1~2 mm），内含透明的液体，有时会融合在一起。

（3）经过长时间治疗后，浅表的囊肿会发展到基质，导致大疱性角膜炎。在这些病例中，角膜会发生很严重的变性，并逐渐耗尽再生能力。这些治疗包括：多年持续的角膜切开术、糖皮质激素治疗和激光照射。

2. 角膜溃疡或损伤　长时间使用糖皮质激素会降低角膜的再生能力。假如发生角膜被抓伤或深层角膜穿透，需要立即停用糖皮质激素，直到角膜愈合后才能再使用。角膜的愈合时间多数会延长。

3. 感染　人类长期使用糖皮质激素容易造成眼部的感染，特别是真菌的感染，但至今我们还没有在患血管翳的动物发现类似的问题。

二、色素性角膜炎

角膜的色素沉积一般都是因为持续性角膜刺激所导致的（图7-25），可能是浅表的，也可能是深层的。

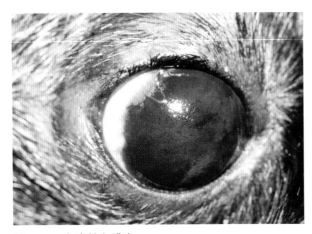

图7-25　色素性角膜炎

【病因】

（1）异生的睫毛或双行睫毛。

（2）眼球突出——环境的刺激。

（3）眼睑内翻或过于突出的鼻皱褶。

（4）任何慢性的角膜结膜炎，特别是干眼症。

（5）德国牧羊犬型血管翳。

（6）角膜损伤（浅表或深层的）。

（7）先天易感品种——京巴犬或巴哥犬，最小的3个月就可出现。

【易感品种】 多数发生在眼球突出的品种，如波士顿狥犬，京吧犬和巴哥犬。

【临床表现】 如果色素沉积在角膜基质中，并且影响到视力，就应该采取手术的方法。如果仔细检查发现病情很稳定，则无需手术。对于浅表的色素沉积，如果移除刺激的因素，色素会自行消失。

【治疗】

（1）浅表的色素沉积

①移除刺激的因素。

②局部使用环孢素眼药，一般在30 d内会得到改善。

③如果30 d内没有改善，有必要进行激光治疗。

（2）在某些复杂的病例，移除刺激后，角膜仍然不透明，浅表角膜切开术会有帮助。术后的治疗类似于血管翳手术后的治疗。

（3）眼球突出的病例不要使用浅表角膜切开术。可以考虑鼻侧或颞侧眦成形术。

【预后】 排除病因后，效果一般很理想。如果不能排除病因，局部持续的糖皮质激素和抗菌素治疗可以控制症状，但不能治愈。

三、角膜变性和代谢性浸润

角膜水肿或基质中的沉积（脂质、钙）（图7-26）可导致多种形式的非炎性角膜变性。

获得性角膜变性可以继发于慢性角膜炎，或继发于全身的代谢性疾病、角膜的手术或其他不明原因。这些病变通常是永久的或缓慢发展的。

很多病例角膜变性的病因和病理尚未明确。

1. 犬角膜内皮的变性 内皮的变性（图7-27）可导致水分进入角膜，使角膜增厚。局部使用5%氯化钠眼药治疗（每天4次）或许会改变

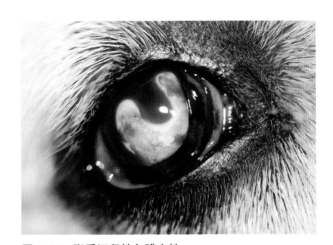

图7-26　脂质沉积性角膜变性

图7-27　犬角膜内皮的变性

角膜的渗透性，从而减轻水肿的症状。角膜内皮的变性一般会不断发展，并最终可能导致动物失明。假如病情严重，会导致圆锥角膜，最终发展为大疱性角膜炎。角膜移植可以用于没有血管爬行的动物。如果有血管爬行，则不能确定效果。

（1）波士顿狻犬具有品种易感性（通常是母犬），贵妇犬、松狮犬、吉娃娃犬和博美犬等也有易感性，它们在8岁或更老的时候常常会渐渐出现角膜内皮的变性，最终会导致失明。

（2）老龄犬特发的内皮变性　老龄犬会因为3~6周没有改变的角膜水肿导致整个角膜的混浊。在角巩膜缘有1~2 mm的正常角膜环。一般治疗没有效果。

（3）角膜的手术　角膜的穿孔或裂口有时会导致永久的内皮损伤，这可能出现在晶状体摘除术后的角巩膜缘，这是手术的并发症。一般情况下，水肿只局限于角巩膜缘，其他地方都应该是透明的。

2. 猫角膜内皮的变性　猫的葡萄膜炎会导致角膜内皮的永久损伤，可能造成严重的角膜增厚和不可逆的损伤。

四、神经性角膜炎

神经性角膜炎是一类因为眼部的神经支配出现异常而导致角膜病变的总称，包括因为三叉神经支配的角膜感受神经功能异常造成的角膜炎或面神经麻痹后出现的眼睑反射功能消失导致的角膜炎等（图7-28）。

【**病因**】角膜发生病理性变化的原因主要包括：

（1）眼睑反射消失，所以对眼睑的保护消失，导致前泪膜对角膜的保护不够。

（2）三叉神经的轴浆流出现问题，导致供给神经的营养丧失，所以神经功能出现异常。眼眶后面的肌肉也经常出现萎缩退化的现象，导致眼球内陷，第三眼睑不能在角膜表面运动，导致泪液不能

均匀分布在角膜表面。

【**治疗**】可进行暂时或永久的睑缘缝合术（图7-29），目的是防止角膜的进一步暴露和干燥。同时给予人工泪液对治疗也很有帮助。如果出现角膜溃疡，局部使用抗菌素眼药也必不可少。

【**预后**】主要取决于导致神经性角膜炎的病因和所进行的治疗。如果治疗不能起作用，最终可能要考虑摘除眼球。

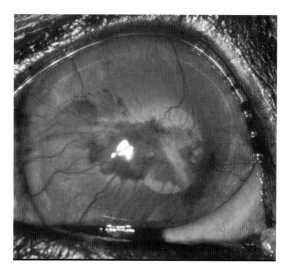

图7-28　犬神经性角膜炎
由于眼睑不能正常闭合，导致角膜慢性炎症引起的色素沉积和新生血管

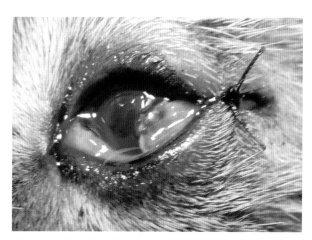

图7-29　睑缘暂时缝合术

第五节　角膜溃疡

【概述】角膜溃疡是一个广义上的概念，任何角膜上皮的缺失都可称为角膜溃疡。溃疡性角膜炎等同于角膜溃疡，因为在发生角膜溃疡的同时经常会发生继发性炎症。角膜溃疡在临床上相当常见，尽管有时一些轻微的角膜溃疡我们没有发现就自愈了，但有时复杂的角膜溃疡就需要我们采取积极的治疗，否则最终可能会影响整个眼睛。

如果想要达到最佳的治疗效果，需要具备以下几方面的知识：

（1）了解常见角膜溃疡的原因。

（2）掌握一般角膜溃疡愈合的时间。

（3）知道角膜溃疡的分类，如是简单的溃疡还是复杂的溃疡。

（4）知道如何治疗相关的病因。

（5）了解常用的治疗药物。

（6）掌握手术的指征。

【病因】角膜上皮的完整性是通过正常的眼睑闭合和上皮细胞的不断更新来实现的。上皮细胞的更新速率与角膜表面的机械性保护机制足以维持角膜的正常，而不至于发生角膜溃疡（图7-30）。但当这种平衡被打破时，如泪液分泌不足、眼睑形态异常、异生睫毛刺激、角膜异物、猫的传染性疾病等，这些问题在犬、猫临床都是很常见的（表7-1）。

【诊断】当分析这些潜在的原因时，需要通过一些基本的临床检查来帮助你得到确切的诊断：

（1）Schirmer泪液量检查。

（2）评估角膜和眼睑的反射。

（3）对眼睑和结膜的结构和功能进行全面检查，特别要注意第三眼睑的后面。

（4）如果确认有角膜溃疡的存在，要从微观的角度进行细微观察。

（5）荧光素染色。

前文已经对角膜的愈合进行了详细的描述。一般的浅表（没有伤及角膜基质的）溃疡应该在7 d内愈合（重新上皮化、不再被荧光素着色）。缺少上述两点中的任何一点，都说明角膜的愈合过程不够正常。

"简单"的溃疡一般主要伤及角膜的上皮，并没有过多伤及角膜的基质，一般7 d就可以愈合。"复杂"的角膜溃疡一般都会影响到角膜的基质层，愈合时间一般超过7 d。从另一角度来说，凡是"简单"的溃疡，均应是浅层的损伤并且治疗及

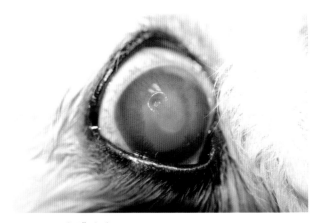

图7-30　角膜溃疡

表7-1　角膜溃疡形成的原因

对角膜的保护不够		过多的上皮丢失	
泪液缺少	眼睑异常	内源性原因	外源性原因
干眼症、睑板腺炎	兔眼，脑神经麻痹，眼睑内翻、外翻	眼睑内翻、倒睫、异生睫、双行睫基底膜缺失	外伤、异物 FHV-1
STT、TBUT、结膜的活组织检查	角膜反射、眼睑反射、眼睑闭合实验	放大后，全面的眼睑检查	

时；凡是"复杂"的溃疡，均应是角膜深层的损伤或慢性的经过，或两者俱备。

在临床上，我们把不愈合的溃疡分成3种类型。

（1）尚未发现或治疗的潜在疾病　应重新再检查一遍，特别要注意有无倒睫、双行睫、异位睫、泪液状况异常、疱疹病毒、眼睑内翻、神经性角膜炎，特别要排除异物。

（2）已成为顽固性溃疡　这种问题常发于犬，诊断这种溃疡最简单的办法是用无菌棉签在角膜表面可以卷起疏松的角膜上皮，说明这种溃疡是顽固性溃疡（图7-31）。

（3）已成为感染性溃疡　大多数都会伴随角膜溶解。溃疡周围的角膜出现黄绿色病变，说明是炎性细胞的浸润（图7-32）。

【治疗】

1. 常规角膜溃疡的治疗　无论是简单、复杂、慢性或严重的溃疡，治疗都离不开药物。当然，最重要的是找到潜在的病因，然后将其去除。否则，角膜溃疡就很难愈合，并且还可能继续发展。尽管有时溃疡可能会暂时愈合，但又会很快复发！其他重要的治疗方法还包括局部使用抗菌素、润滑剂和促进角膜生长的药物。有些动物还需要同时配合止疼或抗炎的药物。这些内容将在后面的章节进行详述。

（1）抗菌素　几乎所有的角膜溃疡都需要使用抗菌素进行治疗，尽管最初可能并不是因为感染造成的，但是一旦上皮出现缺失，很容易就会造成继发性基质层感染。具体的用药方法在第十六章会进行详细介绍，这里仅将最常见的抗菌素做一总结。

三联抗菌素（新霉素、多黏菌素B、杆菌肽）是首选的预防药物，因为三联抗菌素具有广谱性，但同时对结膜囊内的常驻菌又没有过多的伤害。用药的频率应根据动物的病情而定，尽量不要对可能出现角膜穿孔的病例使用眼膏，因为一旦出现穿孔后，眼膏会进入眼内会引起严重的肉芽肿性葡萄膜炎。

对于最初就发现有感染存在（角膜基质丢失、白细胞浸润或角膜溶解）或溃疡发展非常迅速或对于常规治疗几乎无效或进行细胞学或组织学检查病变依然存在的病例，应尽早选择更为有效的药物进

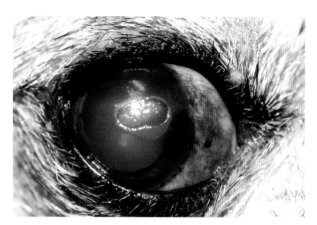

图7-31　顽固性角膜溃疡
明显可见疏松的角膜上皮

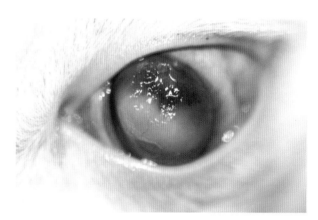

图7-32　炎性浸润的角膜溃疡
可以清晰看到角膜组织的黄绿色病变

行控制。

结膜下注射对一些病情发展迅速的病例会有所帮助，但问题是不可能持续采取这种治疗方式，并且还要特别注意在注射操作过程中很容易造成角膜穿孔。局部用眼药是绝对不能用于注射。由于角膜在正常情况下是无血管的，所以大多数全身注射的药物很难到达角膜所需的治疗浓度。当然，需要特殊说明的是，在角膜穿孔、角膜高度血管化或行结膜瓣遮盖术后，全身使用抗菌素还是非常有必要的。

（2）散瞳的治疗　当发生角膜溃疡时，角膜表面的神经在受到刺激后就会产生明显的反应，并导致发生前葡萄膜炎，尽管有时非常轻微，国外有资料显示，角膜溃疡100%都会继发葡萄膜炎。所以有人建议在角膜溃疡时立即使用散瞳药物，但笔者仅同意在临床上已有证据表明有严重葡萄膜炎时

才考虑使用，而且应尽量避免使用长效散瞳药物（如阿托品），可以考虑使用复方托吡咔胺眼药水。因为所有散瞳药物均禁用于患青光眼的动物，而葡萄膜炎和角膜溃疡都可能继发青光眼。

（3）止疼药/抗炎的药物 发生角膜溃疡时绝对禁止局部使用抗炎药物，这是因为这样会更容易造成感染，并会延缓角膜的愈合和加速纤维蛋白酶对角膜组织的破坏。非类固醇类药物也会延缓角膜溃疡的愈合，所以这类药物也禁用于猫的疱疹病毒感染和其他已知病毒感染造成的角膜溃疡。建议全身给予非类固醇药物，糖皮质激素也可以用于严重的、持续性葡萄膜炎，无论有无角膜溃疡。但要注意的是，长期使用这类药物会影响角膜新生的血管和角膜的愈合，所以最好还是待角膜深层基质的溃疡愈合后再考虑长期使用。

（4）防止自我的伤害 防止自我抓蹭非常重要，但又经常被临床医生所忽略。所以凡是出现角膜溃疡的病例，就要立刻佩戴伊莉莎白项圈进行保护，特别是对于那些顽固性角膜溃疡，自我抓蹭很容易破坏不稳定的上皮组织，延缓溃疡的愈合。

2. 简单角膜溃疡的治疗 对于简单角膜溃疡的治疗来说，要注意找到病因，同时给予广谱抗菌素和促进角膜生长的药物，同时也要注意防止自我伤害和给予润滑角膜的药物。一般需要7 d后来医院进行复诊。简单、浅表的角膜溃疡在复诊的时候应该已经愈合。如果一周后仍未愈合，就应考虑这是个复杂的角膜溃疡病例，然后要根据病情来区分是继发的感染造成的，还是原发病因尚未排除，还是属于顽固性角膜溃疡。

3. 深层或后弹力层膨出角膜溃疡的治疗 当溃疡影响到角膜基质层，并引起角膜溶解（图7-33）、基质层严重受损（图7-34）或角膜有明显的细胞浸润（图7-35），这都意味着这是复杂且存在感染的角膜溃疡。对于这种角膜溃疡，先要在角膜表面刮取一部分组织进行细胞学检查，必要时可能还需要进行细菌培养或药敏实验。假如病变深及后弹力层（有时会因为眼压造成后弹力层膨出）（图7-36），后弹力层不被荧光素着色（图7-37）。如果不及时采取治疗，后弹力层膨出很快就会造成角膜穿孔，房水流出，虹膜可

能从穿孔中被挤出来。虹膜嵌顿后，就可能造成角膜的前粘连（图7-38）。

药物治疗基质层角膜溃疡和后弹力层膨出与简单角膜溃疡治疗方法相同。同样也需找到病因并解决，有时还需要散瞳来防止粘连，但必须要频繁监视继发青光眼的问题，可全身给予广谱的抗菌素。基质层角膜溃疡在最初的1~2 d，几乎要每小时就要给药一次。如果角膜溃疡的深度超过角膜厚度的一半或自身角膜基质的修复能力很差，都需要角巩膜缘的纤维和血管的浸润，愈合的速度也会非常缓慢，这时就是进行结膜瓣遮盖手术的时机了。如果进行结膜瓣的手术，任何事情都会变得很容易。

（1）结膜瓣遮盖术 结膜瓣遮盖术具有如下优点。

图7-33 角膜部分溶解

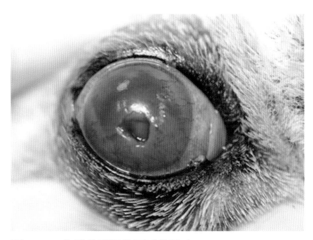

图7-34 角膜基质损伤严重的溃疡

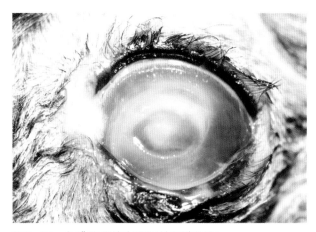

图7-35　角膜溃疡伴有明显的细胞浸润

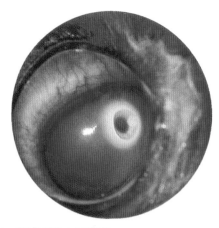

图7-36　角膜后弹力层膨出

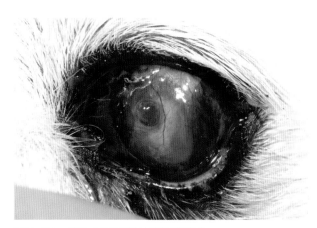

图7-37　后弹力层不能被荧光素着色

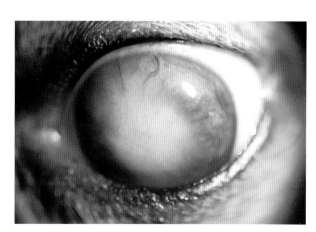

图7-38　前粘连导致明显前房变浅和角膜变性

①　给受损的角膜以机械性保护。

②　持续给予局部组织血浆，因为血浆中含有抗胶原酶和促进生长的因子。

③　快速为基质提供复制所需的胶原纤维。

④　为全身给予的药物到达角膜提供了一个路径。

行结膜瓣遮盖术有时并不容易，需要经过一段时间训练后才能熟练操作。因为多数情况下需要在显微镜下操作，需要使用显微器械和非常细的缝合线。这些显微手术的经验需要慢慢积累。所以，多数情况下的结膜瓣遮盖术需要转诊到动物眼科医生处进行。在进行结膜瓣遮盖术时，最困难之处可能是如何判定缝合的深度，最佳的深度是穿透角膜的3/4，但又不穿透角膜。

临床上常见的结膜瓣有以下5种形式。

①　岛状结膜瓣（图7-39）。

②　全结膜瓣（360°）（图7-40）。

③　简单垂直的结膜瓣（图7-41）。

④　旋转的带蒂结膜瓣（图7-42）。

⑤　桥状结膜瓣（图7-43）。

全结膜瓣相对最容易掌握，但是旋转的带蒂结膜瓣对于中央区的角膜溃疡更适合。带蒂结膜瓣一般从角巩膜缘开始，用一钝圆的小肌腱剪将结膜与其下的组织钝性分离。结膜瓣的长短和宽窄要根据角膜溃疡的直径来确定，尽量不要连带过多的结膜下筋膜组织，否则术后局部会过厚，透明性会过差。结膜瓣不应过度松弛和紧张，应自然地覆盖在溃疡表面（图7-44）。在准备缝合结膜前，在溃疡周围大约1 mm范围内都应该进行角膜清创术，这样便于结膜下组织和角膜基质很好地吻合。角膜清创术后，可以对部分组织进行细胞学检查。结膜瓣一

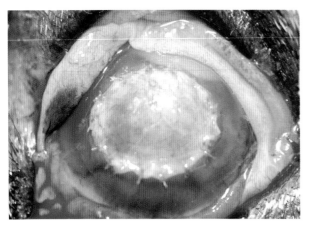

图7-39　岛状结膜瓣

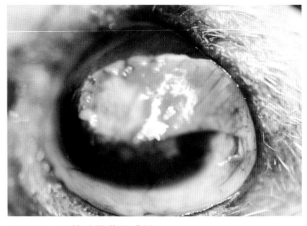

图7-42　旋转的带蒂结膜瓣

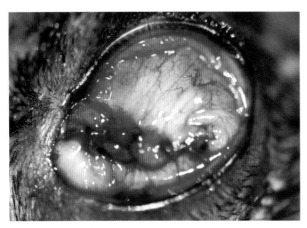

图7-40　全结膜瓣

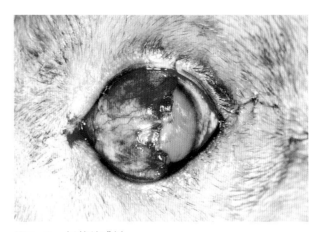

图7-43　桥状结膜瓣

图7-41　简单垂直结膜瓣

一般采取间断缝合的方式固定在角膜溃疡周围，最理想的大小是结膜瓣直径略大于溃疡直径即可。一般在临床上使用8-0或9-0的可吸收缝合线。也可以先

做6个点的结节缝合，然后再连续缝合一圈。在角巩膜缘的位置可以缝合两针以固定结膜瓣。结膜上的伤口可以不用缝合，但可能会加重动物的疼痛，所以也可以进行简单的连续缝合。

一般在结膜瓣手术后6~8周需要将结膜瓣剪断，目的是增加角膜的透明性，尽可能恢复动物的视力（图7-45）。所以对于有些已经因为穿孔造成失明的动物，结膜瓣遮盖术后的二次手术就不太必要了，除非为了美观。剪除结膜瓣后，局部会出现3~5 d的充血和轻微的炎症反应，局部使用常规的抗菌素眼膏，并佩戴一周的伊莉莎白项圈即可。有些文献建议在剪除结膜瓣后，使用糖皮质激素控制瘢痕和新生的血管，笔者认为这并没有太大的必要性，除非角膜表面有非常严重的新生血管增生。这些新生血管多数会在剪除结膜瓣后逐渐萎缩。有些

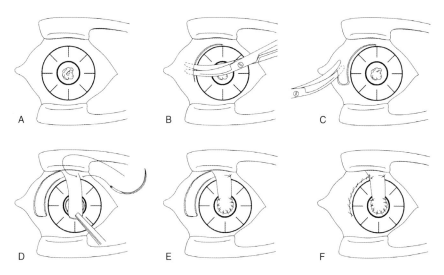

图7-44　带蒂结膜瓣遮盖术手术步骤

A. 中央区角膜溃疡　B. 在角巩膜缘做小的切开，用钝头肌腱剪剪适当长度和宽度的结膜　C. 结膜下的筋膜要尽量切除干净　D. 旋转结膜瓣至溃疡处，缝合前要将结膜瓣适当修剪以大小适合溃疡面积　E. 然后用8-0可吸收缝合线结节缝合，将结膜瓣固定于角膜溃疡处　F. 结膜可以缝合，也可不缝合

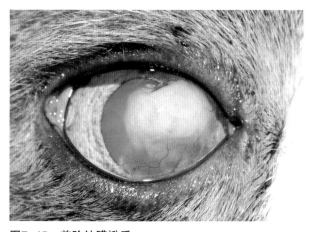

图7-45　剪除结膜瓣后

人还建议局部使用1%环孢素眼药，因其具有抗血管紧张素的特性，必要时可以长期使用。

　　还有一些其他类型的结膜瓣，如岛状结膜瓣，可单纯地为角膜提供机械性支撑，将从睑结膜取下的结膜瓣，严丝合缝地缝合在角膜的溃疡区域，这种方法的缺点在于不能给局部供应血液。全结膜瓣遮盖术（360°）的优点在于无需进行角膜的缝合，只需将游离的结膜边缘水平褥式缝合在一起即可。一般我们使用6-0或7-0的可吸收线。这种手术的最大缺点就是很容易撕脱，一般在2周左右就会出现这种情况，所以特别需要在手术前与动物主人进行

沟通。所以全结膜瓣多数只用于角膜中央区特别大的角膜溃疡。

　　（2）第三眼睑遮盖术和暂时的眼睑缝合术　第三眼睑瓣遮盖术在临床中被广泛应用于治疗角膜溃疡。这种手术方法的优点在于为角膜溃疡区域提供了类似"绷带"的作用，保护角膜溃疡区域免受上下眼睑的摩擦。但同时这种方法也有其局限性，如药物能否透过第三眼睑到达病变的角膜区域，由于第三眼睑的遮盖，同时也遮盖了角膜溃疡的发展过程，所以有时角膜溃疡的恶化都不能及时发现。很多转诊到动物眼科医生的病例已经在第三眼睑后面发生了角膜穿孔。

　　与第三眼睑遮盖相比，暂时的眼睑缝合术更简便易行。通常将外眦的上下眼睑用3-0或4-0的丝线或尼龙线做水平褥式缝合，一定注意睑缘与睑缘要对齐，在睑缘处入针和出针，这样就避免了缝合线对角膜的刺激，同时缝线打结的位置也要远离睑缘。一般我们都将结打在上眼睑处，这样可以避免被眼分泌物遮盖。缝合后上下眼睑的间距刚好能滴眼药和观察即可。大多数情况下我们只做2~3针的褥式缝合（图7-46，图7-47）。

　　（3）组织胶　目前，国外小动物眼科也开始使用医疗级组织胶用于治疗角膜溃疡。这种方法也

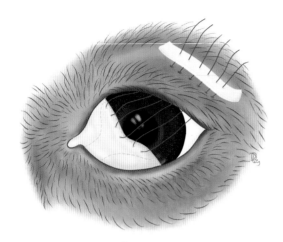

图7-46　第三眼睑遮盖术

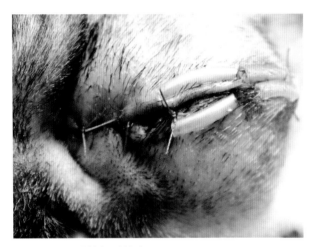

图7-47　眼睑的暂时缝合

可提供深层角膜溃疡结构上的缺失，但是不能像结膜瓣那样能提供生物学帮助。组织胶自身具有的抗微生物和刺激新生血管的作用，但前提是周围的角膜基质没有出现严重的软化水肿现象。这种方法非常简单，但特别要注意的是，在使用时一定要将眼睑充分张开，避免将其和其他组织粘在一起。所以这种手术多数都是在麻醉状态下进行的，同时要使用眼睑开张器。手术后7～14 d就应该看见局部角膜的新生血管爬行。治疗期间同样需要局部使用抗菌素和刺激角膜生长的药物，伊莉莎白项圈当然也必不可少。

（4）蛋白酶抑制剂　溶解性角膜溃疡是最具破坏性的严重角膜溃疡之一。大多数溶解性角膜溃疡都会伤及角膜基质层。胶原蛋白酶由细菌产生，特别是革兰氏阴性杆菌（假单胞菌属）。脱粒

的中性粒细胞和受损的角膜基质和上皮细胞也会产生胶原蛋白酶。所以深层的（深及角膜深层基质）角膜溃疡都被认为是由感染造成的，除非有其他的证据。对于严重的溶解性角膜溃疡，不建议进行手术，蛋白酶抑制剂是抑制角膜溶解最好的药物。有时我们还会使用抗胶原蛋白酶的药物，乙酰半胱氨酸主要的作用机制也是如此。近些年来，自体血清因为含有多种抗胶原蛋白酶成分，所以也逐渐被更多的临床医生用于溶解性角膜溃疡的治疗。

自体血清一般采自动物本身，小型动物每次采血10 mL，静置30 min后离心，最后取血清，置于5～10 mL的无菌眼药水瓶内，放置在冰箱保鲜层，每小时使用一次。必须72 h内使用完毕，否则应废弃。

4. 犬无痛性角膜溃疡的治疗（惰性角膜溃疡）

【病因】临床上很多品种的犬都可能会发生浅表的无痛性角膜溃疡，这种类型的角膜溃疡对于普通的临床医生和动物主人来说都非常令人头疼。这种溃疡主要是因为在角膜上皮的基底膜和角膜的前基质层中间缺少一种称为半桥粒的结构。

【临床症状】这种角膜溃疡的主要临床特点是慢性、浅表、非感染性的轻度疼痛。最终在溃疡的边缘可见疏松的上皮，并且很容易用棉签进行清创；溃疡周围可见新生血管在，但不能到达溃疡中心。

【诊断】这种角膜溃疡的荧光素染色是非常有特点，肉眼可见的角膜溃疡边界与实际被荧光剂着色的范围不一致（图7-48）。无痛性角膜溃疡常见于老龄动物，但是在拳狮犬的任何年龄都可能发生。主要根据临床上的特征性变化、荧光素染色特点和容易对溃疡边缘上皮清创来诊断。

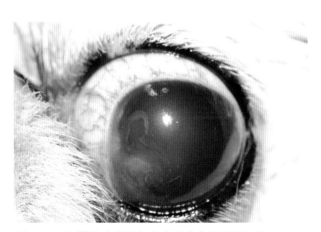

图7-48　角膜溃疡边界与荧光素染色边界不一致

【治疗】角膜格状切开术是治疗无痛性角膜溃疡的重要方法（图7-49），大多数情况下，我们建议在进行格状切开术前，先连续使用广谱抗菌素眼药（推荐使用三联眼膏）若干天。治疗的程序是先在角膜局部滴表面麻醉药，然后用一无菌的干燥棉签进行角膜清创，将角膜表面不稳定的角膜上皮清除，角膜溃疡边缘的角膜上皮非常容易被清除，结果可导致角膜溃疡面积扩大。有时整个上皮都可能被清除，但是这一步骤非常重要，很多无痛性的角膜溃疡治疗失败的病例都是因为这一步骤没有正确完成。单纯的角膜溃疡没有必要进行角膜清创。

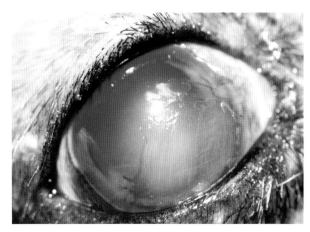

图7-49　角膜格状切开术

第六节　犬角膜的其他异常

一、角膜撕裂

【病因】所有品种动物都可能出现角膜撕裂。犬猫很多的角膜撕裂都是由外伤所导致的，特别是猫抓伤（图7-50）。角膜撕裂的预后和治疗主要决定于病程的长短和受损组织的多少，如葡萄膜或晶状体有无受损。

【治疗】对于猫和马角膜撕裂最重要的是及时将撕裂的角膜边缘对齐并缝合，防止继发感染。如果角膜撕裂并没有穿透，则没有必要进行缝合（图7-51），但如果撕裂的角膜呈张开状则建议缝合。如果发生穿孔，则需要切除突出的虹膜，并采取措施防止虹膜与角膜粘连，需要借助粘弹剂重新建立前房后再做角膜的缝合（图7-52）。如果穿孔的时间过长，重建前房则非常困难。缝合角膜一般选用

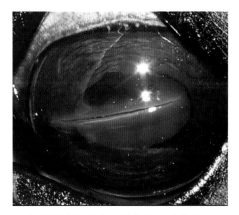

图7-51　角膜撕裂但没有必要进行角膜缝合

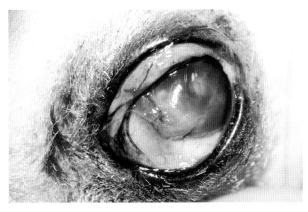

图7-50　犬的角膜撕裂
　　　　多数急性角膜撕裂，只要没有伤及晶状体，大多数可以恢复视力

图7-52　前房注入粘弹剂后再进行角膜缝合

7-0到9-0的缝合线，虽然尼龙线术后瘢痕会小些，但需要后期拆线。角膜撕裂要和角膜或巩膜穿孔相区别。

二、大疱性角膜炎（角膜水疱）

【病因】在猫和马都可能突然出现角膜局部的严重水肿。病变部位与角膜溃疡很类似，但局部水肿非常严重，可见局部隆起，角膜基质呈胶冻状，好像失去了结构的完整性（图7-53）。周围的角膜组织一般不会受到影响。这种现象多发生于幼龄动物或青年动物，或许可能会影响到另一侧眼睛。可能会伴发葡萄膜炎角膜或继发感染，甚至会造成角膜穿孔。尽管是因为金属基质蛋白酶消化了角膜的组织，但最终的病因目前还没有明确的定论。笔者曾观察到几只猫都是因为局部或全身使用过糖皮质激素后出现了上述问题。

【诊断】根据局部基质呈明显的胶冻状，但周围的角膜没有水肿、白细胞的浸润和新生血管进行诊断。细胞学和（或）组织学检查没有发现有炎症细胞或细菌，这一定要与溶解性角膜炎相区别。

【治疗】主要是限制胶冻状基质的暴露，防止受到进一步的损伤。在猫常常使用第三眼睑遮盖的方法，可起到类似绷带的作用（图7-54）。局部应该使用抗菌素，但没有必要过度使用。

三、眼球的破裂

【病因】角膜和巩膜的破裂通常是由眼球受到钝性创伤所致，一旦发生这种情况，预后一般不良。当外力使眼球突然增压，势必会造成眼内多数组织严重受损，所以最终眼球多会出现挛缩。角膜的破裂通常会穿过角巩膜缘累及巩膜。在犬猫经常会发生巩膜的破裂，但无法从外观观察到。当眼球变得非常软的时候，就要怀疑有无发生巩膜破裂。小动物角膜破裂的治疗类似于角膜撕裂，但角膜破裂多数会造成永久的角膜水肿，并且最终导致眼球挛缩。

【诊断】诊断角膜的破裂和诊断角膜的撕裂都是根据病史进行。角膜的撕裂通常会延伸到巩膜，但从外观看只局限在角膜。通过眼部B超，若发现有晶状体脱落，就可以证明眼球的破裂。

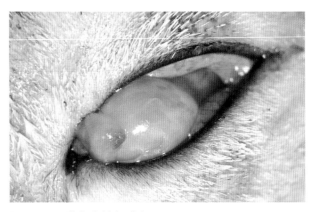

图7-53　猫大疱性角膜炎

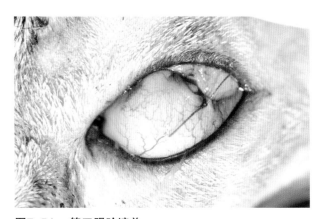

图7-54　第三眼睑遮盖

【治疗】假如诊断确切，最好的解决办法是眼球摘除，因为无论采取何种办法，最终还会造成视力丧失并导致眼球挛缩。当然在这种情况下还可以考虑进行义眼植入术，同时对破裂的眼球进行缝合，但存在很大的风险。

四、角膜的异物

角膜的异物在临床上也很常见，主要有两种类型，一种是异物附着在角膜表面（图7-55），还有一种则是异物穿透角膜，甚至进入眼内（图7-56）。这两种情况都需要将异物及时取出，并控制继发的疼痛和感染，防止血管化和瘢痕的形成。小的异物一般用生理盐水或是小的镊子即可去除，但有时异物持续时间过长会嵌入到角膜基质中，这时在取出异物时要观察有无造成角膜穿孔的风险，术后除使用治疗角膜溃疡和控制水肿的常规药物以

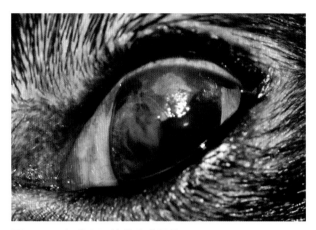

图7-55 角膜表面的花生皮异物

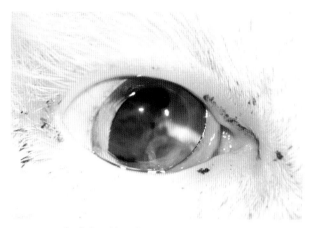

图7-56 角膜穿透性异物

及广谱抗菌素外,还要考虑是否需要进行结膜瓣遮盖术。

五、犬传染性肝炎

【病因】犬传染性肝炎主要是因为犬感染了腺病毒 I 型,从而导致肝脏和肾脏受损,并累及角膜。角膜的临床表现主要为全角膜的水肿,很多时候则称之为"蓝眼"。角膜水肿主要是由葡萄膜炎所致,所以最终还可能继发青光眼。由于病毒可导致角膜内皮细胞凋亡或功能丧失,同时抗原—抗体复合物会附着在角膜内皮,从而破坏了角膜内皮的屏障作用(图7-57)。如果角膜内皮的损伤是暂时的,治疗1~2周后角膜水肿可能会有所恢复,否则局部或全部的角膜水肿则很难再恢复。

【治疗】治疗主要是防止角膜内皮细胞的损伤,控制葡萄膜炎和继发的青光眼。局部糖皮质激素和非类固醇类眼药经常联合使用,定期的检查和眼压的监测非常有必要。在眼压没有升高时,建议使用阿托品眼膏。局部使用高渗眼药(5%氯化钠溶液)主要是用于控制角膜水肿和防止大疱性角膜炎的发生。如果治疗4~5周后症状仍没有改善,角膜水肿则会永久存在。一旦继发青光眼,义眼植入术或眼球摘除是唯一的解决方法。

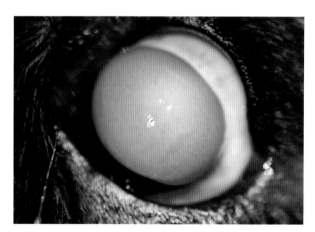

图7-57 犬传染性肝炎导致的弥漫性角膜水肿和葡萄膜炎

第七节 猫的角膜异常

一、猫疱疹病毒 I 型角膜炎

截止目前,猫疱疹病毒是唯一一种可以造成猫角膜炎的病毒。

【病因】猫疱疹病毒 I 型引起猫角膜病变的机制是病毒直接作用于角膜上皮导致细胞发生病变。当发生这种情况时,就会出现树枝状病变。所以树枝状病变可以很清楚地表现在临床上,因为上皮的病变并非总是能够到达角膜深层的上皮基质层,所以这种区别如果不用特殊的染色方法(孟加拉玫瑰红染色）是无法判定的。在原发的眼睛感染，树枝状的角膜病变很小，但数量多（图7-58）。

猫疱疹病毒Ⅰ型（图7-59）也会导致角膜基质受损，但不是直接因为病毒复制导致的。在疱疹病毒Ⅰ型引发的基质性角膜炎怀疑是局部的免疫反应导致了病毒进入角膜基质，然后对病毒抗原产生的一种反应。局部使用糖皮质激素似乎会促进疱疹病毒在基质性角膜炎的发展。深层的角膜溃疡有时会和疱疹病毒Ⅰ型并发，特别是在幼猫更容易发生。角膜的溶解和胶原的丢失可能和伴发的细菌感染有关。

在幼龄动物中，角膜感染是由原发性结膜感染所导致的。但在成年动物中，多数可能和病毒感染有关。病毒的复发或重新被激活，多数与动物处于紧张和应激状态或使用糖皮质激素有关。猫疱疹

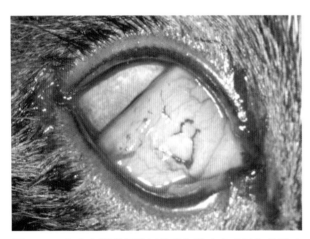

图7-58　疱疹病毒引起的树枝状角膜病变（孟加拉玫瑰红染色）

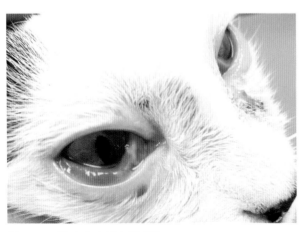

图7-59　猫疱疹病毒Ⅰ型感染

病毒Ⅰ型的临床症状与病程的长短和感染的深度有关。急性树枝状角膜炎可伴发轻度到中度的结膜炎和不同程度的眼睑痉挛，经常伴有脓性分泌物。在慢性病例中会出现病变部位基质的轻度水肿和纤维化。也经常可以观察到血管化。基质层的角膜炎可能会引起上皮的病变，但溃疡经常呈不规则样或地图样。基质层角膜炎的诊断是通过有无深层血管和细胞浸润进行的。最终猫疱疹病毒Ⅰ型可以导致基质层的瘢痕和视力不对称。多数上皮和基质的角膜炎是单侧的。慢性疱疹病毒Ⅰ型结膜炎，一般不会出现呼吸道症状。

【诊断】通常是根据临床症状诊断疱疹病毒Ⅰ型角膜炎。用孟加拉红染色可以帮助区分树枝状角膜炎造成的创伤深度不足以使用荧光素染色时的临床症状。如果存在树枝状角膜炎，可以认为是疱疹病毒Ⅰ型角膜炎的特征性病变。如需确定存在疱疹病毒Ⅰ型，需要检查疱疹病毒抗原。但对于慢性病例来说，检查抗原是非常困难的。

【治疗】很难预测治疗疱疹病毒Ⅰ型的结果。急性上皮性角膜炎预后相对较好，一般使用抗病毒眼药效果很好，一般动物治疗只需要局部使用少量抗菌素。局部的治疗至少需要持续2周直到症状消失一周以后再停药。如果基质层已经受到影响，局部治疗效果不佳。因为糖皮质激素会增强病毒的活性，同时会刺激病毒从上皮进入基质层，导致基质性角膜炎，所以，糖皮质激素只能用于非常严重的病例，但同时要进行抗病毒的治疗。

二、猫的角膜腐骨（坏死性角膜炎）

【临床表现】猫患角膜腐骨（图7-60）时会表现出轻微的疼痛，眼睛水汪汪的。眼睑会出现痉挛——动物半闭着眼睛，有浆液性分泌物，有时会是黏液性的。眼分泌物呈棕黑色比较常见，所以动物主人经常会认为自己动物的眼睛有出血。主人可能会注意到动物角膜出现黑色。但有时会因为角膜病变出现在瞳孔区的中央，而很难被觉察到。病变位置一般出现在角膜的中央区域或近中央区域，颜色呈琥珀色到棕色或黑色，任何品种的猫都可能患病，但波斯猫和缅甸猫较常见。

【病史】之前的角膜溃疡是常见的病史，所以

动物可能还在继续治疗角膜溃疡，通过仔细检查，可见角膜表面有典型的黑色沉积，这就说明存在角膜腐骨的。缓慢愈合的浅表性角膜溃疡容易导致角膜腐骨。在家养短毛猫中，经常认为创伤是溃疡的原因（如猫抓），但对波斯猫和缅甸猫来说，多数没有病史。猫的一只眼睛在过去曾发生问题，另一只眼睛也会出现类似的溃疡和腐骨，这种现象很常见。偶尔会出现没有任何原因的溃疡和角膜腐骨。某些猫可能会在之前有呼吸道疾病，这是与猫的疱疹病毒有关。实际上，慢性复发性溃疡常与疱疹病毒有关，继发角膜腐骨是问题复杂化的反映。

【临床检查】 常规临床检查的结果通常不明显，除非同时感染有猫疱疹病毒Ⅰ型。眼科的检查可揭示多种异常。患眼经常湿润，schirmer泪液检测值经常高于正常一侧。当然也有特例，如同时患干性角膜结膜炎时可导致出现黏液性分泌物，schirmer泪液检测值就不一定很高。

通常会出现眼睑痉挛，浅表的角膜血管化，以及结膜的水肿和充血也很常见。角膜出现的黑斑称为腐骨。腐骨可以突出于角膜上皮，也可在角膜上皮下。颜色呈淡棕色到完全黑色。眼分泌物一般也呈深色，但有些猫的分泌物也可能是正常的，没必要过于在意。角膜溃疡通常为浅表性或到达基质层中部，所有怀疑有角膜腐骨的病例，都要进行荧光素染色。有些病例角膜没有血管爬行，有些则在腐骨边缘有大量的浅表血管和肉芽组织出现。

在大多数严重病例会出现缩瞳、虹膜充血、房闪（葡萄膜炎）等现象，表面细菌感染也很常见。在一些病程长的病例，外眦处可见下眼睑内翻，眼睑边缘的睫毛会刺激角膜，这样就会加重病情，这种现象在家养的老猫中比较常见，但在波斯猫并不常见。但是后者会出现下眼睑的中间内翻的现象。除此以外，短头猫会有突出的兔眼，眨眼时不能完全闭合眼睑，所以泪液不能完全湿润角膜。很多波斯猫的这种问题很严重，甚至在睡觉时都不能完全闭合眼睛，角膜的健康受到很大威胁。

【诊断】

（1）排除任何潜在的原因，如眼睑内翻、眨眼异常和疱疹病毒Ⅰ型感染。

（2）仔细检查双眼。

（3）进行Schirmer泪液检测。

（4）考虑对疱疹病毒的诊断、细菌培养和药敏实验。

（5）荧光素染色。

【治疗】

1. 药物 假如怀疑存在浅表的腐骨，同时又没有明显的眼部疼痛，可以先考虑药物治疗，因为有时会自行脱落，而定期的复查可以确定病情有无发展。局部药物治疗包括使用人工泪液，每天1～3次。手术应在没有任何眼睑痉挛和过多分泌物时进行。在某些病例局部使用α-干扰素可以使腐骨变小甚至消失，但是眼科专家对色素的消失没有很好的办法。

应告知动物主人，角膜腐骨的消失有时会持续数月，但是遵照医生的用药指导可以让动物舒服很多。有些猫角膜基质中的色素会存在多年，但并不造成动物的任何异常，但是始终存在导致溃疡和使组织坏死的风险。

如果动物表现出痛苦症状，就要考虑进行手术治疗，最好不要只考虑药物治疗，因为疼痛会持续数月，感染和角膜腐骨会使更深层的角膜基质受损，角膜腐骨脱落时就会引起角膜穿孔。

2. 手术 手术治疗角膜腐骨是用浅表角膜切开术将异常组织移除。在配备手术显微镜和显微手术器械的条件下，经过培训的临床医生才可能完成此手术。但是，如果没有上述设备和条件，就应该转诊到专业的动物眼科医生那里。

全身麻醉下，所有异常的角膜组织，包括有色素沉积的组织都应该被彻底切除，如果残留带色素的角膜组织，就有可能再次复发。

假如色素非常浅表，如不足基质层厚度的1/3，不需要结膜瓣就可以自行愈合，然后按常规的角膜溃疡治疗即可。可以使用第三眼睑遮盖，缺点在于无法观察患处。手术后需要使用广谱抗菌素眼药，如果存在房闪，则需要阿托品眼膏。一般不需要局部使用非类固醇药物，也不必使用人工泪液。

结膜瓣的手术适于色素深及基质层，如超过基质厚度的1/3～1/2。经常被使用带状结膜瓣的手术，使用8-0的羟乙酸乳酸聚酯线或威乔ethicon910线缝合。有些角膜腐骨非常大，位于角膜中央或角膜中央的周围，结膜瓣可能会影响视力，所以有时会选择角膜结膜瓣的方法，这一般需要动物眼科医生来操作，这样可以在角膜中央保留部分透明的角膜。手术后的用药同浅表的角膜切开术。

一般于结膜瓣遮盖术3～6周后剪掉结膜瓣的蒂。但有报道称为结膜瓣保留一些血液供应对组织有所帮助，且似乎能够阻止角膜腐骨的复发。宁可结膜瓣的不够透明，但血供良好，也比剪掉结膜瓣后没有保护好。

【预后】很多做过手术的动物也存在复发的风险，特别是对于易感品种或感染疱疹病毒Ⅰ型的动物。研究报道称复发率为20%左右。如果浅层角膜切开术后施行结膜瓣遮盖术，可以降低复发的概率。但对于恢复中央角膜区域的视力没有帮助，并且永远会有瘢痕。但是，即使使用大的瓣，对视力的影响也不是非常明显，不像对人类那样明显。应告知动物主人，另一眼也有可能出现，特别是易感品种，要特别注意。

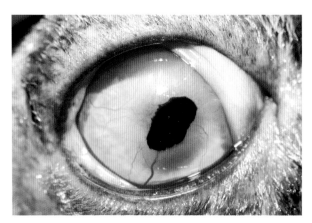

图7-60　猫角膜腐骨（坏死性角膜炎）

三、猫嗜酸性角膜炎

【病因】一般认为该病和嗜酸性皮炎有类似的进程。近来发现有很多猫同时会感染猫的疱疹病毒。

【临床表现】

（1）浅表的血管病变伴随少量白翳，在角巩膜缘处类似于德国牧羊犬型血管翳。如果不积极治疗，病变会向中央发展，最终会影响到整个角膜，这一过程有时会持续一年（图7-61）。

（2）随着病情的发展，白斑会隆起，第一印象类似于霉菌感染。

（3）有些病变会非常薄，有很细的血管网和很小的白斑。

（4）通常是单侧，但也可能双侧发生。一般不是很痛苦，有少量眼分泌物。

【诊断】

（1）临床症状足以高度怀疑此病的存在。

（2）根据角膜刮片可以做出确切诊断。显微镜下可见嗜酸性粒细胞和巨噬细胞。退行性的嗜酸性粒细胞会破裂，在载玻片上可见很多自由的嗜酸性粒细胞颗粒。

【治疗】

（1）早期的病例可局部使用糖皮质激素和抗病毒眼药，但对于患有角膜溃疡的病例要等溃疡愈合后才可以使用糖皮质激素。

（2）对早期治疗效果不甚理想的病例，可以考虑配合使用甲地孕酮。最初的治疗每天口服甲地孕酮5 mg即可；复发的病例需要每天口服10 mg，一般在5～7 d内会出现明显的改善。维持量一般每7～10 d降2.5～5 mg。有些动物的治疗可以间断。在使用甲地孕酮之前，需要告知动物主人药物的不良反应（糖尿病、胰腺炎、乳腺肿瘤等）。

（3）如果使用甲地孕酮没有明显的效果，可以尝试结膜下注射糖皮质激素，同时局部使用抗病毒眼药。

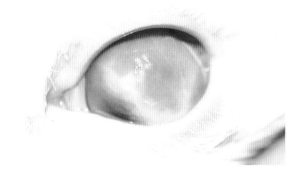

图7-61　猫嗜酸性角膜炎

第八节　先天性巩膜异常

巩膜先天发育不良（先天性葡萄肿）

巩膜发育不良多数发生于巩膜赤道部或眼球后极部分的巩膜。位置不同，临床症状也会有很大的差异。但多数都会出现在巩膜发育有缺陷的部位。因为没有巩膜而使其下面的葡萄膜显得特别突出（图7-62）。在巩膜赤道部发育不良，多数在临床上呈黑色或蓝色的隆起，由于第三眼睑的原因，一般情况下很难发现，除非隆起非常明显。修复手术包括巩膜的修补或其他的瓣修补手术，一般需要转诊到动物眼科医生进行治疗。在眼球后极部分的巩膜缺失或变薄都会影响到脉络膜和视神经。如果病情严重，就会导致视网膜脱离，这是柯利犬眼异常的主要临床表现。

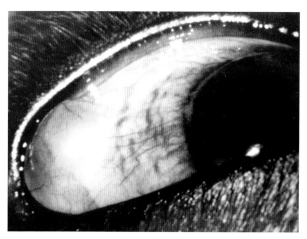

图7-62　巩膜先天发育不良（先天性葡萄肿）

第九节　获得性巩膜异常

一、巩膜炎/巩膜外层炎

【概述】正如前文所述，巩膜外侧是覆盖在巩膜表面的一层疏松结缔组织，与球结膜相连。巩膜和角膜在角巩膜缘处交汇在一起，在后段，巩膜覆盖在脉络膜和视网膜后表面，并与眼球的组织相连。由于巩膜、脉络膜和视网膜的连接非常紧密，所以当巩膜发生炎性反应时，很容易会引起相关组织的炎症，所以在临床上经常会见到脉络膜视网膜炎、角膜炎、眼球蜂窝织炎、结膜炎、睑炎。在临床上根据病变位置的不同，我们将这些疾病称为巩膜炎、浅层巩膜炎、巩膜结膜炎、巩膜角膜炎、巩膜外层炎等。在此所说的巩膜外层炎是一个广义的概念，所有涉及周围组织的病变都属于此范畴。

【病因】巩膜外层炎通常可分为坏死性和结节性。在坏死性巩膜外层炎，通常可见巩膜的薄化或缺失，并伴有炎性坏死灶。在结节性巩膜外层炎，可见巩膜或巩膜外层肉芽增生性肿胀。后者又称为结节状肉芽肿性表层巩膜结膜炎（NGE）。无论病理或临床症状如何，该类疾病都是免疫介导的，一般都使用免疫调节剂进行治疗。有些病例治疗效果非常不好或经常反复，这种病例通常需要很长的治疗时间。

【临床表现】典型的结节状肉芽肿性表层巩膜结膜炎一般表现为角巩膜缘的单点或多点的结膜下肿块，有的呈红色，有的呈黄褐色（图7-63），偶尔也会见到巩膜外侧的弥漫性浸润。角巩膜缘背侧为易发区域，但是在其他位置，甚至是第三眼睑也同样可以发生。在患此病的同时经常会伴发结膜炎，有时如果病变影响到角膜的基质，则会造成角膜的损伤，在临床上角膜脂质或胆固醇的沉积最常见。这种症状在柯利犬最常见，但是其他犬种也可能发生。病因目前尚不清楚。多数病变是双眼性的，但并不对称。

【临床诊断】尽管多数情况的诊断主要是根据临床表现，但是必要的组织学检查是帮助我们区分一些肿瘤疾病的必要手段，如鳞状细胞癌和角巩膜缘的无色素性黑色素瘤。

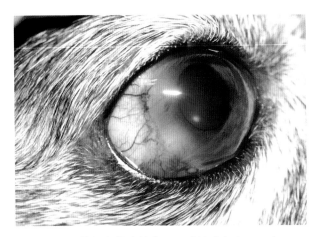

图7-63 结节状肉芽肿性表层巩膜结膜炎（NGE）

【治疗】由于是免疫介导的疾病，所以可能需要长时间使用免疫调节剂。有些动物的病程较长，如果不治疗，则可能会缓慢发展。免疫调节剂的剂量一般都使用该动物的最大耐受量，小剂量往往会导致病情反复。用药剂量和浓度要随着动物病情的逐渐减轻而逐渐降低，不能突然停药。如果复发，可以调节用药种类和用药次数。推荐的治疗方案如下：

（1）糖皮质激素 ①全身给药：口服泼尼松，1 mg/kg，症状控制后逐渐减量；②结膜下给药：0.1%地塞米松，每次不要超过0.5 mL；③病灶内给药：0.1%地塞米松，每次不要超过0.5 mL；④局部给药：地塞米松或泼尼松眼药水或眼膏点眼，每天3次。

（2）局部使用环孢素（1%~2%）。

（3）全身使用四环素和烟酰胺 小于10 kg的犬，250 mg/次，每天3次；大于10 kg的犬，500 mg/次，每天3次。

（4）硫唑嘌呤 开始每天2 mg/kg，1周后逐渐减至0.5~1 mg/kg，每两天1次，待症状基本消失后减为1 mg/kg，每周1次。

（5）手术切除 需由有经验的专业动物眼科医生完成。

（6）冷冻治疗 使用液氮或氧化亚氮进行冷冻。

（7）β-射线 目前在国内尚未开展。

二、巩膜外伤

巩膜的钝性或锐利伤都会导致巩膜受损，临床上可见明显的巩膜下葡萄膜隆起，我们称之为创伤性葡萄肿。根据损伤程度的差异，有时会造成角膜穿孔、玻璃体出血、视网膜脱离、角膜溃疡、虹膜膨出、晶状体异位等。如果发生这些问题，一般预后都不乐观。如果只是单纯的巩膜穿透伤，直接缝合巩膜后，局部给予糖皮质激素和前列腺素抑制剂可以控制术后的葡萄膜炎，同时应给予全身抗菌素和抗炎的药物。对于更为复杂的巩膜穿透伤，一般建议转诊到动物眼科医生进行治疗，包括晶状体的摘除、玻璃体切除等。

三、角巩膜缘的肿瘤

原发的巩膜和角膜肿瘤很少见。事实上，由于角膜和巩膜的屏障作用，多数眼内的肿瘤都局限在眼部。但是，眼睛的肿瘤也可通过视神经、睫状体和涡静脉和巩膜内的神经丛扩散。

与角膜和巩膜相比，角巩膜缘是原发肿瘤常见的发病部位。这或许与角巩膜缘区域的有丝分裂更为旺盛和更多地暴露于紫外线的原因有关。最常见的肿瘤有血管瘤／血管肉瘤（特别是在犬和马）、淋巴黑色素瘤（犬）（图7-64）、鳞状细胞癌。

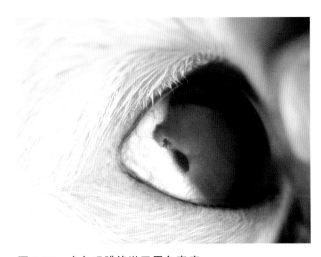

图7-64 犬角巩膜缘淋巴黑色素瘤

参考文献:

Bentley E, Murphy CJ. 2004. Thermal cautery of the cornea for treatment of spontaneous chronic corneal epithelial defects in dogs and horses. J Am Vet Med Assoc, 224:250.

Bentley E. 2005. Spontaneous chronic corneal epithelial defects in dogs: a review. J Am Anim Hosp Assoc, 41:158.

Bosscha MI. 2004. The efficacy and safety of topical polymyxin B, neomycin and gramicidin for treatment of presumed bacterial corneal ulceration. Br J Ophthalmol, 88:25.

Deykin AR, et al. 1997. A retrospective histopathologic study of primary episcleral and sclera inflammatory disease in dogs. Vet Comp Ophthalmol, 7:245.

Featherstone HJ, Sansom J. 2004. Feline corneal sequestra:a review of 64 cases from 1993-2000.Vet Ophthalmol, 7:213.

Ginofriddo JR, et al. 2003. Idiopathic ocular and nasal granulomatous inflammatory disease in a dog. Vet Ophthalmol, 6:163.

Grahn BH, Szentirey D, Pharr JW, Farrow CS, Fowler D. 1995. Ocular and orbital porcupine quills in the dogs: a review and case series. Canadian Veterinary Journal, 36:488-493.

Gwin RL, et al. 1982. Decrease in canine corneal endothelial cell dystrophy: specular microscopic evaluation, diagnosis and therapy. J Am Anim Hosp Assoc, 18:471.

Gwin RL, et al. 1982. Primary canine corneal endothelial cell density and increase in corneal thickness as functions of age. Invest Ophthalmol Vis Sci, 22:267.

Kommenou A, Eberhard M, Kaldeymidou E, Tsalie E, 2002. Dessiris due to Onchocerca sp. In dogs: report of 23 cases in Greece. Veterinary Ophthalmology, 5:119-126.

Martin CL. 1981. Caninie epibulbar melanomas and their management. J Am Anim Hosp Assoc, 17:83.

Michau TM, et al. 2003. Use of thermokeratoplasty for treatment of ulcerative keratitis and bullois keratopathy secondary to corneal endothelial disease in dogs: 13 cases（1994-2001）.J Am Vet Med Assoc, 222:607.

Moodie K, Hashizume N, Houstong D, et al. 2001. Postnatal development of corneal curcature and thickness in the cat. Veterinary Ophthalmology, 4:267-272.

Morgan R, Abrams K. 1994. A comparison of six different therapies for persistent corneal erosions in dogs and cats. Veterinary and Comparative Ophthalmology, 4:38-43.

Morgan RH, et al. 1996. Feline eosinophilic keratitis: a retrospective study of 54 cases（1989-1994）.Vet Comp Ophthalmol, 6:131.

Nasisse MP, et al. 1998. Detection of feline herpesvious 1 DNA in corneas of cats with eosinophilic keratitis or corneal sequestrum. Am J Vet Res, 59:856.

Paulsen ME, et al. 1987. Nodular granulomatous episclerokeratitis in dogs:19 dogs（1973-1985）.J Am Vet Med Assoc, 190:1581.

Sullivan TC, et al. 1996. Photocoagulation of limbal melanoma in dogs and cats:15 cases（1989-1993）. J Am Vet Med Assoc, 208:891.

Watte CM, et al. 2005. Clinical experience with buty1-2-cyanocrylate adhesive in the management of canine and feline corneal disease. Vet Ophthalmolol, 8:395.

CHAPTER 8

董 轶 博士（北京芭比堂动物医院）

第八章 | 葡萄膜疾病

第一节 概 述

葡萄膜又称色素膜，含有丰富的血管和色素，由虹膜、睫状体和脉络膜3部分组成（图8-1，图8-2），在解剖上和生理上密切相连，其特点如下：

（1）虹膜、睫状体、脉络膜都含有丰富的色素组织，能遮隔外界弥散光，保证视物成像的清晰性。但色素组织具有特异性，容易产生自身免疫反应而发病。

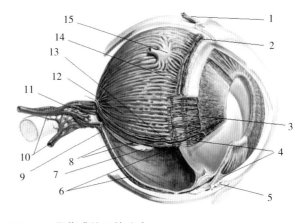

图8-2 葡萄膜的血管分布

1.睫状前动脉、静脉 2.环角巩膜缘动脉 3.环虹膜的主要动脉 4.睫状体动脉窦 5.巩膜静脉丛 6.环睫状动脉 7.视网膜 8.脉络膜静脉、动脉 9.视网膜动脉、静脉 10.眼动脉、静脉 11.后短动脉、静脉 12.脉络膜动脉、静脉 13.后长静脉、动脉 14.巩膜静脉丛 15.涡静脉

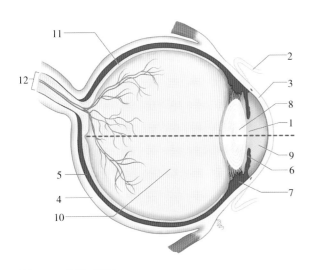

图8-1 犬眼球解剖

1.瞳孔 2.结膜 3.角膜 4.巩膜 5.脉络膜 6.虹膜 7.睫状体 8.晶状体 9.前房 10.玻璃体 11.视网膜 12.视神经

（2）虹膜、睫状体、脉络膜在解剖上从前向后顺序相连，亦为同一血源。两支睫状后长动脉到睫状体时形成虹膜动脉大环，再分支形成虹膜动脉小环，营养虹膜，因此虹膜与睫状体常同时发炎。睫状后短动脉主要供应脉络膜营养，与虹膜、睫状

体间互有交通支相连，故炎症亦能向后蔓延，产生全葡萄膜炎。由于脉络膜与视网膜相邻，故脉络膜炎症常会影响视网膜，形成脉络膜视网膜炎。

（3）葡萄膜具有丰富的血管，对全身性疾病的影响极易产生反应，如通过血流播散来的转移性栓子，易在葡萄膜的血管内停滞下来，引起病变。

（4）葡萄膜发生炎症后，炎性产物可通过房水干扰晶状体和玻璃体的代谢，导致混浊，发生虹

膜睫状体炎时，积聚在虹膜与晶状体面的渗出物，可形成粘连和机化，房水循环受阻时则会继发青光眼。晚期睫状体遭到严重破坏时，会导致房水分泌减少和眼球萎缩。

（5）脉络膜血管的特征为终末支由外向内呈大、中、小3层分布，各级分支呈区域状，称毛细血管小叶。通过荧光眼底血管造影可见，任何分支阻塞都会出现相应区域的脉络膜缺血。

第二节　葡萄膜的解剖和生理

一、虹膜（Iris）

是葡萄膜最前面的部分，位于晶状体前，周边与睫状体相连,形如圆盘状，中央有一圆孔，称瞳孔（图8-3）。虹膜表面不平坦，有凹陷的隐窝和辐射状条纹皱褶称虹膜纹理。瞳孔缘处有一环形锯齿状隆起，称为虹膜卷缩轮，是虹膜小动脉环所在处。由此轮将虹膜分为虹膜瞳孔部和虹膜睫状体部（图8-4），虹膜瞳孔部一般较虹膜睫状体部薄。在马属动物经常可在瞳孔边缘区见到黑体和虹膜颗粒。透过在角巩膜缘区域的虹膜基质可见主要的动脉循环。在某些较薄的蓝色虹膜的动物，就显得更为明显。虹膜与睫状体相连处称虹膜根部，稍后方有虹膜动脉大环。虹膜有环行瞳孔括约肌受副交感神经支配，以及放射状的瞳孔开大肌受交感神经支配，能调节瞳孔的大小。瞳孔可随光线的强弱而改变其大小，称瞳孔光反射。

虹膜位于晶状体前囊表面，当发生晶状体异位、晶状体脱位、周围虹膜前粘连时，临床上可见虹膜震颤。

在同一只眼、不同眼、不同动物的虹膜颜色都可能存在差异，这些都可能是正常现象。

虹膜的组织结构主要分为3层，即前边界层、虹膜基质层、色素上皮层（图8-5）。前边界层由一层纤维细胞和一层或多层黑色素细胞构成，在犬猫这层结构发育得非常好，黑色素的多少决定了虹膜颜色的深浅。

虹膜基质层由胶原纤维、血管、神经、色素

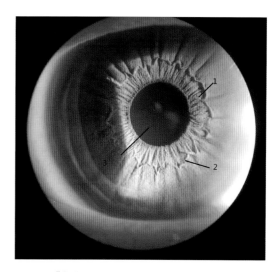

图8-3　虹膜解剖
1. 虹膜纹理　2. 虹膜卷缩轮　3. 瞳孔

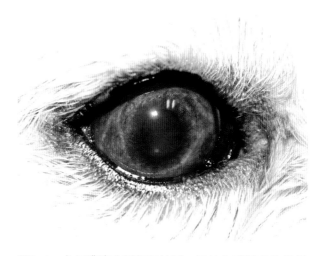

图8-4　犬虹膜瞳孔部颜色较深，周边虹膜睫状体部颜色较浅

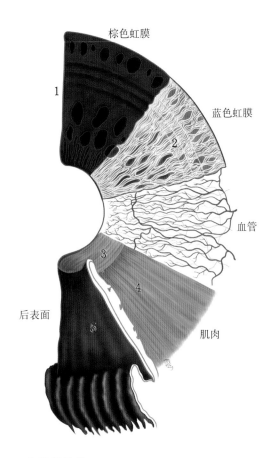

图8-5 虹膜的结构
1. 前边界层 2. 基质层 3. 括约肌 4. 开大肌
5. 后色素上皮层
（Richard R.Dubielzig博士惠赠）

视盘前部的外上皮层特化为虹膜括约肌和瞳孔散大肌，视盘后部的外上皮层则特化为虹膜和视网膜的色素上皮层。靠近瞳孔区的色素上皮层较厚，一直延伸到瞳孔边缘，呈黑色的鹅毛状分布。

虹膜后面直接与晶状体相接触，这使得虹膜与晶状体前表面的曲度保持一致。晶状体位置或大小的改变会影响到虹膜表面的凹凸度。

虹膜的生理特点是：① 主要为调节进入眼内的光线；② 由于密布第五对脑神经纤维网，在炎症时反应大，有剧烈的疼痛。

二、睫状体（Ciliary body）

睫状体贴附于巩膜内面，前接虹膜根部，后与脉络膜相连，是葡萄膜中间的部分。睫状体分为两部分：前1/3宽约2 mm较肥厚称睫状冠，其内侧面有70多个纵行放射状突起，称为睫状突，主要功能是产生房水；后2/3宽约4~4.5 mm，薄而平坦，称为睫状体平坦部（或睫状环）。从睫状体至晶状体赤道部有纤细的晶状体悬韧带与晶状体联系（图8-6）。睫状体内有睫状肌，与虹膜中的瞳孔括约肌、瞳孔扩大肌统称为眼内肌。

睫状体的生理特点是：① 睫状突的上皮细胞产生房水，与眼压及眼球内部组织营养代谢有关；② 调节晶状体的屈光度，当睫状肌（主要是环行肌）收缩时，悬韧带松弛，晶状体借助于本身的弹性变凸，屈光度增加，可看清近处的物体；③ 睫状体也富含三叉神经末梢，发生炎症时，疼痛明显。

细胞和括约肌构成，虹膜的血液供应是从睫状后长动脉而来，这是虹膜的主要动脉循环，在虹膜的外1/3处可以清楚地见到，在6点钟和12点钟位置的血管不是吻合的。括约肌分布的不同导致了瞳孔形状的差异。犬括约肌的分布呈环形，在猫则是在背侧和腹侧呈间断的分布，所以导致猫瞳孔在收缩时呈一条狭缝状。虹膜括约肌是平滑肌，受副交感神经支配（鸟类除外，是横纹肌）。瞳孔扩大肌从虹膜的基部延伸到邻近的瞳孔区，呈放射状排列，虹膜基质层和色素上皮层被瞳孔扩大肌分开。虹膜括约肌和瞳孔扩大肌的数量不等，虹膜括约肌的作用更强。已经证实前列腺素具有较强的调节虹膜括约肌的作用，以及较弱的调节瞳孔扩大肌的作用，炎症反应时的缩瞳表现就是因为这个原因。

色素上皮层源于胚胎时期视盘的神经外胚层，

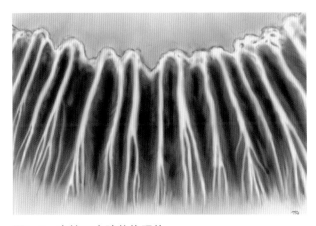

图8-6 电镜下犬睫状体照片
刀状的睫状突是晶状体小带附着点

三、脉络膜（Choroid）

脉络膜（后葡萄膜）是一薄的、有色素沉积的、富含血管的结构。前面与睫状体相连，后面位于视网膜和巩膜之间。脉络膜的基质层通常含有大量的黑色素细胞，这是视网膜背景呈黑色的原因。在多数家养的动物（除猪外），脉络膜的黑色素可包围整个眼球的后部，前起于锯齿缘，和睫状体扁平部相连，后止于视盘周围。脉络膜和巩膜联系疏松，二者之间存有潜在性间隙，称为脉络膜上腔；但与视网膜色素上皮层则连接紧密。

脉络膜的组织结构由外向内主要分为3部分。

（1）脉络膜上组织（构成脉络膜上腔）。

（2）血管层，包括大血管层、中血管层和毛细血管层。

（3）Bruch膜。

脉络膜血液供应极为丰富，来源于睫状后短动脉、睫状后长动脉和睫状前动脉，在脉络膜内大血管逐渐变为小血管和毛细血管。

脉络膜具有如下生理特点。

（1）富含血管，起着营养视网膜外层、晶状体和玻璃体等的作用。由于血流量大、流速较慢、病原体在此处易滞留，造成脉络膜疾病。脉络膜毛细血管壁有许多小孔，荧光血管造影时，荧光素可以从其管壁漏出。

（2）含有丰富的色素，有遮光作用。

（3）发生炎症时有淋巴细胞、浆细胞渗出。

四、血-眼屏障

葡萄膜是构成血-眼屏障的重要组成部分。当葡萄膜发生病理变化时，这种屏障会被打破，可导致大量蛋白或细胞进入房水、玻璃体或视网膜下的腔隙。血-眼屏障由血-视网膜屏障和血-房水屏障构成。血-房水屏障位于葡萄膜组织中睫状体毛细血管的基底层，血-视网膜屏障的部位为视网膜色素上皮细胞层。这些天然屏障对来自血液中的病原微生物起到了阻挡作用，一旦这些屏障功能受损，这些病原微生物（大分子细胞或蛋白质）进入到房水、玻璃体和视网膜下，必然会引起眼内组织的严重反应。由于这些大分子细胞或蛋白进入到房水和玻璃体，影响了光的散射，所以就影响了前房和玻璃体的透明性（图8-7）。

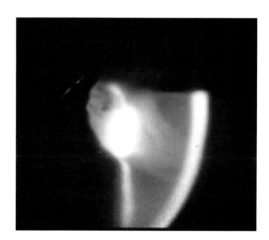

图8-7 房水闪辉是葡萄膜炎的典型症状

第三节 先天性葡萄膜异常

犬猫葡萄膜的先天性缺陷非常常见，除了永久性瞳孔膜以外，其他先天性缺陷几乎不会影响视力或对视力的影响非常有限。

一、多瞳症

多瞳症是指不止一个瞳孔（图8-8），临床并不多见。这些瞳孔也受虹膜括约肌和瞳孔开大肌的调节，也会有类似正常的瞳孔光反射。在瞳孔收缩的时候，这些"瞳孔"会变大。这种病变没有任何临床表现，且很容易与虹膜萎缩和虹膜发育不良相混淆。

二、瞳孔变形

瞳孔变形有的是因为先天发育异常，也有的是由后天获得的（图8-9），但没有功能上的异常。这种现象在澳大利亚牧羊犬的小眼球症时容易发

图8-8　多瞳症
3岁约克夏犬同时伴发白内障

图8-9　瞳孔变形

四、虹膜发育不良

虹膜发育不良的动物多会同时发生虹膜脱色素。这些虹膜的发育异常在早期还会引起其他异常，并导致虹膜部分功能的丧失（图8-11）。这些动物多数会表现出羞明的症状。当用检眼镜检查眼睛后段时，经常会发现有不同程度的脉络膜视网膜发育不良。

由于虹膜的缺陷，使用笔灯就很容易透过虹膜看到脉络膜毯的反射。幼犬在患有虹膜发育不良时，经常会表现出瞳孔不在中央，并且很难散瞳。在暹罗猫这种问题也很常见。

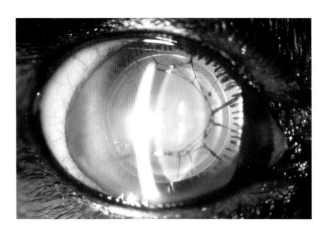

图8-10　无虹膜
摘自美国佛罗里达兽医学院Dennis Brooks

现，这种疾病是不完全的隐性遗传。临床上瞳孔变形常表现为瞳孔异位，主要可能因为虹膜的萎缩、外伤、肿瘤和炎性粘连所导致。

三、无虹膜

无虹膜是指先天缺少虹膜（图8-10），但事实上，在临床上应确切地称为虹膜发育不良。这种现象非常少见，通常表现为非常散大的瞳孔。房角粘连的时候很容易出现继发的青光眼。由于缺少虹膜的保护，所以多数患此病的动物容易出现白内障。背侧的角膜很容易出现角膜溃疡，具体的原因尚不清楚。

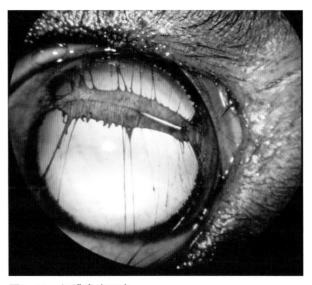

图8-11　虹膜发育不良
摘自美国佛罗里达兽医学院Dennis Brooks

五、异色虹膜

异色虹膜是指双眼虹膜颜色不同，或单侧虹膜不同区域的颜色不同，或单侧虹膜的颜色是混合的（图8-12）。这些情况可能会伴有色素沉积或脱色素。在某些白毛、耳聋和蓝眼睛品种的猫和带有Merling基因的犬多见。

1. 犬

（1）Merling基因（非常重要，且可能与耳聋有关）　柯利犬和相关的品种、花色型的大丹犬、大麦町犬。

（2）虹膜、睫状体隐性的白化病　西伯利亚哈士奇犬、爱斯基摩犬。

2. 猫

（1）暹罗猫和相关的品种。

（2）蓝色眼睛的白猫，可能患有单侧或双侧耳聋。一只眼睛不是蓝色，另一只眼睛是蓝色的白猫，在蓝色眼睛一侧多会是耳聋的一侧。

六、点状色素沉积

有些动物出生时就出现虹膜的局部色素沉积，当发展成为虹膜痣时（图8-13），就要密切关注有无发展成为黑色素瘤的可能。

七、永久性瞳孔膜

【病因】 在胚胎期，瞳孔表面被一层瞳孔膜遮盖，在出生前这层膜结构在很多动物都会被吸收。动物在睁眼时，这层膜结构并没有完全被吸收，仍然可见类似于蜘蛛网状的膜结构。多数这种情况持续4～5周后就会消失，有些动物这层膜结构持续的时间会稍长，会持续到成熟前才消失，较大的膜则会终身存在。这时可能会导致中央区的晶状体前囊色素的沉积。

【临床表现】

1. 虹膜-虹膜　一般不会有临床表现，这在幼犬很常见，但在成年犬则少见（图8-14）。

2. 虹膜-角膜　大多数会出现病理性变化，这会导致角膜内皮受损，造成局部的角膜水肿。严重程度和接触角膜内皮的虹膜数量有关，这种现象在幼犬非常多见。少数动物会先造成失明，

图8-12　异色虹膜

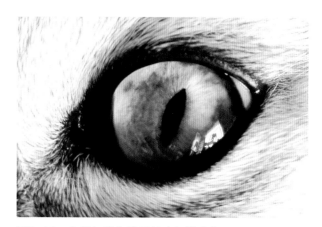

图8-13　点状虹膜色素沉着（虹膜痣）
摘自美国佛罗里达兽医学院Dennis Brooks

图8-14　永久性瞳孔膜（虹膜-虹膜）

但成熟后就又会恢复视力。也可能会继发大疱性角膜炎（图8-15）。

3. 虹膜-晶状体　会导致病理性变化，如晶状体前囊或皮质性白内障，发生的部位就是瞳孔膜接触的位置。这种类型的白内障多数比较稳

图8-15　永久性瞳孔膜（虹膜-角膜内皮）

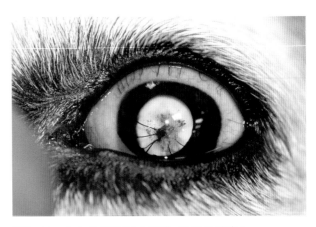

图8-16　永久性瞳孔膜（虹膜-晶状体前囊）

定，一般也不会严重影响视力，瞳孔反射应该是正常的（图8-16）。

【遗传性】

1. 巴森吉犬　遗传的机制尚未明确，对于有永久性瞳孔膜的犬不建议留作种用。

2. 其他品种也可能有家族遗传性　如松狮犬、马士提夫犬和吉娃娃犬。

第四节　葡萄膜炎

葡萄膜炎是小动物临床的常见眼病，也是临床上导致动物失明的重要疾病之一。

【分类】临床上葡萄膜炎的分类有很多种，有的是根据受影响的组织来分类的（前葡萄膜炎和后葡萄膜炎），有的是根据组织学特性分类的（化脓性、非化脓性、肉芽肿性和非肉芽肿性），有的是根据病因由内还是由外分类的（内源性和外源性）。尽管每种分类方式各有优点，但是在临床上先分成肉芽肿性或非肉芽肿性后，再根据特殊的病因进行分类是最为合理的分类方法，因为这种分类方法也有利于指导治疗。

【临床表现】对于全科的临床医生而言，发现葡萄膜炎多数是因为临床表现有所异常，无论何种葡萄膜炎，临床表现基本相似。葡萄膜炎表现出的异常如下：

（1）泪溢。

（2）疼痛（可能会出现厌食或精神沉郁）。

（3）羞明和眼睑痉挛。

（4）睫状充血　这是急性前葡萄膜炎的重要特征。炎症刺激使角巩膜缘周围的巩膜外层血管充血，外观呈暗红色。若同时影响到结膜时，则表现为混合充血（图8-17）。慢性前葡萄膜炎的反应不够强烈，有或无轻度的睫状充血。

（5）角膜后沉积物（KPs）　房水中的炎性细胞和渗出物等，沉积或黏附于角膜内皮（图8-18）。此时因为炎症的侵蚀，角膜内皮变得粗糙，容易聚集沉积物。由于炎症程度及沉积物的成分不同，KPs的形态颜色也有不同，一般可分为尘状、细点状和羊脂状3种类型。KPs还经常见于猫传染性腹膜炎的病例。

（6）房水闪辉　房水闪辉是眼前段活动性炎症的特有表现（图8-19）。由于虹膜血管壁的血—房水屏障被破坏，房水中的蛋白含量增加，用裂隙灯点状强光或短光带照射时，在正常房水的光学空间内，见到有灰色房水闪光带，即为房水闪辉。急性炎症时房水闪辉明显，严重病例可出现纤维素性及脓性渗出物，因为重力的原因沉积在前房的下部，这就是我们所说的前房积脓（图8-20）。

（7）瞳孔的变化　急性炎症时瞳孔括约肌收缩，表现为瞳孔缩小，瞳孔光反射迟缓。慢性炎症

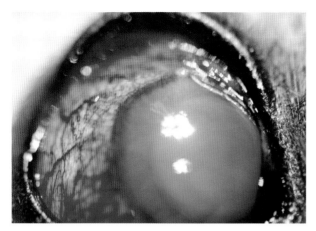

图8-17　葡萄膜炎导致的睫状充血和结膜充血

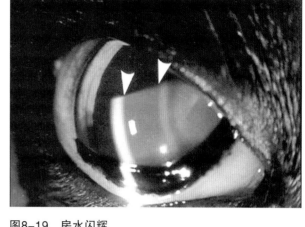

图8-19　房水闪辉

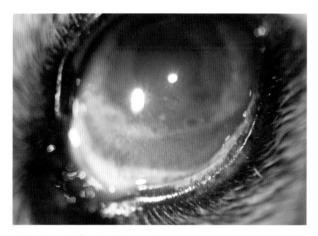

图8-18　角膜后沉积物（KPs）

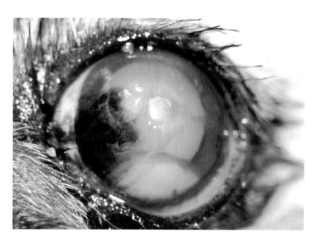

图8-20　前房积脓

时由于渗出物沉积在瞳孔区域，进而形成渗出膜覆盖在瞳孔及晶状体前囊上，则称瞳孔膜闭（图8-21）。瞳孔膜闭使光线进入眼内受阻，导致动物视力下降。虹膜发生后粘连时，用阿托品散瞳，未粘连处散开，而粘连处不能散开，从而使瞳孔呈不规则状外观（图8-22）。

（8）虹膜的变化　急性炎症时虹膜充血肿胀，色泽加深，纹理不清。慢性炎症时由于炎症渗出使虹膜与周围组织发生粘连，如果是与角膜发生粘连，则称为虹膜前粘连，在葡萄膜炎的早期，肿胀、虹膜膨隆和细胞的浸润影响了房水从房角的排出，当周围发生前粘连时，就会使房角闭合，房水的引流立刻会受到影响，这时如果不及时采取其他路径进行房水引流，则很快就会导致发生青光眼。虹膜如果与晶状体粘连，则称为虹膜后粘连，其中

若瞳孔边缘完全后粘连，则称为瞳孔闭锁。由此还会形成虹膜膨隆，继而形成虹膜周边前粘连或房角粘连。炎症反复发作或慢性病例还会在虹膜表现形成机化膜及新生血管。

（9）晶状体的改变　急性炎症时常常有色素沉积于晶状体表面，慢性炎症时虹膜与晶状体多有粘连。

（10）玻璃体和视网膜的变化　在虹膜睫状体发生急性炎症时，玻璃体前部可见少量的细小尘埃状及絮状混浊。慢性炎症时常有晶状体玻璃体混浊和视网膜水肿。

（11）眼压的变化　炎症会影响到晶状体分泌房水的功能，甚至丧失功能时，就会形成低眼压。但如果继发了青光眼，则又会使眼压正常或升高。

【鉴别诊断】根据临床表现、典型的症状和眼

图8-21　葡萄膜炎导致的瞳孔膜闭（右眼）

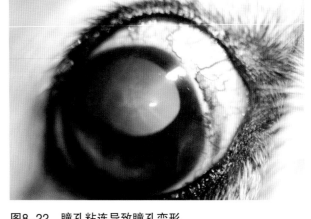

图8-22　瞳孔粘连导致瞳孔变形

部体征即可诊断。急性前葡萄膜炎一定要和溃疡性角膜炎、急性青光眼、急性结膜炎和浅层巩膜炎相区别，因为这些眼病的临床表现与前葡萄膜炎非常相似：

（1）都是红眼（环角膜血管充血和（或）结膜血管充血）。

（2）除浅层巩膜炎外，其他的疾病都会表现出疼痛的症状（羞明和眼睑痉挛可以证明）。

（3）都有角膜的混浊，只有结膜炎不会影响到角膜。

由于葡萄膜富含血管，所以与很多系统相关联（表8-1）。这些疾病不仅会影响到葡萄膜，也会影响到眼部的其他组织。一旦确诊是葡萄膜炎后，就应该根据病史、临床表现等找到真正的病因，然后才能及时进行治疗。彻底的病史调查和全面的物理检查对于确保正确诊断是必不可少的。

【病因诊断】临床症状和病史对诊断非常重要。

（1）如果双眼同时受到影响，多数要考虑是否是由全身性疾病所导致的。

（2）如果是因为全身性疾病所导致的，多数动物还会表现出其他的症状。这点在真菌感染时特别典型。

（3）对于猫，如果是肉芽肿性的，则预后不良，最终还会死于原发病。

（4）免疫介导的葡萄膜炎，动物一般表现得很健康。

（5）血清学检查。

（6）眼睛的穿刺。主要进行细胞学检查有无肿瘤或微生物；也要进行细菌培养，或许是无菌的，也可能有积脓。

（7）免疫学检查　排除全身免疫系统的疾病

【后遗症和并发症】

1. 并发白内障　葡萄膜炎经常会导致发生白内障。这主要是因为动物在患有葡萄膜炎时，由于房水成分的改变，影响到了晶状体营养的供给。在临床上经常会发现白内障和葡萄膜炎同时存在的病例，这时鉴别主要病因与继发病因对于最终的治疗非常关键。在临床上，大多数情况是白内障继发了葡萄膜炎。

2. 继发青光眼　患有葡萄膜炎的病例多数会表现为眼压的下降，这是因为睫状体出现炎症时产生房水的能力下降，同时因为内源性的前列腺素增加了葡萄膜巩膜通道的房水排出能力。假如在活动性葡萄膜炎出现了眼压正常或眼压升高的现象，说明房水通过小梁网的排出和产生的动态平衡被打破。多数的原因包括炎性细胞及其碎片堵住了房角、周围的前粘连或因为后粘连造成了瞳孔的阻滞。临床上因为晶状体导致的葡萄膜炎非常常见，特别是在犬。这种现象可能发生于晶状体的穿透伤、白内障手术后和长时间的白内障的病例。

3. 视网膜脱离　渗出和细胞的浸润会导致脉络膜的病变，最终导致视网膜的脱离。

4. 萎缩　当虹膜和晶状体的基质被纤维组

表8-1　葡萄膜炎的病因

病　因	影响动物	病　因	影响动物
肿瘤／类肿瘤性疾病	任何品种	**病毒**	
淋巴肉瘤	犬、猫	犬腺病毒Ⅰ型、Ⅱ型	犬
黑色素瘤	犬	犬瘟热病毒	犬
组织细胞增生性疾病	犬	犬冠状病毒（猫传染性腹膜炎）	犬、猫
肉芽肿性脑膜脑炎	犬	猫白血病病毒	猫
原发的眼内肿瘤	任何品种	猫免疫缺陷病毒	猫
转移的肿瘤	任何品种	猫疱疹病毒	猫
代谢性疾病		**寄生虫**	
糖尿病（晶状体导致的葡萄膜炎）	犬	多头绦虫	羊、犬
全身性高血压	犬、猫	棘球蚴颗粒	马
高脂血症	犬	血管圆线虫	犬
凝血障碍	任何品种	犬恶丝虫	犬
		腹腔丝虫	马
特发性疾病	任何品种	马颈盘尾丝虫	马
免疫介导性疾病		**中毒**	
白内障（晶状体导致的葡萄膜炎）	任何品种	药物（毛果芸香碱、拉坦前列腺素）	任何品种
晶状体损伤（超乳性的葡萄膜炎）	任何品种	内毒素血症（全身疾病）	任何品种
免疫介导性血小板减少症	任何品种	细菌毒素产生的传染性角膜炎	任何品种
免疫介导性血管炎	任何品种	放疗	任何品种
葡萄膜皮肤综合征	犬		
传染性因素		**外伤**	
细菌		钝性或穿透伤	任何品种
任何原因导致的败血症／内毒素血症	任何品种	角膜异物	任何品种
钩端螺旋体	犬、马		
巴尔通氏体	犬、猫	**反射性葡萄膜炎**	
博氏疏螺旋体	犬、马	任何原因导致的角膜炎	任何品种
布鲁氏菌	犬、马	深层坏死或无坏死性巩膜炎	犬
大肠杆菌	牛、马	浅层巩膜炎	犬
链球菌	马		
红球菌	马		
单核细胞增多性李斯特菌	羊、牛		
嗜血杆菌	牛		
肺结核	牛、猫		
原生动物			
刚地弓形虫	任何品种		
杜氏利什曼虫	犬		
埃立克体沙利氏体	犬		
立克次氏体	犬		
酵母菌和真菌			
曲霉菌	鸡、猫		
芽生菌	犬、猫		
球孢子菌	犬		
隐球菌	犬、猫		
荚膜组织胞浆菌	犬、猫		

织代替时，就会导致虹膜和睫状体的萎缩。脉络膜的萎缩会导致视网膜的萎缩。严重的睫状体萎缩会导致眼压下降。有些动物还会因为葡萄膜炎导致虹膜的颜色加深。在更严重的病例，可能会导致整个眼球的挛缩，我们把这种情况称为眼球痨。

【治疗】大多数急性病例是非肉芽肿性的，所以只要治疗正确，预后是非常理想的。肉芽肿性病例对治疗的效果不理想，一般最终都会发展得很严重。一旦发生葡萄膜炎，要尽最大努力找到真正的病因，并对症治疗。当葡萄膜炎发展成为慢性经过时，定期复查对于控制此病尤为重要，有些慢性病例可能需要终身进行抗炎治疗。

1. 直接控制原发病 定期检查控制原发病最重要。

2. 控制炎症 糖皮质激素和非类固醇类抗炎药物都有抗炎作用，这是治疗葡萄膜炎最重要的药物。对于慢性病例，这可能是唯一需要使用的药物。无论是局部还是全身给予药物都能收到良好的效果。

（1）糖皮质激素 主要用于进行性葡萄膜炎的治疗。

① 全身给予泼尼松或泼尼松龙。

② 局部使用1%的泼尼松或0.1%的地塞米松，全身的治疗也不能间断，最初每2～3 h1次，然后逐渐减少为每天4次。

③ 结膜下注射 虽然药物可以快速地被吸收，但笔者不建议经常使用这种方法治疗，因为只有动物镇静后才可能进行给药。在不是全身性问题或慢性病例导致全身口服受限时，才使用局部结膜下注射治疗。

（2）对于急性葡萄膜炎病例且不能使用糖皮质激素时，可考虑使用抗前列腺的药物，这对于控制慢性或反复性葡萄膜炎病例非常有效。

① 局部使用非类固醇类药物，如双氯芬酸钠（迪非）。

② 使用氟比洛芬。

（3）免疫抑制剂可用于顽固性的病例，在全身使用泼尼松的同时建议联合使用硫唑嘌呤，这样可以避免单独使用其中任何一种药物所造成的不良反应。

3. 防止不良后遗症

（1）散瞳的药物

① 阿托品为备选药物 每隔2～3 h使用1次，直到瞳孔散大，然后每天3次。如果散瞳效果不够理想，可以配合使用肾上腺素。使用阿托品的好处在于可散瞳、解除睫状体痉挛和解除虹膜的充血。阿托品严禁用于患有青光眼的病例，所以一般只有在低眼压时才能使用。

② 对于有继发青光眼倾向的病例，可以使用有肾上腺素能性的药物，如1%～2%的肾上腺素和2.5%～10%的去甲肾上腺素。

③ 溶解纤维或血块的药物 少量纤维或血块无需治疗，对于复杂或严重的病例，可以眼内注射25μgTPA。

（2）抗青光眼的药物 患有葡萄膜炎的病例眼压通常会下降，这是因为发炎的睫状体产生的房水减少，同时在前列腺素的作用下巩膜葡萄膜的房水排出增加也会使房水进一步减少。如果患葡萄膜炎动物的眼压正常或升高，很可能是因为房角堵塞造成的，这需要临床医生特别注意控制可能继发的青光眼。拉坦前列腺素（适力达）和毛果芸香碱都可以控制眼压，但都可能加重眼内的炎症。

4. 抗菌素 抗菌素的作用远不如阿托品和糖皮质激素重要。很多病例处于超敏状态，使用抗菌素并不能产生太多的效果。对于急性病例我们建议使用抗菌素，至少可以起到预防继发感染的目的。对于慢性病例，应该根据个体的全身检查结果决定是否需要使用抗菌素。

5. 支持治疗 热敷或在黑暗的房间内尽量保持瞳孔的散大。

第五节　特型葡萄膜炎及相关综合病症

一、葡萄膜皮肤综合征（Vogt-小柳原田综合征、VKH）

葡萄膜皮肤综合征的特征是双侧的葡萄膜炎并伴有全身皮肤、眼睑、鼻、嘴唇和毛发的脱色素等病症（图8-23至图8-25）。

【品种易感性】最常见的易发品种包括秋田犬、萨摩耶犬和哈士奇犬。也可能发生在圣伯纳犬、雪特兰牧羊犬、爱尔兰雪达犬、金毛犬、老式牧羊犬、澳大利亚牧羊犬和松狮犬。

【发病年龄】通常易发于青年犬（3岁左右）。

图8-23　VKH导致的鼻镜脱色素

【临床表现】

（1）当病情影响到眼睛前段时，会出现眼睑痉挛、结膜和浅层巩膜充血、新生血管性角膜炎（图8-25）、前葡萄膜炎、周围虹膜脱色素和瞳孔光反射差。当病情影响到后段时，脉络膜视网膜炎会导致视网膜的出血、视网膜脱离、视神经炎或玻璃体出血。

（2）皮肤、眼睑和嘴唇周围毛发脱色素，偶尔也会出现脚垫脱色素，有时还会出现鼻和口腔黏膜溃疡。

【并发症】前房积血、前房积脓、前粘连、白内障、视网膜脱离和青光眼。

【诊断】主要根据病史、物理检查和组织病理学检查进行诊断。

（1）皮肤的活组织检查可显示苔藓样皮肤病变（大量的淋巴细胞、浆细胞和组织细胞），同时黑色素和黑色素细胞减少。

（2）当组织病理显示存在广泛的肉芽肿性全葡萄膜炎、视网膜炎和局部视神经炎时，单核细胞会弥漫性浸润巩膜和葡萄膜组织，并且黑色素细胞减少。

【治疗】

1. 最初的治疗　主要是控制急性葡萄膜炎（见葡萄膜炎的治疗）

（1）局部和全身使用糖皮质激素　脉冲式治

图8-24　VKH导致的口腔黏膜脱色素

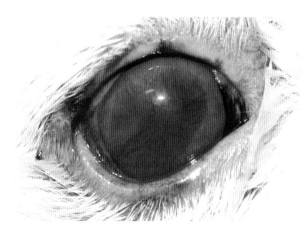

图8-25　VKH导致的新生血管性角膜炎和眼睑脱色素

疗用于特急性病例。

（2）免疫调节剂　硫唑嘌呤。

（3）散瞳剂／睫状肌麻痹剂　局部使用阿托品眼药，如果继发了青光眼要立刻停药。

（4）维持　随着症状的逐渐改善，可降低糖皮质激素和硫唑嘌呤的维持量。有些犬可以改用阿司匹林或硫唑嘌呤。

2. 并发症

（1）急性青光眼　最初使用甘露醇和碳酸酐酶抑制剂。

（2）慢性青光眼　如有视力，可以采取药物治疗。如没有视力，先控制VKH，然后再治疗青光眼。

（3）视网膜脱离　如是刚刚出现的，可以使用碳酸酐酶抑制剂，如是慢性的，则无需治疗。

【预后】尽管进行了积极的治疗，但预后多数不良。

二、晶状体导致的葡萄膜炎

在动物出生前，在胚胎发育期，晶状体囊袋就已将晶状体蛋白与自身的免疫系统隔离。所以当晶状体囊袋破损或晶状体蛋白从囊袋中溢出的时候，晶状体蛋白进入房水就会诱发免疫介导性葡萄膜炎。这种现象可能是急性发作，也可能是慢性经过。在临床上最常见的原因是：① 因为过成熟的白内障晶状体液化后导致晶状体蛋白溢出；② 一些快速形成的白内障，晶状体膨胀导致晶状体囊袋撕裂；③ 在糖尿病型白内障病例也会因为晶状体膨胀导致囊袋破裂；④ 外伤性晶状体囊袋破裂也会导致发生葡萄膜炎（如猫的抓伤和穿透性损伤）。

1. 囊袋完整但晶状体蛋白漏出　在临床上最常见的晶状体导致的葡萄膜炎是因为在白内障发展到成熟阶段后，晶状体蛋白从完整的囊袋漏出。所以临床上见到的"红眼"的白内障病例都应怀疑是否患有晶状体导致的葡萄膜炎（图8-26）。但有一点需要注意的是，在临床上要和葡萄膜炎继发白内障的病例相区别，这种病例是"红眼"发生在先，白内障发生在后。所有的白内障病例，都要考虑可能会继发晶状体导致的葡萄

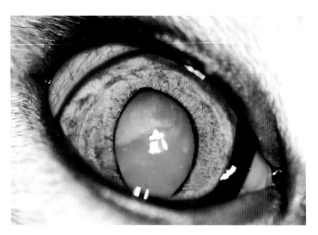

图8-26　白内障导致的葡萄膜炎

膜炎，尽管不是所有的白内障病例都会发生。晶状体导致的葡萄膜炎很容易继发青光眼，但是没有眼压计和裂隙灯是很难观察到的。很多病例都会表现瞳孔散大，而不是在通常的葡萄膜炎所见的瞳孔缩小，但多数都会出现结膜充血。如果在进行白内障手术前患有晶状体导致的葡萄膜炎，术后的并发症是非常严重的（青光眼、视网膜脱离）。

局部可使用糖皮质激素或非类固醇类药物，但多数情况治疗的时间要稍长。对于严重的病例，则需要全身使用抗炎药物。尽管可以局部使用糖皮质激素，但是对于血糖控制不理想的糖尿病患犬，使用时还是要特别小心，因为如果使用不当，则会使血糖更难控制。

如果不能在进行白内障手术前尽早发现晶状体导致的葡萄膜炎，非常容易导致白内障手术失败。一旦临床诊断出动物患有晶状体导致的葡萄膜炎，就应该尽早进行治疗。

2. 晶状体穿透伤　当晶状体发生穿透伤时，容易继发青光眼（图8-27）。细菌可很容易从穿透伤处进入眼内，导致眼前房出现含有中性粒细胞的脓性物质。如果能早期对创伤进行治疗，将会有很大的机会可以保住眼睛。对于老龄动物而言，出现晶状体的穿透伤，最终都很难保住眼睛，但对于年轻的动物而言，只要积极控制住感染，预后多数是理想的。

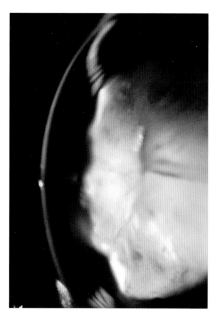

图8-27　晶状体囊袋破裂导致晶状体蛋白漏出

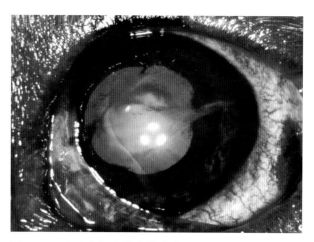

图8-28　金毛犬色素性葡萄膜炎前房出现纤维素性物质和放射状色素

三、牙齿疾病导致的葡萄膜炎

犬严重的牙龈炎、牙周炎和牙根脓肿导致的葡萄膜炎非常常见。在进行任何眼内的手术前，一定要先针对牙齿的疾病进行治疗。

四、金毛犬的色素性葡萄膜炎

金毛犬的色素性葡萄膜炎，通常可见前房有色素分布，虹膜变得发黑并且增厚，在晶状体前囊和角膜内皮也可看到有色素沉积。经常会继发出现房水闪辉、后粘连、白内障和青光眼。病因目前尚不明确，尽管有些人认为是免疫介导的，有些人认为和葡萄膜的囊肿有关。

【临床表现】88%的病例的双眼都会受到影响，无性别易感性，平均发病年龄为8.6岁±2.1岁，晶状体前囊可出现发射状色素沉积（图8-28），13%的病例可出现单个或多个葡萄膜囊肿（图8-29），37%的病例前房内可出现纤维素。出现葡萄膜囊肿后很容易继发青光眼，并最终导致动物失明。

【治疗】病情不严重时，可以局部使用糖皮质激素和非类固醇类眼药滴眼，病情严重时可全身使用糖皮质激素，同时使用抗青光眼药物配合治疗。顽固的病例可以使用激光破坏睫状体。

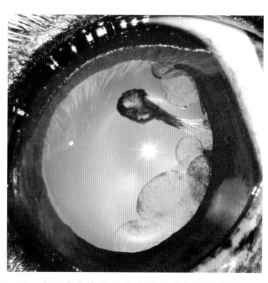

图8-29　金毛犬色素性葡萄膜炎出现葡萄膜囊肿

五、猫的葡萄膜炎

【病因】猫葡萄膜炎的常见原因包括传染性腹膜炎，以及猫白血病病毒、猫免疫缺陷病毒、组织胞浆菌、隐球菌、弓形体、芽生菌和球孢子菌导致的淋巴肉瘤。猫的特发性淋巴浆细胞葡萄膜炎在临床上很容易导致猫的青光眼。

【临床表现】

（1）眼睛的不适　明显的眼睛痉挛、畏光。

（2）眼睛的分泌物　浆液性、黏液性、黏液脓性。

（3）结膜充血　球结膜和睑结膜都会受到影响。

（4）角膜水肿　呈弥漫性，可能很轻，但也可能很严重。

（5）角膜后沉积物　多种炎症细胞附着于角膜内皮（图8-30）。

（6）房闪和细胞　云雾状的房水是因为前房内存在蛋白成分和细胞碎屑，最好的检查方法是用一束窄的光源就可在前房看到闪烁的现象。

（7）睫状体潮红　深层的角膜缘周围前睫状体血管充血。

（8）深层角膜血管生成　环角膜状分布（刷状边缘）（图8-31）。

（9）瞳孔缩小和（或）阻止药理性的瞳孔散大。

（10）虹膜肿胀　可能是全部或可能是个小肿瘤样。

（11）虹膜颜色改变　虹膜颜色变深或虹膜表面有新生血管而发红（图8-32）。

（12）眼内压降低。

（13）虹膜后粘连　虹膜后和晶状体前囊粘连（图8-33）。

【诊断】无论是单侧的葡萄膜炎还是双侧的葡萄膜炎，至少要进行如下的实验室检查：

（1）血常规　一般正常，如有异常则证明可能与其他疾病有关。

（2）生化检查　多数正常，有时出现血清蛋白的异常。

（3）尿液分析　一般正常，如有异常是因为其

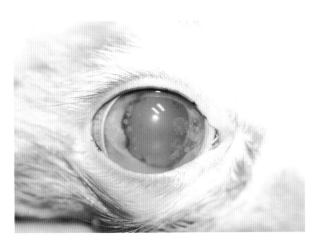

图8-30　猫葡萄膜炎时的角膜后沉积物（KPs）

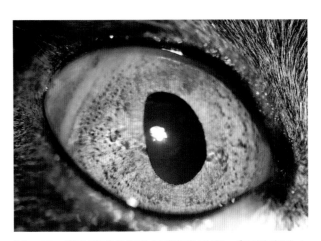

图8-32　猫葡萄膜炎导致虹膜颜色改变，表面有新生血管而发红

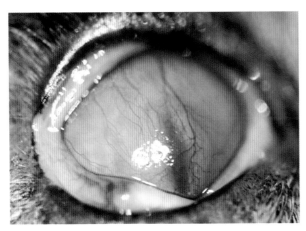

图8-31　猫葡萄膜炎导致角膜表现新生深层血管

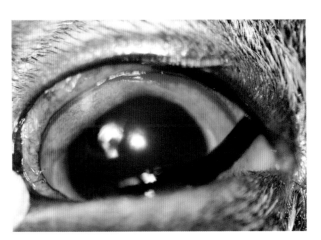

图8-33　猫葡萄膜炎虹膜后粘连，导致虹膜膨隆

他潜在的疾病。

（4）胸部X线片　或许可以发现一些疾病的进程（如传染性疾病引起的浸润和肿瘤的转移）。

（5）常见猫传染病试剂盒的检查　可用于排查各种猫传染病。

【治疗】如果是双眼的葡萄膜炎，根据实验室和临床诊断结果在治疗葡萄膜炎的同时，首先要控制原发病。如果是单眼的葡萄膜炎，多数情况只针对葡萄膜炎进行治疗就可以了。

治疗主要是局部或全身使用糖皮质激素和非类固醇类抗炎药物，糖皮质激素要根据病情的严重程度逐渐减量。常用醋酸泼尼松和地塞米松，倍他米松和氢化可的松效果不佳。非类固醇类药物如氟比洛芬和双氯芬酸钠在临床上使用非常广泛。如果出现前房积血，应避免糖皮质激素和阿司匹林联合使用。适当使用阿托品眼膏对于解除睫状体痉挛是有好处的，但要特别注意避免在发生青光眼时使用。

第六节　葡萄膜囊肿和肿瘤

一、葡萄膜囊肿

葡萄膜囊肿是一种充满液体、呈卵圆形或圆形的良性囊肿，源于虹膜或是睫状体的后色素上皮层。尽管葡萄膜囊肿可能会表现为隐性遗传，但这种先天性的葡萄膜缺陷多数在成年后才会表现出来（特别大丹犬和金毛犬）。葡萄膜囊肿也可能继发于炎症。这些囊肿可能会固定在原来的位置，也可能漂浮在前房，囊肿有时是单个的，有时也会多个存在（图8-34）。这些漂浮在前房的囊肿有时会和虹膜接触，有时可能和角膜的内皮接触，偶尔也会在视轴阻碍瞳孔光反射。有时扁平的囊肿会贴在角膜内皮，很像一片色素性异物（图8-35）。有时前房角过多的囊肿还会影响房水的排出，从而继发闭角青光眼（图8-36）。在临床上，葡萄膜囊肿要注意与色素性肿瘤和肉芽肿相区别，主要的方法是用聚焦的强光照射，葡萄膜囊肿是透光的，而肿瘤是不透光的。但对于色素沉积较多的葡萄膜囊肿，则需要借助B超作鉴别诊断。

在临床上很少通过手术的方法将葡萄膜囊肿摘除，但在下述的情况下则需要考虑：

（1）囊肿阻挡了瞳孔，影响到了视力。

（2）已经出现继发的青光眼，或因为继发葡萄膜炎导致房角的变窄。

（3）葡萄膜囊肿贴附于角膜内皮，导致角膜水肿。

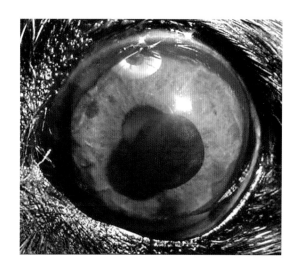

图8-34　葡萄膜囊肿

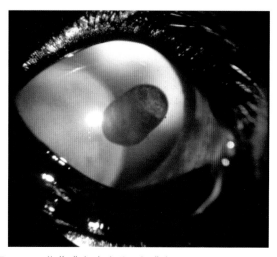

图8-35　葡萄膜囊肿贴附于角膜内皮

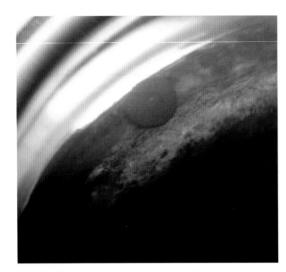

图8-36　葡萄膜囊肿在房角，很容易导致青光眼

二、葡萄膜的肿瘤

前葡萄膜是眼部最常发生肿瘤的部位。

犬最常见的原发肿瘤是黑色素瘤，其发病率是其他肿瘤的两倍。猫则相对较少发生。为使在临床上对黑色素瘤的定义更为明确，采用了如下表述名词。

（1）虹膜雀斑　虹膜局部的良性过度色素沉积，但不会引起虹膜表面的变化。

（2）黑皮病　进行性虹膜色素的沉积，有些出现弥漫性的浸润或连成片，但并不改变虹膜的轮廓（猫常见）。

（3）虹膜黑色素瘤　明显增厚、光滑且突出于虹膜表面的虹膜边界隆起。

下面将介绍常见犬猫的葡萄膜肿瘤。

（一）犬

1. 原发肿瘤

（1）黑色素瘤　转移率小于5%，有时也会出现无黑色素的恶性肿瘤（图8-37），平均发病年龄在9岁。当虹膜的黑色素瘤侵入到前房，影响到瞳孔时就很容易在早期被诊断出来。睫状体的黑色素瘤通常都是在晚期才能被诊断出来，这是因为当黑色素瘤侵入到玻璃体内，向前推虹膜和虹膜角膜角，或是侵入到巩膜才能被发现。很多看似是虹膜的肿瘤，实际都源于睫状体。眼部的黑色素瘤通常生长得都非常快，并且可能转移到邻近的巩膜和眼

球。Giuliano 等的研究结果显示，患黑色素瘤动物的存活时间与肿瘤的大小、有丝分裂程度等无关。当然，患恶性黑色素瘤的动物较良性黑色素瘤动物的寿命短。多数黑色素瘤是单侧发生的，个别双侧发生的可能是全身性转移所导致的。

（2）睫状体上皮的腺瘤/腺癌　一般为粉红色，多数从虹膜后的睫状体、周围的虹膜或是虹膜角膜角隆起而被发现（图8-38）。比黑色素瘤更容易发生转移。很多腺瘤也可能有色素沉积，同时很多黑色素瘤不含色素，所以临床上做鉴别诊断就会有一定的难度。拉布拉多犬和金毛犬被认为是易患黑色素瘤和上皮肿瘤的品种。

（3）血管肉瘤、髓质上皮瘤（幼犬如果出现没有色素沉积的虹膜肿物时要考虑）、平滑肌肉瘤在临床上少见。

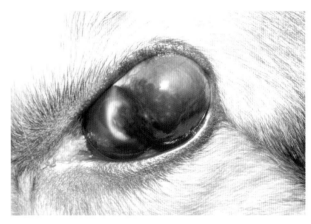

图8-37　黑色素瘤

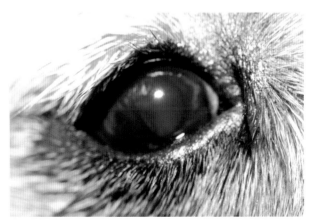

图8-38　犬睫状体腺癌

2. 继发的肿瘤 淋巴肉瘤、腺癌、传染性花柳肿瘤、乳腺癌、纤维肉瘤、过渡性细胞肉瘤等在临床上并不多见。

（二）猫

1. 原发肿瘤

（1）黑色素瘤 常见于老龄猫，平均年龄为11岁。猫黑色素瘤的典型表现是虹膜上有弥漫性色素沉积的区域，没有突起，很少有结节状外观。虹膜黑皮病仍然是良性的，但是如果发展并增厚，就可能成为黑色素瘤（图8-39）。据国外资料报道，大约有63%的患黑色素瘤的病例是因为转移的疾病而致死的。在摘除眼球的对照组中，转移率为62%。常见的眼睛并发症是青光眼。研究结果表明，越早进行眼球摘除术，存活率越高。

（2）梭形细胞肉瘤 常见于严重眼外伤后的

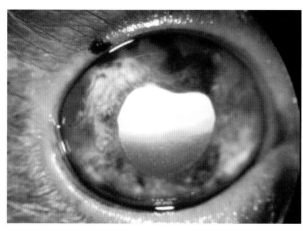

图8-39 猫黑色素瘤
在虹膜表面呈弥漫性色素沉积

数月或数年。尽管多数患有原发肉瘤的猫曾经有眼穿透伤病史，但少数病例的感染或眼部手术也可能是病因。临床症状表现为慢性葡萄膜炎，可能伴随出现牛眼的慢性青光眼。在进行了眼球摘除术后，局部的复发和转移非常普遍。因为这种肿瘤主要位于眼球的内壁，所以可通过视神经进行扩散。梭形细胞肉瘤可能转移到骨骼。国外很多学者建议尽早摘除所有外伤或是挛缩的眼球，以避免梭形肉瘤的形成。

（3）睫状体上皮腺癌少见。

2. 继发的肿瘤 可见淋巴肉瘤、卵巢或乳腺癌、转移性血管肉瘤、鳞状细胞癌。

【临床表现】

（1）虹膜上有充满血管的肿物，有时会从虹膜后突出进入瞳孔区，有时有色素沉积。

（2）前房出血或前房积血。

（3）继发青光眼。

（4）进行性虹膜颜色改变，通常是色素沉积增加。

（5）前房变浅。

【诊断】

（1）大体外观 从虹膜或睫状体有突出，且带有色素沉积、有大量血管爬行的肿物。

（2）诊断试验 前房穿刺或细胞学检查；活组织检查；如果有前房积血，则需要进行B超检查。

【治疗】除了猫的黑色素瘤以外，一般不急于进行手术治疗，除非出现了并发症（青光眼、前房积血）。如有可能，采取光凝的办法可以很好地控制小的或中等大小的良性黑色素瘤。

（1）要辨别是原发的肿瘤还是继发性肿瘤。

（2）假如肿瘤较小，且不知道生长速度，或不知原发的原因，最好进行定期观察。

（3）对于小的虹膜肿瘤，光凝是最有效的治疗方法，但有些文献报道称不要对猫采取这种方法，因为会增加转移的概率。

（4）眼球摘除

① 如果肿瘤生长迅速或对于一失明且疼痛的眼睛应考虑摘除眼球。

② 如果仍然有视力，多数主人愿意进行观察。

③ 患有虹膜黑色素瘤的猫应该定期到动物医院进行复查。

④ 所有色素沉积性虹膜肿瘤都应转诊到动物眼科医生进行评估和进行长期治疗。

参考文献：

Angles JM, et al. 2005. Uvedermatologic（VKH-like）syndrome in American Akita dogs is associated with an increased frequency of DQA1*00201.Tissue Antigens, 66:656.

Bergsma DR, Brown KS. 1971. White fur, blue eyes and deafness in the domestic cat . J Hered, 62: 171.

Bistner SI, et al. 1972. A review of persistent papillary membrane in the basenji dog. J Am Anim Hospital Assoc, 7:143.

Cater WJ, et al. 2005. An immunohistochemical study of uveodermatologic syndrome in two Japanese Akita dogs. Vet Ophthalmol, 8:17.

Collins BK, Moore CP. 1999. Diseases and surgery of the canine uvea, in Gelatt KN. Veterinary Ophthalmology, 2nd ed. Lippincott Williams and Wikins, Philadelphia.

Collinson PN, Peiffer RL. 1994. Cliniacal presentation, morphology, and behavior of primary choroidal melanomas in eight dogs. Prog Vet Comp Ophthamol, 3:158.

Corcoran KA, Koch SA . 1993. Uveal cysts in dogs. J Am Vet Med Assoc, 203:545.

Davidson MG, et al. 1991. Feline anterior uveitis. A study of 53 cases. J Am Anim Hosp Assoc, 27:77.

Davidson MG. 2000. Tioxoplasmosis. Vet Clin North Am Small Anim Pract, 30:1051.

Deehr AJ, Dubielzig R. 1997. Glaucoma in golden retrievers, in Proceedings of the American Collage of Veterinary Ophthalmologists,

28th Annual meeting , Santa Fe, NM, Santa Fe, NM, p:105.

Denis HM, et al. 2003. Detection of anti-lens crystalline antibody in dogs with and without cataracts. Vet Ophthalmol, 6:321.

Gemensky-Metzler AJ, et al. 2004. The use of semiconductor diode laser for deflation and coagulation of anterior uveal cysts in dogs, cats and horse: a report of 20 cases.Vet Ophthalmol, 7:360.

Lappin MR. 2000. Feline infectious uveitis. J Feline Med Surg, 2:159.

Leiva M, et al. 2005. Ocular signs of canine monocytic ehrlichiosis : a retrospective study in dogs from Barcelona, Spain. Vet Ophthalmol , 8:387.

Massa KL, et al. 2002. Causes of uveitis in dogs:102 cases. Vet Ophthalmol, 5:93.

Michau TM, et al. 2003. Bartonella vinsonii subspecies berkhoffi as a possible cause of anterior uveitis and choroiditis in a dog. Vet Ophthalmol, 6:299.

Trepanier LA. 2004. Idiosyncratic toxicity associated with potentiated sulfonamides in the dog. J Vet Pharmacol Ther , 27:129.

Vinayak A, et al. 2004. Cliniacal resolution of Brucella canis – induced ocular inflammation in a dog. J Am Vet Med Assoc, 224:1804.

董 轶 博士（北京芭比堂动物医院）

第九章 | 青光眼

第一节 概　述

青光眼（glaucoma）来源于希腊语"glaukos"，意思为"淡蓝"或"蓝灰"，早在公元前400年的《希腊克拉底誓言》中就被提及。18世纪中期，解剖学家Heinrich Müller和Von Graefe先后都发现青光眼与神经的损伤有很大关系。随着人类对青光眼研究认识的不断深入，后来将青光眼定义为"具有眼球内压力升高共同特点的一组疾病"。现阶段我们将青光眼定义为：一组威胁和损害视神经视觉功能，主要与病理性眼压升高有关的临床症候群或一类眼病。也就是说如果眼压超过了眼球内组织，尤其是视网膜视神经，所能承受的限度，将给眼球内各组织（包括角膜、虹膜和晶状体），尤其是视神经功能，带来严重的损伤，最终典型和最突出的表现是视神经出现盂状凹陷萎缩。从根本上讲，青光眼是一种视神经退行性病变的疾病。

如果不及时采取有效的治疗措施，最终会导致失明。而这种青光眼导致的失明，就目前的兽医学技术水平来说还无法将将其逆转和恢复，人类医学

也是如此。

青光眼是动物眼科中导致失明的重要疾病之一。据国外资料报道，动物眼科临床诊断的疾病中，青光眼所占比例高达9%。

青光眼中最核心的问题是视神经病变，因为无论是哪一类青光眼，都具有共同的视网膜视神经损害这一病理结局。青光眼视神经损害在临床上表现为特征性视神经萎缩，是视神经节细胞轴突变性的直接表现。视网膜神经节细胞损伤变性，最终死亡的方式是凋亡。组织病理研究表明，早期青光眼的病变是筛板层的神经轴突、血管和胶原细胞丧失，形成青光眼性杯凹，随着病程的发展，组织结构的改变扩张到筛板后区，筛板弓状后凹，视神经乳头最终呈盂状凹陷。

造成青光眼视神经损害的主要原因是升高的眼压，这是眼压作用于筛板直接压迫视神经纤维，从而阻碍了轴浆流运输的结果。

第二节 房水的产生和引流

房水是由睫状体的睫状突非色素上皮产生，充　　满后房和前房，其主要成分是水，占总量的98%以

上，房水来源于血浆，但其化学成分不同于血浆，房水中的白蛋白含量相对高于血浆，而球蛋白含量相对低于血浆，当葡萄膜炎等原因造成血—房水屏障破坏时，房水中蛋白含量会急剧增加，在临床上裂隙灯检查可发现房水闪辉的现象。

房水处于动态循环中，它由睫状体的睫状突上皮产生后到达后房，通过瞳孔进入前房，然后由前房角经小梁网进入Schlemm管，再经集液管和房水静脉最后进入巩膜表层的睫状前静脉而回到血液循环（图9-1）。这一外流途径为压力依赖性的。另有少部分房水从葡萄膜巩膜途径引流（约占10%~20%）或经虹膜表面隐窝吸收（微量）。这一排出途径为非压力依赖性的。如果房水循环中的任何途径受阻，都会影响眼压的变化，导致眼压升高。

房水生成包括分泌、超滤过、扩散3种方式。分泌为主动的需氧耗能过程，所产生的房水约占房水生成总量的75%，这一过程不受眼压的影响，其确切机制尚不清楚，一般认为是一些离子（如钠离子等）被睫状突上皮细胞主动转运至后房，随之液体被动移动。此过程涉及钠、钾激活三磷酸腺苷酶的阳离子转运系统及碳酸酐酶参与的重碳酸盐转运系统。超滤过过程是压力依赖性的，受眼压、睫状体毛细血管压、血浆胶体渗透压、毛细血管渗透性、毛细血管数和血管壁厚度影响，约25%的房水由超滤过作用形成。扩散作用产生的房水很少。房水生成量受年龄、药物、睫状体病变等因素的影响，并有明显的昼夜变化。

房水的功能为维持眼压和营养角膜、晶状体及玻璃体，并清除上述组织的代谢产物。

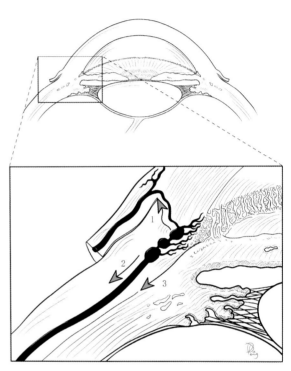

图9-1 正常房水从房角排出的途径
1和2为房水通过血管的主要排出通路，房水汇集在小梁网然后进入大的巩膜静脉窦，然后向前进入睫状静脉和结膜静脉，向后进入巩膜静脉窦和涡静脉系统；3为房水通过睫状肌间隙进入脉络膜上腔并弥漫于巩膜（葡萄膜巩膜通路）

第三节　青光眼的分类

无论是何种类型的青光眼，都是因为房水的产生和排出的比例失衡所致。实际上，在临床上多数患青光眼动物房水的产生低于正常（尽管这样还是大于排出的量）。从病因上将这种不对称分为原发青光眼和继发青光眼。原发青光眼是指没有其他眼睛的明显诱发疾病或全身的疾病，多数都是双眼发生，并且有明显的品种易感性，所以也被认为和遗传基因有关（表9-1）。原发青光眼主要分为两种类型：原发型开角青光眼和原发型闭角青光眼，前者用房角镜看是正常的（图9-2）（但是更深层的病变可能发生在梳状韧带），后者用房角镜就可以发现房角变窄或关闭（图9-3，图9-4）。犬原发型闭角青光眼的发生率是原发的开角型青光眼的8倍。急性闭角型青光眼在母犬发生的概率是在公犬的两倍。

在临床上，犬和猫继发青光眼的发病率几乎是原发青光眼发病率的两倍，这都是因为其他眼病或是全身疾病导致房水排出障碍所致。继发青光眼可能单眼发生，也可能同时影响到双眼，可能有遗传性。

表9-1　犬不同类型青光眼的品种易感性

原发开角青光眼	闭角青光眼	继发青光眼
杂交品种	美国可卡犬	杂交品种
美国可卡犬	杂交品种	美国可卡犬
巴吉度犬	巴吉度犬	卷毛狐狸㹴犬
波士顿㹴犬	萨摩耶犬	玩具贵宾犬
迷你雪纳瑞犬	比格犬	波士顿㹴犬
比格犬	哈士奇犬	迷你贵宾犬
松狮犬	拉布拉多寻回犬	拉布拉多寻回犬
哈士奇犬	玩具贵宾犬	巴吉度犬
标准贵宾犬		比格犬

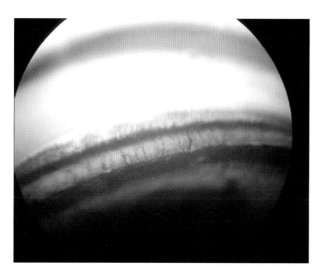

图9-2　正常的房角

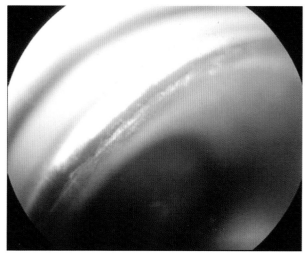

图9-3　房角变窄

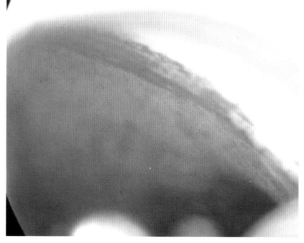

图9-4　房角闭合

因为青光眼多数都是因为房水引流不对称所致，所以可以根据排出障碍的位置将青光眼进行分类（表9-2）。大多数情况下，房水排出障碍会发生在晶状体、瞳孔、小梁网或巩膜表层静脉，最初只有一个位置发生阻塞，随着病情的发展，前面的结构也会出现问题（如虹膜角膜角），这样就会使问题更加严重。所以高眼压持续的时间越长，最终治愈的可能性就越小。治疗青光眼病例的关键在于尽早发现，尽早发现影响排出的位置，及时纠正才可能避免更严重问题的发生。

一、原发型开角青光眼

与人类的原发型开角青光眼相比，犬患此种青光眼并不常见，比格犬和挪威猎鹿犬是最常见的两个易感品种。有文献已经证实比格犬青光眼是显性遗传，但挪威猎鹿犬的遗传类型尚未确定。

原发型开角青光眼多数是双眼同时发生。多数犬在6～8个月的时候就开始出现眼压升高的现象，一般在35～45 mmHg，但临床症状不明显，房角镜检查可见房角是开放的。在随后的2～3年内，病情会缓慢发展，逐渐出现各种典型的临床症状（牛眼、晶状体脱位等），并且房角最终也逐渐闭合。到目前为止，犬的原发型开角青光眼的确切机制尚不清楚，但普遍认为是因为糖胺聚糖的改变影响到了梳状韧带，使房水排出的阻力增加，最终使眼压升高。

表9-2　青光眼根据排出障碍的位置分类

| 1. 睫状体-玻璃体-晶状体（恶性青光眼） |
| 后段将晶状体-虹膜隔膜向前推导致睫状体、玻璃体和晶状体位置的房水排出障碍 |
| 2. 瞳孔 |
| （1）因为虹膜和晶状体位置引起相对的房水排出障碍 |
| （2）玻璃体在瞳孔区嵌顿 |
| （3）晶状体在瞳孔区阻碍　①晶状体脱位　②晶状体膨大 |
| （4）后粘连／虹膜膨隆 |
| 3. 小梁网 |
| （1）原发开角型青光眼 |
| （2）继发的阻碍　①虹膜周边的纤维血管膜　②细胞或纤维蛋白物质　玻璃体、血浆蛋白、红细胞、肿瘤细胞、色素 |
| （3）原发闭角型青光眼　①同位闭合　②粘连闭合 |
| （4）继发的房角闭合性青光眼　①周围前粘连　②睫状体肿胀／炎症／囊肿　③肿瘤　④虹膜-晶状体隔膜前移 |
| 4. 小梁后的 |
| （1）葡萄膜炎 |
| （2）巩膜排出障碍 |
| （3）浅层巩膜静脉阻塞 |
| 5. 排出系统发育异常 |
| 6. 特发机制 |
| 7. 混合机制：不是单一的因素 |

摘自Slatter D. 2003. Textbook of Small Animal Surgery , 3rd ed. Saunders.

二、 原发型闭角青光眼

原发型闭角青光眼也会影响双眼，但多数动物在中年时发生。多先是一侧眼睛出现眼压升高的现象，另一侧急性大发作多发生于一侧发生青光眼后8个月左右时。到目前为止，造成原发型闭角青光眼的原因还没有找到，但有一点确定的是这类疾病都与梳状韧带发育不良或是房角发育不良有关。并且此类青光眼在雌性的发病率是在雄性的3倍，情绪的紧张、兴奋或在昏暗灯光下都可能是造成此病发生的潜在因素。多数可卡犬的闭角型青光眼先发生于左眼，并且多数发生在冬季。由于房角发育不良造成的青光眼发生在3~6岁，但总的原发型闭角青光眼发病年龄多在6~8岁。

原发型闭角青光眼可以理解为虹膜角膜角的闭合或是狭窄，窄的房角是造成最终房角闭合的前兆。在兽医临床上，我们用房角镜看到房角变窄才会认为是窄房角，但人类认为的窄房角还包括前房的变窄，这是人医眼科与兽医眼科的区别。美国可卡犬的青光眼是典型的窄房角型青光眼。如果用房

角镜确切的判断，我们不但要观察睫状裂的开放、变窄或闭合，还要观察虹膜角膜角的开放、变窄或闭合。有时睫状裂是闭合的，但是虹膜角膜角是开放的。

梳状韧带发育不良是指正常很细的梳状韧带变成被发育不良组织包裹的较粗梳状韧带，并且缠绕在小梁网和房角的深层组织间。这些成片的组织被穿透成不同大小的洞，房水就可以从此处通过小梁网。虹膜角膜角的深层组织发育可能正常也可能异常。由于小梁网在梳状韧带后面，尽管只有一定数量的孔可以供房水流出，但在一定时间内是足以保证正常眼压的，但对于所有品种的犬，只要存在梳状韧带发育不良的问题都会导致眼压的升高。临床上常患此病的犬种有巴吉度犬、美国和英国可卡犬、挪威猎鹿犬、吉娃娃犬、哈士奇犬、腊肠犬、小型贵宾犬、卷毛猎狐狸等。

尽管梳状韧带发育不良是导致原发型闭角青光眼的原因之一，但很少会有犬会在出生时就出现青光眼（先天性青光眼）。在临床上，尽管一些犬在出生时就被证实存在梳状韧带发育不良，但多数要等到中

年时才会表现出症状。据统计数据显示，临床上只有1%左右的犬在中年时才会出现青光眼，这说明绝大多数患有梳状韧带发育不良的犬不会患青光眼。梳状韧带发育的不良，只能是导致原发型闭角青光眼的第一步，还有很多其他可能的影响因素。

还有的学者发现紧张或兴奋会使心率增加，且会使脉络膜血管的收缩压和舒张压发生变化。心率和脉搏的增加导致脉络膜血管对后玻璃体更快和更大的推力，这种作用力传导到后房的房水，从而使后房更多的房水通过瞳孔进入前房。正常情况下，前房多余的房水会重新回到后房，或是将虹膜向后推，将房角拉大，使房水排出增加，从而保证了眼压的基本恒定。但当眼睛有梳状韧带发育不良时，房角就不能正常开大，结果导致了眼压的升高。

瞳孔不大不小时，虹膜对后面晶状体的压力最大，这就是所谓的球阀效应，我们称之为反向瞳孔阻滞。中等大小的瞳孔到稍大的瞳孔比瞳孔缩小和瞳孔散大时对晶状体的压力都偏小。瞳孔散大时，赤道部的晶状体更容易从虹膜滑脱，瞳孔缩小时对整个晶状体的压力更大，同时在压力的作用下使更多的房水从后房流向前房，加重了眼压的升高。眼压在未经治疗时会继续升高，直到达到生理上限时（60～80 mmHg）才会停止。这时瞳孔逐渐扩大，最后房水反向瞳孔阻滞，当瞳孔散大时有可能会破坏这种阻滞，这样就可以使前方的房水流回后房。如果这种阻滞不能改善，就会使睫状裂更加塌陷，从而使将来的治疗更为困难，这一过程可能在很短的时间内就会完成。所以青光眼是眼科的急症，需要及时发现，并及时采取治疗措施。

根据临床发展规律闭角型青光眼可分为如下5个阶段。

（1）临床前期　指一侧已经患有青光眼，另一侧已经具有所有闭角型青光眼的解剖结构特征和潜在诱发因素，但仅尚未发生眼压升高。这种情况下需要采取预防性用药，因为有50%的病例在一侧眼出现青光眼的8个月后，另一侧也会出现青光眼。

（2）急性充血期（发作期）　指随着眼压显著的升高（50～80 mmHg），一系列的临床症状都表现得非常明显，巩膜和结膜充血严重。

（3）后充血期　指急性充血期的青光眼已经得以控制，眼压基本恢复正常。

（4）慢性进展期　眼压会缓慢升高。急性充血期的治疗无效时，就会逐渐转变成慢性进展期，有时因为动物主人不愿意进行手术，只是用药物控制，虽然避免了急性发作，但房角粘连却在逐渐进行。房角最终关闭，周边虹膜与小梁网组织产生了永久性粘连。

（5）绝对期　青光眼最严重的阶段。视力已经丧失，眼睛大多已经成为牛眼，很多继发的炎症已经出现（晶状体脱位、角膜溃疡等）。

三、继发性青光眼

继发性青光眼是以眼压升高为特征的眼部综合症候群，其病理生理是某些眼部或全身疾病，以及某些药物的不合理应用，干扰了正常的房水循环，阻碍了房水外流。根据高眼压状态下房角的开放或关闭，继发青光眼也可分为开角型或闭角型两类，但有些病例在病变的过程中可由开角转变为闭角。继发性青光眼常见的病变主要有出血、炎症、外伤、晶状体相关性、眼部占位性病变，以及葡萄膜囊肿等，会使病情更为复杂和严重，预后往往也较差，其诊断和治疗要同时考虑眼压和原发的病变。

继发性青光眼经常是因为房角的堵塞所造成的，但仔细检查后发现，并不是所有房角堵塞的病例都会出现高眼压。特别在这种情况需要对晶状体做进一步检查有无潜在的原因导致了青光眼的发生。Gelatt等发现81%的继发性青光眼的发生与白内障的形成有关（晶状体导致的葡萄膜炎），20%的白内障病例可发展为青光眼；有大约12%的动物晶状体异位后出现继发性青光眼；5%的白内障手术的动物出现青光眼；7%的非典型性葡萄膜炎出现继发性青光眼；7%的前房积血出现继发青光眼；4%的眼内肿瘤出现继发性青光眼。

（1）前房积血　前房积血的动物在发病初期一般都是开角型青光眼，但由于血和纤维在房角的堵塞，然后葡萄膜炎导致了粘连的发生，从而使房角闭合，成为闭角型青光眼。

（2）炎症　在动物眼科临床上，各种炎症导致的继发性青光眼非常常见。炎性细胞、纤维素、血清蛋白及受损的组织碎片等阻塞小梁网，炎性介质和毒性物质对小梁细胞损害导致功能失调，房水外流出现障碍。继发闭角型青光眼的病理状况可能是非瞳孔阻滞性的周边虹膜前粘连，也可能是瞳孔阻滞性的瞳孔后粘连。阻滞前后房的交通后，可引起了虹膜膨隆，从而加重或促使周边虹膜前粘连。

（3）外伤　外伤可导致开角或闭角型青光眼。外伤导致的葡萄膜炎可能会导致前粘连或后粘连，从而堵塞了房水的循环（图9-5）。外伤还可能导致梳状韧带和睫状裂受损，从而使房角发生变化。当损伤愈合后出现纤维化时，会影响梳状韧带的正常功能，从而造成了继发性青光眼。角膜穿孔也可能是虹膜向前运动，从而使前房变浅，伴发的炎症也可能造成房角的闭合。

（4）晶状体相关性　成熟或过成熟的白内障中高分子量的可溶性晶状体蛋白大量溢出，阻塞了小梁网房水外流通道导致了继发型开角青光眼。白内障手术后残留的晶状体皮质、囊膜碎片等阻塞房水外流，逐渐堵塞小梁网后也可能造成继发性青光眼。白内障手术后很多犬也会出现一过性的高眼压，但这不同于青光眼，因为并没有影响视神经的功能。据统计，大约有50%的犬术后会出现一过性高眼压，从术后3 h开始升高，一般24 h后就恢复正常。这些高眼压的原因目前尚不清楚，但这些病例在将来有很高的患青光眼的倾向。

在㹴类犬，晶状体异位是导致继发性青光眼最重要的原因（65%），但不仅局限于㹴类犬（图9-6）。晶状体前脱位可能会物理性阻塞房水的循环，如果有玻璃体的外漏，阻塞在瞳孔区也可能会影响房水的循环。晶状体的半脱位也可能会引起继发性青光眼，但一般这种现象不容易被察觉。晶状体半脱位会导致一侧的前房变浅，限制了房水从瞳孔的循环。玻璃体液化或是外漏可能会阻塞在瞳孔和房角，从而影响房水的循环。

（5）占位性病变　这多指眼内的肿瘤，如前葡萄膜肿瘤可能会浸润睫状体，并阻碍房水的外流，或是因为肿瘤继发的炎症和出血阻塞了房水的外流通道（图9-7）。犬、猫的淋巴肉瘤是最常见的会引起继发性青光眼的眼部肿瘤，并且多数会造成双侧的继发炎症和继发性青光眼。犬、猫的黑色素瘤最终也会因为导致前房积血和炎症而继发青光

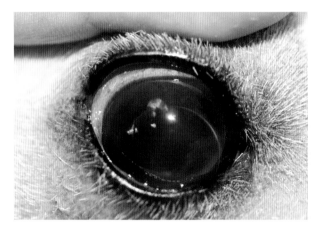

图9-6　犬晶状体前脱位，可以在前房清楚地看到晶状体的边缘

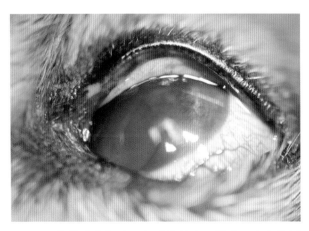

图9-5　葡萄膜炎导致了虹膜前粘连，影响了房水的循环，继发了青光眼

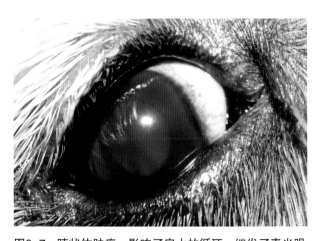

图9-7　睫状体肿瘤，影响了房水的循环，继发了青光眼

眼。所以，当在临床上，见到黑色素瘤的时候，就应该通过眼部B超来做进一步检查。对猫的青光眼的病理研究发现，41%的猫是因为这两种肿瘤中的一种造成的。

（6）葡萄膜囊肿　睫状体囊肿在大丹犬和金毛犬发生的概率很高，通常前房内的囊肿都是良性的。病理研究显示，5%的青光眼病例发生在金毛犬，其中52%是因为虹膜睫状体囊肿所导致的。在青光眼的病例，囊肿会机械性地将晶状体和虹膜向前推，结果造成了房角的闭合，或者是因为囊肿正好堵在小梁网，从而影响了房水的排出。

四、猫青光眼

猫的青光眼早期一般临床表现不明显，所以多数直到发现猫的眼球变大或瞳孔不能收缩时才会发现（图9-8）。通常，猫的眼压正常值高于犬的正常值，并且随着年龄的增大，眼压逐渐下降。一项研究表明，幼猫的正常眼压为（20.2 ± 5.5）mmHg，7岁时的眼压范围为（12.3 ± 4）mmHg。

猫的继发性青光眼多数是因为慢性葡萄膜炎或眼内肿瘤造成的。据统计大约有41%青光眼患猫是因为葡萄膜炎造成的。猫的继发性青光眼的发病率是原发型青光眼的19倍。暹罗猫已经被证实存在遗传性原发型闭角青光眼，但并不是因为房角发育不

图9-8　猫单侧青光眼，最明显的症状是瞳孔散大，有时会伴有泪溢的现象。出现结膜和巩膜充血的现象并不典型

良造成的，这点不同于犬的原发型闭角青光眼，具体的原因到目前尚不清楚。另外，很多猫会出现房水的倒流综合征，由于对前玻璃体的压迫，在玻璃体前表面形成了厚厚的膜，从而阻塞了房水向前房的流动。然后逐渐出现了牛眼和暴露性角膜溃疡。对于猫而言，青光眼造成的疼痛好像不像犬那样明显，或许是因为猫的眼压不会像犬升高的那样快，但确实也会造成疼痛。猫虹膜弥漫性黑色素瘤和葡萄膜淋巴肉瘤会在虹膜周边形成明显的纤维血管膜—浆细胞性葡萄膜炎，这就很容易造成继发性青光眼。传染性疾病也是造成猫继发性青光眼的常见原因，所以猫出现青光眼时也要考虑对这些传染病抗原和抗体的检查。特别需要注意的是，如果是因为弓形体造成了继发性青光眼，最有效的药物是氯林可霉素结合局部使用糖皮质激素。猫继发性青光眼最主要的临床症状是瞳孔散大、晶状体脱位、牛眼、暴露性角膜炎和视网膜萎缩。当出现虹膜淋巴结肿大或出现虹膜红斑的时候，这种病例就有很大的发生青光眼的可能性。

虽然我们在治疗猫的青光眼时使用的药物与治疗犬的青光眼没有明显的区别，但猫对这些抗青光眼药物的反应远不如犬。如我们常使用的拉坦前列腺素并不能使猫的眼压下降，尽管会造成瞳孔缩小。局部每天使用两次碳酸酐酶抑制剂布林唑胺并不能降低眼压，但改成每天3次时就能很好控制眼压。局部使用糖皮质激素与犬一样，都会使眼压升高。局部使用0.5%复方托吡卡胺也会使眼压升高3.5 mmHg，个别的猫眼压会升高17～18 mmHg。这些说明，猫自身的很多生理特性决定了在治疗青光眼时不能完全等同于犬的治疗。

尽管猫青光眼的手术治疗与犬没有什么区别，但不建议对猫使用睫状体冷凝术，因为在猫的治疗效果很差。可以建议在绝对期青光眼使用义眼的方法，尽管这种方法术后的美观程度不如犬（因为猫虹膜的颜色鲜亮）。或者摘除眼球的效果也较为理想，但不要在眼眶内植入义眼，因为造成排异的概率比犬要高。

第四节　青光眼的临床表现与诊断

一、临床表现

由于青光眼不是一种单一的病，而是一种表现，所以对待每个病例都要特别认真地加以区分，最重要的是找到使眼压增高的真正原因，需要通过不同的诊断程序才能实现这一目标。

由于不同动物的眼压不同，发病的时间不同，所以临床症状会有一定的差异。通常情况下，最典型的症状是在绝对期的青光眼。早期的症状可能不明显，甚至眼压都不一定会非常高，只是间断性地出现巩膜的充血（特别是在晚上）。对于这些病例，要定期检查眼压的变化。对于暴躁的犬，特别要考虑人为因素造成的高眼压（对眼睑张力过大、项圈、按压颈静脉等）。

1. 眼内压的升高　在临床上当犬的眼压高于25 mmHg，猫的眼压高于27 mmHg时，就要考虑是否患有青光眼。当存在葡萄膜炎，并且使用抗青光眼药物治疗过，眼压20 mmHg以上就可以认为是青光眼。一般情况，动物主人只有当眼压升高到40 mmHg以上时才会注意到眼睛的变化。频繁的眼压检查是青光眼动物诊断和治疗的重要环节。

2. 浅层巩膜和结膜的充血　当眼压突然升高时，浅层巩膜的充血是非常典型的症状之一，这是因为眼压的升高使经过睫状体流向涡静脉的血流减少，但同时使流向角巩膜缘的浅层巩膜静脉的血流增加。最后表现为巩膜和整个结膜的充血（图9-9）。浅层巩膜的充血是眼内疾病（葡萄膜炎、青光眼等）的重要标志之一，所以应注意巩膜充血和结膜充血的鉴别诊断。

3. 瞳孔的改变　在大多数青光眼的病例都会出现瞳孔功能的异常，但并不是特征性病变。由于高眼压对虹膜括约肌的影响大于瞳孔开大肌，所以当眼压大于50 mmHg时，如果没有发生粘连，瞳孔通常会散大（图9-10）。当眼压在30 mmHg左右时，瞳孔光反射或许正常，如果同

时继发了葡萄膜炎，也可能出现瞳孔缩小（图9-11）。如果出现晶状体脱位时，就可能会引起虹膜震颤。慢性青光眼病例也可能出现虹膜萎缩

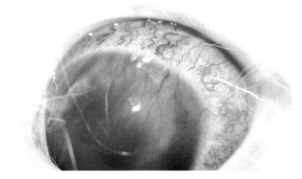

图9-9　青光眼时出现巩膜和结膜充血

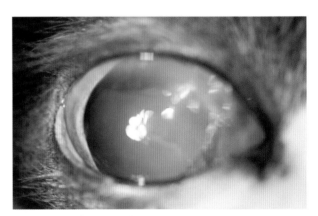

图9-10　猫青光眼时瞳孔完全散大

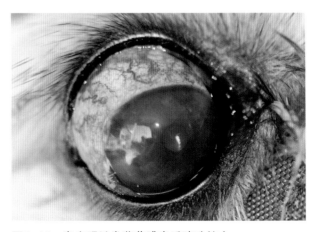

图9-11　青光眼继发葡萄膜炎后瞳孔缩小

的现象。

4. 角膜混浊　眼压的升高破坏了角膜内皮的屏障功能，使房水进入角膜基质，引起了严重的、广泛的角膜水肿（图9-12）。在急性青光眼病例，角膜水肿的发生会非常快，当然，如果能迅速将眼压控制在正常范围内，角膜的透明性也会很快恢复。严重的病例还可能会造成角膜表面出现水疱，如果不及时治疗，就可能会造成角膜穿孔。慢性青光眼病例角膜最终都可能会出现或多或少的浅表或深层的新生血管、瘢痕和色素沉积的现象（图9-13）。有些慢性青光眼病例还可见角膜表面有数条白色的线性痕迹（Haab's线），这可能是因为在眼压升高时，对后弹力层的线性牵拉所留下的痕迹（图9-14）。

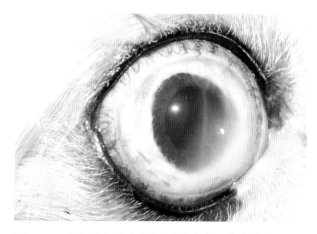

图9-14　慢性青光眼对后弹力层牵拉留下的痕迹（Haab's线）

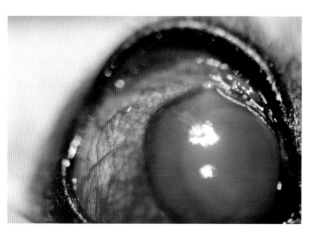

图9-12　青光眼继发了整个角膜的严重水肿，几乎无法看清瞳孔

5. 牛眼　由于对巩膜的牵拉，使眼球明显变大，这种现象在犬、猫的青光眼病例非常常见，多数是因为病程延长所致。当幼犬或幼猫出现青光眼时，牛眼发生得非常迅速（图9-15）。一旦发生牛眼，即使眼压再控制得好，也很难再恢复至原有的大小。正常犬眼球的直径为15～17mm，猫为17 mm。牛眼的出现一定与青光眼有关，但眼球增大的时候，不一定有活动期的青光眼，很可能青光眼已经稳定。很多慢性青光眼，由于睫状体的萎缩，导致眼球非常软，这是因为缺少了房水的产生。牛眼要和眼球突出相区别。

6. 疼痛　当青光眼不是非常严重时，疼痛的表现并不十分明显，但可以观察到动物行为、脾气和活力的异常，很少会出现眼睛严重疼痛时眼

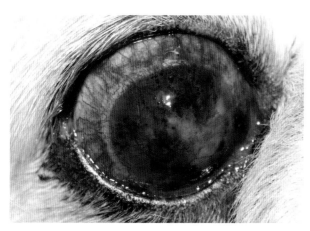

图9-13　慢性青光眼造成的角膜新生血管、瘢痕和色素沉积

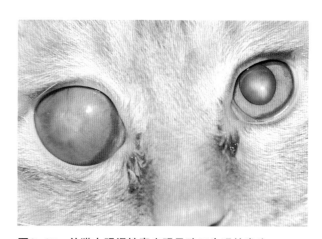

图9-15　幼猫右眼慢性青光眼导致了牛眼的发生

睑痉挛的症状。人类青光眼引起的疼痛是眩晕性的头疼。主人往往会通过眼压控制后动物脾气的改善而认识到青光眼给动物带来的疼痛。如果青光眼伴随急性的炎症反应则是非常疼的。

7. 视网膜和视神经的改变 急性青光眼病例可能会出现视神经乳头水肿和眼底出血的现象（图9-16，图9-17），大多数病例最终都会出现视神经乳头盂状凹陷、弥漫性视网膜萎缩、视网膜血管薄化、视盘萎缩等症状（图9-18）。视盘的盂状凹陷是青光眼最典型的眼底变化（图9-19，图9-20），但是很难在早期观察到，因为不同犬种髓鞘的差异非常大。猫的视盘是没有髓鞘的，正常情况下就是呈盂状，且颜色较深，所以猫出现青光眼时很难发现视盘异常。

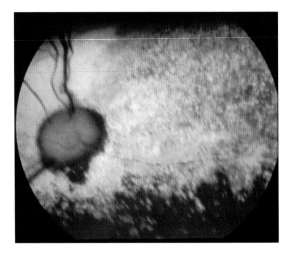

图9-18 犬慢性青光眼都存在弥漫性脉络膜毯过度光反射、视网膜血管薄化、视盘萎缩

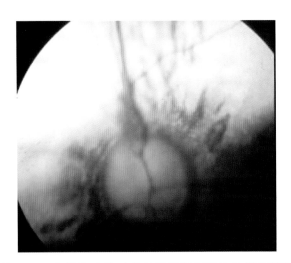

图9-16 急性青光眼时出现的视盘周围急性视网膜梗死，但血管和脉络膜毯和视神经尚未受到影响

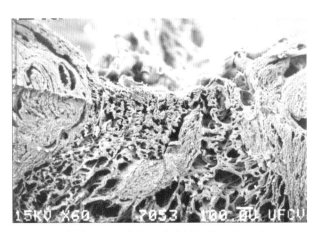

图9-19 电镜下可见青光眼造成的视盘盂状凹陷

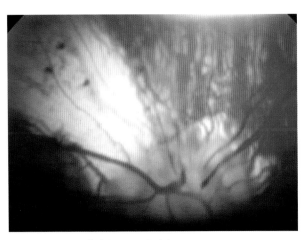

图9-17 视网膜睫状后短动脉梗死

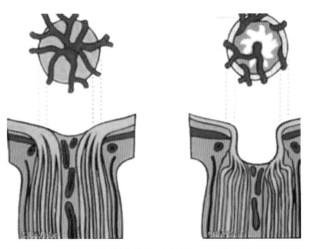

图9-20 左侧为正常时视盘的外观，右侧为青光眼时视盘的盂状凹陷

8. 视力的损伤　青光眼对视力的影响存在差异性，有的动物会在2～3 d内突然发生永久的失明，而有些慢性动物青光眼病例眼压超过正常，但视力并没有显著丧失。这些差异主要依赖于眼压升高的程度和升高的速度。眼压的突然升高，且眼压值越高，对视力的影响就越大。高眼压会使视网膜缺血，并且阻碍了视神经内神经节细胞的轴浆流。从组织病理学可以证实，视网膜的缺血可导致广泛全层的视网膜的萎缩。视网膜的神经节细胞对缺血非常敏感，α-神经元细胞则对缺氧非常敏感。

9. 前房的改变　很多青光眼病例会出现明显的房水闪辉的现象。这可能是伴随青光眼的过程，出现了葡萄膜炎的原因，破坏了血—房水屏障，所以可在前房内见到蛋白和脱落的色素丛。多数患青光眼的动物都会出现前房变浅的现象。对于房水倒流的猫，晶状体前脱位、半脱位都会出现明显的浅前房。所以当出现浅前房时，要特别注意可能会出现青光眼。青光眼当然也可能发生于过深的前房，如晶状体后脱位或牛眼。

二、诊断

1. 眼压计　目前国际上动物眼科医生最常使用的两款眼压计为 TONOPEN 和 TONOVET，两者使用都非常方便和准确，但唯一遗憾的是这两款眼压计价格都较高（图9-21，图9-22）。

2. 眼底镜　直接或间接检眼镜都可以用来检查视神经乳头的盂状凹陷，因为这是青光眼的典型症状。这些仪器的绿灯主要是用来检查视神经和视网膜神经纤维层的。

3. 房角镜　房角镜是用来检查房角和管理青光眼病例不可缺少的设备。我们在前文已经描述过房角镜的使用。房角镜的作用主要是帮助医生鉴别是开角型青光眼还是闭角型青光眼，和评估房角闭塞的程度，进而评估治疗的效果。只有经验丰富的动物眼科医生才能准确使用，并发现病灶（图9-23）。

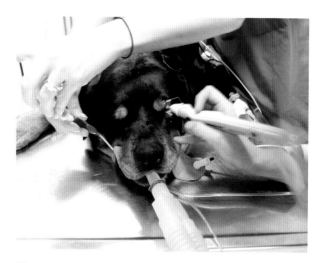

图9-21　TONOPEN 眼压计

图9-22　TONOVET 眼压计

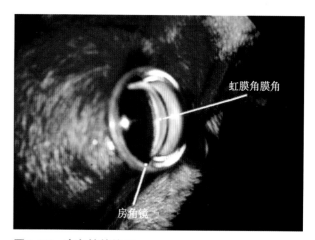

图9-23　房角镜的使用

第五节　青光眼的治疗

青光眼的治疗包括药物和手术的方法，在后面的章节会介绍如何通过药物控制青光眼。对于原发性青光眼，最理想的就是直接针对原发原因进行治疗。对于一些房水排出受阻的病例，直接对症治疗的效果就很差，所以多数医生就会间接控制房水的产生，从而控制眼压。但无论何种原因导致的眼压升高，只要动物还有恢复视力的可能，都需要尽早将眼压控制到正常范围。大多数情况下，青光眼的治疗是手术和药物相结合的，单纯的药物治疗或是单纯的手术治疗恐怕都很难长期控制眼压。具体使用何种药物，采取何种手术方法，要根据具体的病情和疾病发展的阶段，以及医生个人的经验来确定。

在治疗青光眼时，对动物主人的教育非常重要。很多动物主人对青光眼的认识只停留在老人的原发开角型青光眼。人类的这种类型的青光眼是缓慢发展的，没有明显的疼痛，并且通过使用药物视力多数不会受到影响。医生需要在治疗前，详细和主人沟通，告知动物主人绝大多数动物的青光眼和人类的青光眼不一样，不能单纯靠药物维持。虽然很多青光眼的发生最初只是单眼，但多数双眼都会受到影响。尽早告知动物主人预防的方法，就可能延缓另外一只眼睛青光眼的发生。

当动物被诊断为青光眼时，最先要考虑的事情就是区分是急性青光眼还是慢性青光眼，动物是否还存在视力，动物是否还有恢复视力的可能。对于末期失明的患有青光眼动物，几乎任何药物都不能控制眼压，只能通过对青光眼病因的分析，针对不同病因（如肿瘤、晶状体脱位、原发闭角型青光眼等）采取不同的手术方法。手术治疗的方法有睫状体光凝术、睫状体冷凝术、义眼植入术、眼球摘除术等，同时也需要对健侧的眼睛进行潜在患青光眼的风险预估。

一、原发性青光眼的治疗

（一）药物治疗

1. 紧急处理　所有有视力的青光眼病例都应该立刻使用紧急药物将眼压控制在正常范围。如果眼压高于60 mmHg，视网膜可能会在几小时内丧失功能，从而导致失明。42%左右的病例当眼压控制在20 mmHg以内时，可以在3 d内恢复视力，假如眼压小于50 mmHg，且病程持续小于3 d，52%的病例可能会恢复视力。如果眼压持续3天以上大于50 mmHg，只有18%的病例可能会恢复视力。对于动物主人来说，很多时候由于忽略了对动物眼睛的观察，当突然发现问题的时候，病情可能已经持续了几天，这就造成了动物的青光眼在很大程度上要比人类难治得多。

在小动物临床上，通常医生会使用高渗溶液控制玻璃体和房水内的水分，从而降低眼压。临床上最常用的两种高渗溶液是甘露醇和甘油。笔者在使用甘露醇治疗时，通常使用输液泵，按照1~2 g/kg的剂量在半小时内将甘露醇输完，同时要强调2~4 h内禁水。多数动物会在输液后的1 h内眼压出现明显下降，并且能够持续6 h，个别动物可以持续2~3 d。如果眼压仍不能得到很好控制时，可以每6~12 h重复输液一次，但总次数不应超过2~3次，并且要密切监视动物的水合作用。对于同时患有葡萄膜炎的青光眼病例，甘露醇的效果非常有限，最好不要使用。

按1~2 mL/kg口服甘油也是另外的一种选择，但由于经常会引起呕吐反应，在临床上使用也不广泛，可以和食物混合后口服，以减少不良反应。患有糖尿病的动物禁止使用甘油。

碳酸酐酶抑制剂可以在使用甘露醇的同时口服，但由于其明显的不良反应，所以在临床上使用时也要特别小心。目前不良反应相对小的碳酸酐酶抑制剂是醋甲唑胺，按2~5 mg/kg，每日2~3次。目前已经证实长期使用碳酸酐酶抑制剂可能会导致干眼症。

局部的紧急降眼压药物还有缩瞳类和β-受体阻断剂等，尽管使用了这些药物，多数情况下可能也很难控制眼压。笔者还经常使用 0.005%的拉坦前列腺素治疗犬的急性青光眼，多数情况下眼压会在15～30 min内下降。拉坦前列腺素对猫是无效的，而且还常常会引起其他的不良反应。

神经保护性治疗是当今小动物眼科医生使用的最新的治疗方法。在患有高血压的犬，动物眼科医生经常会使用氨氯地平（每天0.125 mg）阻断钙通道，从而控制高血压。

2. 维持治疗 当急性青光眼动物的眼压控制到正常范围时，就要想办法找到适当的药物长期维持正常的眼压。遗憾的是，多数临床的闭角型青光眼病例是很难长期通过普通药物控制住眼压的。但对于眼压小于50 mmHg或开角型青光眼病例用药物控制住眼压的可能性较大。

在当前小动物眼科中，单纯使用常规的抗青光眼药物是很难奏效的。多数动物眼科医生使用拉坦前列腺素结合碳酸酐酶抑制剂联合用药，效果比较理想，但多数病例随着时间的推移，还是会对药物产生耐受性。对于有视力的眼睛来说，使用药物控制眼压虽然可以推迟手术干预的时间，但是可能会对眼内结构造成更多的伤害。据国外的文献报道，犬在6个月内大约只有10%～25%的病例可以用药物控制眼压并保住视力。猫则只有15%的病例可以通过药物的治疗控制眼压。

3. 手术治疗 多数犬的闭角型青光眼是很难通过药物治疗的，最终选择何种手术方法需要特别斟酌。通常的手术方法主要是针对增加房水排出或减少房水产生而设计的，如小梁切除术、虹膜周切术、滤过手术、引流阀植入等都是针对增加房水排出的，但这些方法最终都不能将眼压长期控制在正常范围内，尽管个别的病例会成功。除此以外，睫状体冷凝术和睫状体光凝术是针对房水产生的。如果能将这两类手术联合进行，可能收到的效果会更好，眼压控制得会更理想。现阶段最常用的3种手术方法是睫状体光凝术、睫状体冷凝术和引流阀植入术，但多数是针对有恢复视力可能的动物。如果视力无法恢复，义眼植入术和眼球摘除术是最终的解决方案。

（1）减少房水分泌的手术 减少房水分泌手术又称睫状体破坏手术，以睫状体冷凝术、睫状体透热术、经巩膜微波睫状体破坏手术等为代表。

用不同种类的能量对睫状体进行破坏，使睫状体萎缩，房水生成减少，以达到降低眼内压的目的。该类手术在一定程度上会对眼球造成损伤，另外手术效果的预测性差，能量过小时睫状体上皮还能再生，达不到治疗的目的，能量过大则造成角膜内皮失代偿或白内障，甚至造成眼球的挛缩。尽管这类手术有很多局限性，但在兽医眼科临床上的应用还是比较广泛的，这是因为该手术操作相对简单，价格也不是非常高，并且可重复操作。由于本类手术的局限性，所以在操作前一定要和动物主人进行充分沟通和交流。

睫状体破坏术主要用于药物无法控制且视力还有恢复可能的原发性青光眼动物，也适用于为了控制疼痛避免眼球摘除的慢性青光眼动物。当动物患有继发性青光眼时，这种手术方法的效果很不理想。

近年来采用 Nd：YAG 激光或半导体二极管激光透巩膜或经瞳孔对睫状体进行破坏，尤其是后者对睫状体光凝的部位能量使用更小、更准确，在国外兽医眼科临床上已经广为使用。近年来发展的眼内窥镜结合眼内激光手术也开始用于兽医眼科临床。

① 睫状体冷凝术 睫状体冷凝术是睫状体破坏手术的一种，透过巩膜对睫状体进行冷冻，导致睫状体上皮细胞及其血管系统的破坏，使睫状体部分坏死，从而控制了房水的产生，降低了眼压。临床上无论是液氮还是二氧化碳都可以实现这样的目的，但是有些动物眼科医生更倾向使用液氮，因为冷冻效果更为确切，这可能是因为液氮的温度低于二氧化碳。

在进行手术前，一般要事先静脉注射地塞米松（0.1 mg/kg），这会在很大程度上控制继发的葡萄膜炎。在操作过程中，特别要避免冷冻头在3点钟和9点钟的位置进行冷冻。一般冷冻的中心位置位于巩膜后5 mm的地方（图9-24）。如果手术时动物眼睛已经是牛眼，冷冻的位置则应适当远离巩膜，多数动物眼科医生会在距角巩膜缘5.5～6 mm的位置。通常每个点冷冻的时间为2 min，冷冻的总点数为6～8个点。

睫状体冷凝术是一种操作简便、安全的手术，

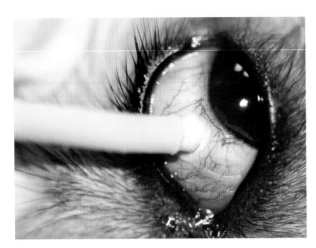

图9-24 睫状体冷凝术

一般无严重并发症。由于冷冻对组织的破坏，手术后的虹膜睫状体炎与剧烈的疼痛往往不可避免。血—房水屏障的破坏会引起房水成分的变化，因此可能在术后6～12 h出现眼压反跳性升高，术后36 h眼压开始逐渐下降。因此，在全身及局部应用糖皮质激素加强抗炎的基础上，继续进行局部与全身抗青光眼药物治疗，必要时应在原来基础上加量，在眼压下降后应逐渐减量。可以在此时使用1%的阿托品眼膏减轻睫状体痉挛及睫状体水肿，有助恢复血—房水屏障和缓解疼痛。

睫状体冷冻的效果一般在术后2～4周开始稳定，如初次冷冻无效，眼压仍然高于35 mmHg且伴有显著疼痛的表现，可考虑4周后重复冷冻。第二次冷冻可以与第一次的范围重叠1/2，总的冷冻范围不宜超过270°，以避免眼球萎缩。必要时可多次重复，但要事先考虑反复麻醉的风险。一定不要冷冻过度。冷冻后的位置出现充血会继发结膜炎或角膜炎，所以暂时的睑缘缝合术对保护角膜和结膜具有重要意义。

②睫状体光凝术　睫状体光凝术是利用激光对睫状体进行凝固、破坏，使其失去或降低房水生成的功能，达到降低眼压的目的。由于睫状体光凝术是一种破坏性治疗，所以多用于已丧失视力或视力很差的青光眼。Smith和Stien（1969）用Nd：YAG激光行经巩膜睫状体破坏术取得了较为满意的效果。此后亦有多种波长的激光（如693 nm红宝石激光）被用于进行睫状体破坏术。其中半导体激光具有成功率高、所用能量低、并发症少的特点，应用最为广泛。睫状体光凝术的治疗方法主要是经巩膜睫状体光凝术、经瞳孔氩激光睫状突光凝术和内窥镜下睫状突光凝术。

经巩膜半导体二极管激光睫状体光凝术是目前在兽医临床上应用最为广泛的接触性睫状体破坏性治疗（图9-25）。半导体激光是两种二极管结合形成、波长为810 nm的近红外固体激光，通过热效应发挥作用。使用接触技术时，半导体激光对巩膜穿透率可达到70%。睫状体光凝术较睫状体冷凝术对眼部组织的创伤更小，不良反应更少，造成低眼压的概率也更低。缺点在于成功率较睫状体冷凝术低。睫状体光凝术需要专业的、经验丰富的动物眼科医生才能完成。

（2）增加房水排出的手术　现阶段有很多种增加房水排出的手术方法（虹膜嵌顿术、角巩膜环钻术、巩膜切除术和睫状体分离术），有的可单独进行，有的需联合手术，但最终是将异常的眼压控制到正常的水平。这些手术方法从理论上主要是针对青光眼的根本问题，房水的产生和排出维持正常的水平时，就会减少了患青光眼时对角膜和晶状体造成营养不足的问题。人工的（带压力感受的）青光眼引流阀已经开始应用于兽医临床，主要是人为制造一个新的排房水的通道，但是这种方法最大的问题也是在引流阀周围形成纤维化的物质，最终导致房水排出困难（图9-26）。所以有些医生发现局部使用丝裂霉素C或5-氟尿嘧啶可以在一定程度

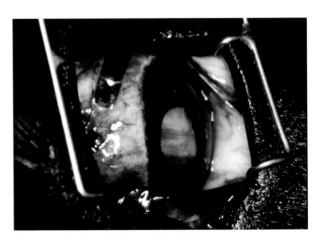

图9-25　经巩膜半导体二极管激光睫状体光凝术

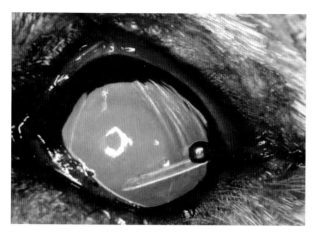

图9-26 青光眼引流阀植入术

上限制纤维化物质的形成。在手术的同时还需要同时配合抗青光眼的药物或限制睫状体产生房水的药物，这样才可能将眼压控制在比较合理的范围内。

（3）联合手术　联合应用睫状体破坏术与引流阀植入术，能够降低睫状体破坏术后眼压反跳性升高对视力的影响，同时也可改善术后营养不良导致的角膜和白内障，也为术后对眼压的控制减少了很多麻烦。据一份国外的调查资料显示，联合两种手术可以使超过50%的闭角型青光眼病例视力在一年内得以保护。联合手术也可以使已经失明或已经继发白内障动物的眼压在控制在正常范围内。

二、继发性青光眼的治疗

（一）晶状体异位

晶状体半脱位和晶状体全脱位经常会导致青光眼，但由于动物主人带宠物就诊的时间较晚，所以很难说是晶状体异位导致了青光眼，还是青光眼导致了晶状体异位。晶状体前脱位时要先想办法对健侧眼睛的房角进行观察，如果房角是关闭的，就算是将前脱位的晶状体摘除，术后眼压再次升高的可能性也是非常高的。所以手术前先要排除其他潜在的病因，再进行手术。将前脱位的晶状体摘除，除了可控制眼压外，还可解决对角膜内皮的损伤，减少对视神经的损伤，同时最大限度地恢复视力。

1. 急性晶状体前脱位　晶状体前脱位时需要手术将晶状体摘除，但临床医生在术前要充分分析术后的各种并发症。手术前晶状体或是玻璃体

的粘连，术后局部和广泛的角膜水肿和变性是不可避免的。由于眼压的反复升高，会导致房角的病理性变化、瞳孔阻滞和后粘连。由于最初的高眼压，大多数动物都会丧失视力，手术后一年内也可能会出现视网膜脱离等并发症。

对于慢性晶状体前脱位的病例，由于长时间导致的角膜水肿和瘢痕化，眼压恢复正常的可能性较小。如果已经失明，并且眼压仍然很高，笔者认为最好的办法就是进行义眼植入术。

2. 晶状体后脱位　很少将其摘除。

3. 晶状体半脱位　如果房角是开放的，又无法通过药物控制眼压时就应该将晶状体摘除。局部每天两次使用拉坦前列腺素，可能会将半脱位的晶状体控制在原位。因为拉坦前列腺素有很强的缩瞳和降眼压的作用。每日两次使用地美溴铵，可以保持动物的视力在3个月内不受损，80%的动物在一年内视力不损伤，58%的动物在两年内视力不损伤。

（二）葡萄膜炎继发的青光眼

葡萄膜炎继发的青光眼通常无法通过手术的方法控制，除非是因为白内障手术导致的虹膜粘连继发的青光眼。对于多数葡萄膜炎继发的青光眼，由于活动期的炎症，所以是非常疼的。如果还存在视力，并且不是因为感染造成的葡萄膜炎，一般我们建议使用糖皮质激素进行治疗。当葡萄膜炎继发了青光眼时，如果使用糖皮质激素可能会改善炎症对睫状体功能的影响，所以反而会造成房水产生得更多，在一定程度上会加重青光眼的症状。但是这种作用很轻微，与减轻睫状体炎症和缓解了房角引流的压力相比，这种作用可以忽略不计。

当发生前粘连或后粘连时，眼压又没有能够在最短的时间内得到控制，这种情况下保住视力就变得非常渺茫。如果房角并没有闭合，而且视力尚未丧失时，可以考虑使用激光在虹膜上打孔，这样就可以造成前后房的贯通，从而使房水可以排出。但如果出现周边虹膜前粘连，瞳孔伴随房角的闭合，这种方法的效果就非常有限了，因为并没有使房水排出的通路得到改善。有时可以使用粘弹剂将粘连的组织分开。当然也可以考虑青光眼引流阀的植入，但多数都会因为纤维素等将引流管堵塞。假如

已经丧失视力，并且动物还表现出明显的疼痛，可按照绝对期的青光眼进行治疗。

（三）眼内肿瘤继发的青光眼

在犬经常会出现因为虹膜和晶状体黑色素瘤导致的青光眼，但这种情况在其他品种的动物并不多见。多数病例都采用眼球摘除或义眼植入的手术方法。对于一些特殊的病例，可以考虑虹膜切除术、冷冻术或光凝术的方法对黑色素瘤进行治疗。当出现了肿瘤继发的青光眼，说明肿瘤的体积已经过大，这时治疗的效果也不会太好。如果是淋巴肉瘤导致的青光眼，一般通过全身的化疗和局部的治疗多数可取得不错的效果。通常我们都是通过使用义眼植入术的方法来解除动物眼内的肿瘤。

三、绝对期青光眼的治疗

绝对期青光眼是指青光眼发展到末期，动物表现视力丧失、眼球变大（牛眼）、眼压持续升高、多数眼内组织出现退行性变化、疼痛。尽管多数主人在动物患绝对期青光眼时不能觉察出动物处于疼痛状态，因为动物并没有因为疼痛表现出抓或蹭的行为，但实际上动物是非常疼痛的。当眼球摘除或义眼植入后，动物的活跃程度就会明显改善，从这点就足以证明动物在患有绝对期青光眼时是非常痛苦的。

1. 义眼植入术　如果从美观角度出发，毫无疑问义眼植入术要比眼球摘除术更好。在对眼睛进行仔细而全面的评估后（表9-3），从角巩膜缘附近切开眼球，将眼球内容物全部取出，只保留角膜和巩膜。最好对眼内容物进行组织学和细胞学检查，以此作为临床检查的证据，同时也避免了眼内感染和肿瘤的问题。在控制了出血后，将与健侧角膜直径相等的硅胶义眼植入即可（图9-27）。对于出现牛眼的病例，义眼的选择可能要大2～3 mm。义眼植入术的恢复期较眼球摘除要稍长。手术后全身使用非类固醇类药物可以控制术后眼睑和眼球的肿胀。在手术后的3～4周，扩大了的眼球就会挛缩到义眼的大小。在这期间，可能会出现角膜的新生血管和变性。根据眼内出血的多少，角膜最终会变成灰白色或黑色。临床医生应该在手术前就这些变化与动物主人进行充分沟通（图9-28，图9-29）。

表9-3　义眼植入术的适应证和并发症

适应证	并发症
慢性青光眼可能已经造成牛眼	眼内的肿瘤
避免眼球痨	眼内炎
外伤已经造成失明	角膜溃疡
慢性非感染性葡萄膜炎	老年角膜退行性角膜炎
	退行性角膜疾病

图9-27　左眼植入义眼后几乎与右眼没有任何区别，只是透过角膜看不到眼内的任何结构

图9-28　右眼义眼植入后角膜相对发白

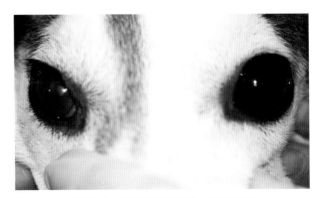

图9-29　义眼植入术后角膜颜色基本没有改变

2. 眼球摘除术

对于绝对期青光眼最实际的方法是进行眼球摘除，但是对于多数动物主人是很难接受的，特别是对于双眼患病的动物。眼球摘除术对于眼内的肿瘤、感染、深层角膜溃疡等都适用。在国外多在摘除眼球后，在眼眶内填充硅胶眼球，以防止术后眼

图9-30 左眼摘除眼球后眼眶内填充了硅胶眼球，以防止局部术后过度塌陷

眶区域的过度塌陷（图9-30）。

3. 药物破坏睫状体

对于失明且疼痛的青光眼病例来说，药物注射破坏睫状体是一种便宜且相对可靠的手术方法。多数临床医生都认为玻璃体内注射庆大霉素的剂量一般为15～30 mg，但同时也要抽吸出大约等量的玻璃体。眼内注射的剂量不要超过全身4.4 mg/kg的限量。多数情况下，眼压越高，眼内药物注射的量就更多。注射庆大霉素主要是用来破坏视网膜的功能，所以对于有视力的或有恢复视力可能的犬猫禁止使用这种方法。当患有眼内肿瘤等继发的青光眼时，这种方法也是禁止使用的。有时第一次药物注射失败可以进行第二次手术，但50%的病例效果仍然不理想。有些医生认为同时注射地塞米松会有助于控制眼压，但笔者认为效果并不明显。

药物破坏睫状体的主要问题是可能导致白内障、眼内出血、眼球挛缩。在治疗后的短时间内可能不会有明显异常，但是从长久来看会导致白内障和眼球挛缩。所以有些医生试图减少对睫状体的用药量，但最终效果很不理想。

四、预防性的治疗

直到最近，局部使用抗青光眼药物进行预防才被接受成为一种正确的方法。最新的研究发现使用不同的抗青光眼药物（马来酸噻吗洛尔、二氯苯二磺胺）可以使易感品种动物的另外一侧眼睛的青光眼发生时间向后推迟5～10个月。

参考文献：

Anderson D. 1980. Glaucoma: the damage caused by pressure. XLVI Edward Jackson Memorial Lecture American Journal of Ophthalmology, 108:484-495.

Biros DJ, Gelatt KN, Brooks DE, et al. 2000. Development of glaucoma after cataract surgery in dogs:220 cases（1987-1997）. Journal of the American Veterinry Medicine Association, 216:1780-1786.

Boeve M, Stades F. 1985. Glaucoom bij hond en kat, overzicht en kat, overzicht en retrospectieve evaluatie van 421 patienten. I Pathobiologische achtergronden, indeling en raspredisposities. Tijdschrift Voor Diergeneeskunde, 6:219-227.

Boeve M, Stades F. 1985. Glaucoom bij hond en kat.II. Klinische aspecten. Tijdschrift Voor Diergeneeskunde, 6:228-236.

Boeve M,Stades F. 1985. Glaucoom bij hood en kat. Ⅱ. Klinische aspecten. Tijdschrift Voor D iergeneeskunde, 6:228-236.

Cottrell B, Barnett K. 1988. Primary glaucoma in the Welsh Springer Spaniel. Journal of Small Animal Practice, 29:185-199.

Deehr A, Dubielzig R. 1998. A histopathological study of iridociliary cysts and glaucoma in Golden Retrievers. Veterinary Ophthalmology, 1:153-158.

Ekesten B, Bjerkas E, Kongesengen K, Narfstrom K. 1997. Primary glaucoma in the Norwegian Elkhound. Veterinary and Comparative Ophthalmology.

Gelatt K, GumG. 1981. Inheritance of primary glaucoma in the Beagle.

Gelatt K, Peiffer R, Gwin R, Gum G, Williams L. 1977. Clinical manifestations of inherited glaucoma in the Beagle. Investigative Ophthalmology and Visual Science, 16: 1135-1142.

Krahenmann A. 1978. Sekundarglaukome beim hund. Schweizer Archivfur Tierheikundle, 120:67-80.

Lannek E, Miller P. 2001. Development of glaucoma after phacomulsification for removal of cataracts in dogs:22cases（1987-1997）. Journal of the American Veterinary Medical Association, 218:70-76.

Lovekin LG. 1964. Primary glaucoma in dogs. Journal of the American Veterinary Medical Association, 145:1081-1091.

Magrane WG. 1957. Canine glaucoma. Ⅰ. Methods of diagnosis. Journal of the American Veterinary Medical Association, 131:311-314.

Magrane WG. 1957. Canine glaucoma. Ⅱ. Primary classification. Journal of the American Veterinary Medical Association, 131:372-374.

Martin C, Vestre W. 1985. Glaucoma, In : Textbooks of Small Animal Surgery, vol.2.D Slatter（ed）. WB Saunders, Philadelphia , pp. 1567-1584.

Miller PE, Schmidt GM, Vainisi SJ, Swanson JF, Hermann MK. 2000. The efficacy of topical prophylactic antiglaucoma therapy in primary closed-angle glaucoma in dogs: a multicenter clinical trial. Journal of the American Animal Hospital Association.

Peiffer R, Gelatt K. 1980. Aqueous humor outflow in Beagles with inherited glaucoma: gross and light michroscopic observations of the iridocorneal angle. American Journal of Veterianry Research, 41:861-867.

Quigley HA. 1993. Open-angle glaucoma. New England Journal of Medicine, 328:1097-1106.

Slatter M, Erb H. 1986. Effects of risk factors and prophylactic treatment on primary glaucoma in the dog. Journal of the American Veterinary Medical Association, 188:1028-1030.

Smith P, Brooks D, Lazarus J, Kubilis P, Gelatt K. 1996. Ocular hypertension following cataract surgery in dogs: 139 cases （1922-1993）. Journal of the American Veterinary Medical Association 209:105-111.

Spiess B, Bolliger J, Guscetti F, Haessing M, Lackner P, Ruehli M. 1998. Multiple ciliary body cysts and secondary glaucoma in the Great Dane: a report of nine cases. Veterinary ophthalmology, 1:41-45.

van der Linde-Sipman JS. 1987. Dysplasia of the pectinate ligament and primary glaucoma in the Bouvier des Flandres dog Veterinary Pathology, 24:201-206.

Walde I. 1982. Glaukom beim hunde.Ⅳ.Mitteilung. Klenintier Prasis, 27:387-410 .

Weinreb RN , Levin LA. 1999. Is neuroprotection a viable therapy for glaucoma? Archives of Ophthalmology, 117: 1540-1544.

董 轶 博士（北京芭比堂动物医院）

第十章 | 晶状体病

第一节 晶状体的解剖和生理

晶状体是一透明、无血管、前表面较平坦，后表面较凸的两面凸结构（图10-1）。前表面的中心是前极，后表面的中心是后极。晶状体位于眼后房，在虹膜后表面和玻璃体前表面之间，晶状体后表面挤压中央区玻璃体前表面形成一个小凹（图10-2）。晶状体圆周的区域称为赤道部，小带纤维在此连接晶状体和睫状体，附着于晶状体赤道部的晶状体囊膜上。

晶状体由晶状体皮质和晶状体核组成，靠近晶状体囊的区域称为皮质，靠近中央的区域称为核（图10-3）。晶状体在一生中都处于不断生长之中。晶状体纤维由赤道部的晶状体上皮细胞产生，新形成的细胞逐渐将旧的细胞向中心区挤压。这些层的排列都比较规则，并且使用裂隙灯检查是可透光的。

晶状体在赤道部由悬韧带牵拉。晶状体的小带纤维与睫状体相连，睫状肌的收缩与松弛通过小带纤维带动整个晶状体厚度的变薄或增厚，从而改变

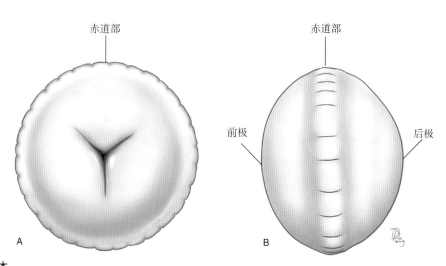

图10-1 犬晶状体
　　A.正面观可以Y形缝合线和赤道部的边缘　B.外侧观可见前后极和赤道部，后极较前极略凸

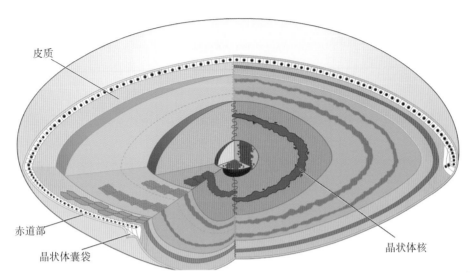

皮质

赤道部

晶状体囊袋

晶状体核

图10-2　晶状体的结构

图10-3　去掉角膜和虹膜后的晶状体及晶状体小带的电镜扫描图像
摘自Ocular Anatomy and Teratology. Harper and Row, Philadelphia

其屈光度。晶状体弹性下降和睫状肌功能减退时，眼的调节能力就会下降。

一、晶状体的组成

1. 晶状体囊　晶状体囊是包裹在整个晶状体外面的一层透明、具有弹性的信封囊状结构，主要由Ⅳ型胶原、硫酸软骨素、纤维蛋白组成。与其他基底膜不同的是，晶状体囊始终都在产生，而且不同部位的厚度也不同，其中赤道部最厚，后极最薄。临床上根据囊膜与赤道的相对位置分为前囊和后囊，赤道前为前囊，由其下的晶状体上皮细胞分泌形成；赤道后为后囊，由拉长的皮质细胞生成。

2. 晶状体上皮　晶状体的上皮细胞位于前囊下，由单层的立方上皮构成，向后延续到赤道后约1 mm处，是晶状体中代谢最为活跃的部分。由于在胚胎发育过程中后部上皮细胞已形成原始的晶状体细胞，故出生后晶状体后囊下没有上皮细胞。

3. 晶状体纤维　晶状体是由同心性晶状体纤维组成的，并且按照一定的规律逐层排列。每一条纤维为一个带状细胞，这种纤维细胞由赤道部的晶状体上皮细胞产生，新形成的细胞排列整齐并组成了晶状体的皮质，随着年龄的增大，不断将旧的细胞向中心挤压形成晶状体核。皮质位于囊膜与晶状体核之间，晶状体核位于晶状体的中心。当动物进入老龄阶段时，核与皮质就更容易分清了，因为这时候形成了晶状体的核硬化（图10-4）。

晶状体纤维从赤道部向前极和后极延伸，但并不是所有的晶状体纤维都交汇在前极或后极，所以当这些纤维与对侧的纤维交汇时就形成了Y字形的缝合线（图10-5）。当晶状体发展成为白内障

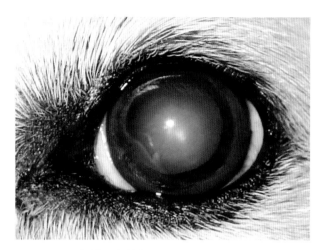

图10-4　老年性晶状体核硬化

图10-6　白内障形成的典型Y形缝合线

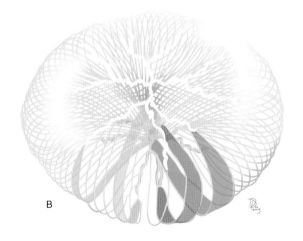

图10-5　胚胎和成年时晶状体纤维的结构和晶状体细胞
　　　　的排列
　　　　A.胚胎期　B.成年时

时，就可以清楚地看到很明显的Y字形结构，从前部看是个正的Y字形，从后面看则是倒Y字形（图10-6）。

二、晶状体的代谢

晶状体是一单纯的上皮细胞结构，无血管和神经组织，其营养来自房水和玻璃体，主要通过糖的无氧酵解途径获取能量。葡萄糖可以通过单纯扩散和易化扩散两种途径经由房水进入晶状体，90%～95%的葡萄糖进入晶状体后经己糖激酶催化，变成6-磷酸葡萄糖，其中80%的6-磷酸葡萄糖被无氧酵解，10%的6-磷酸葡萄糖进入磷酸己糖途径生成磷酸戊糖；另一部分进入晶状体的葡萄糖通过山梨醇途径生成果糖。晶状体内的低氧环境限制了葡萄糖的有氧酵解。在糖的代谢过程中有各种酶和辅酶参与维持正常的代谢通路，使晶状体正常生长和保持它的透明性。某些关键酶活性或含量的改变，会产生代谢紊乱，导致各类晶状体疾病的产生，如晶状体内醛糖还原酶活性升高，糖代谢异常，晶状体内产生多元醇的积聚可引发糖性白内障。晶状体细胞的代谢是自我调节的，正常的代谢活动是保证其透明性、完整性和光学性能的前提。晶状体囊及其上皮细胞通过"泵"的主动转运和扩散作用与房水和玻璃体进行物质交换。

晶状体由较多的蛋白质和水分构成（35%的蛋白质和65%的水分），仅有很少量的矿物质。晶状体内的蛋白质分为可溶性蛋白、晶状体蛋白和不可溶性蛋白。当发生白内障时，晶状体蛋白转变成多肽和氨基酸就可以通过晶状体囊进入到前房或后房。因为这些小分子物质不能被机体免疫系统所识别，从而会导致炎性反应，也就是晶状体导致的葡萄膜炎（LIU）。

第二节　晶状体的疾病

晶状体病理性的改变多数都会影响到晶状体的透明性，在临床上晶状体大小、形态、位置等的变化都会引发晶状体的病变。

一、先天性晶状体疾病

1. 晶状体缺失　晶状体缺失是指先天无晶状体。该病在临床上非常罕见，但发生时经常与其他眼部异常和畸形同时发生。晶状体对于角膜和玻璃体的发育至关重要，所以晶状体缺失直接会导致视网膜的皱褶，并且使眼球发育受限。继发的晶状体缺失是指晶状体的退行性变化、重吸收或脱落，一般不会伴发眼睛的其他严重异常。

原发型晶状体缺失没有组织病理学检查是很难确诊的，因为没有瞳孔，同时角膜混浊，妨碍瞳孔区的检查。当眼睛的其他异常影响直接的检查时，就需要借助B超进行诊断。晶状体缺失是没有办法治疗的，应建议动物主人不要留作种用。

2. 小晶状体　小晶状体（晶状体小）在临床上并不常见，或许可能和晶状体位置的异常有关。正常的眼球可能发生小晶状体，也可能晶状体和眼球成比例缩小（小眼球）。一般认为比格犬小眼球具有遗传倾向。小晶状体可能与球型晶状体有关（圆的晶状体）。猫小晶状体的发生率比犬低，多数报道的猫小晶状体都发生在暹罗猫。

小晶状体的动物经常在出生的时候就已经患有白内障。很容易在散瞳的时候观察到小晶状体的赤道部，在猫甚至可见被拉长的睫状突（图10-7）。小晶状体经常伴随着晶状体的异位，如果不出现晶状体前脱位或半脱位则无需治疗。

3. 晶状体缺损　晶状体缺损是晶状体赤道部的先天性缺损。这种现象在临床上不常见，临床症状也不典型。散瞳时，可见晶状体的赤道部非常平坦。要注意与晶状体半脱位时的新月形晶状体相区别，新月形晶状体的边缘是圆的，而晶状体缺损的边缘是平的。

4. 圆锥晶状体　圆锥晶状体是指发生在晶状体前极或后极突出（圆锥晶状体是指球面的突出）。在犬的前后极都可能发生，但是在后极发生的情况更常见。这种情况晶状体多数是稳定的，但存在导致晶状体后囊穿孔的可能。后极的圆锥晶状体多伴随永存原始玻璃体增生症。没有裂隙灯，很难观察到原发性圆锥晶状体。突出的晶状体可能透明也可能混浊，多数是单侧发生的。

任何品种的犬都可能会发生圆锥晶状体，但在哈士奇犬最常见，且经常伴发后极型白内障。当眼部存在其他病变时，也可能会发生圆锥晶状体，特别是存在永存原始玻璃体增生症。

除了会引起晶状体后囊下皮质性白内障外，多数情况下圆锥晶状体不会导致任何问题。圆锥晶状体的后囊非常薄，最薄弱的区域就可能发生穿孔导致晶状体蛋白进入到玻璃体内，引起严重的晶状体导致的葡萄膜炎，导致反复性眼内炎。当发生这种问题时摘除眼球或眼内注射药物是最好的选择。

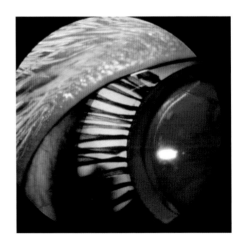

图10-7　暹罗猫先天性小晶状体，可见被拉长的睫状突
摘自美国佛罗里达兽医学院Dennis Brooks

第三节 白内障

白内障是晶状体透明性发生改变导致的一类疾病，无论是晶状体本身还是晶状体囊袋混浊。晶状体混浊的大小、程度、形状、病因、位置和发展速度各有差异。

一、白内障的分类

晶状体位于眼内液体环境中，任何影响眼内环境的因素（代谢、遗传、炎症、药物等）都可以直接或间接破坏晶状体的组织结构，干扰正常代谢而使晶状体混浊。此外，晶状体或眼球的发育异常，及某些先天性全身性综合征，都可以导致晶状体的异常而发生白内障。

根据不同的分类方法，白内障可以被分成如下几类：

1. 根据解剖位置的不同 可分为前囊、前皮质、赤道部、核前、胚胎核、核后、后皮质、后囊、轴心、缝合线。

2. 根据年龄的不同 可分为先天的、新生儿的、未成年的（小于5~6岁）和老年的。7岁以上的动物可能会出现晶状体正常的生理变化，我们称之为核硬化，应该与老年性白内障相区别。所有的老龄动物的晶状体都会出现晶状体核硬化的现象，在光照下呈现灰白色外观，非常类似老年性的白内障，所以要会加以区分。

3. 根据白内障发展的阶段或混浊的程度 这是在临床上最常用的分类方法，但存在一定的随意性。

（1）初发期 是指晶状体仅有少量的混浊，动物主人并不能发现（图10-8）。

（2）未熟期（肿胀期） 晶状体出现更多的混浊，但仍然可以看到眼底的脉络膜毯的反射，视力仍然存在（图10-9）。

（3）成熟期 皮质的彻底混浊，所有的光线都不能到达眼底，脉络膜毯反射消失，动物已经失明（图10-10）。强光可能还能勉强通过晶状体，但已经不能完整地形成影像。瞳孔光反射和瞬目反射依然存在，但威胁反射已经消失。成熟期的白内障多会发生肿胀。

（4）过熟期 晶状体因为水分继续丢失而体积变小，囊膜皱缩，表面有钙化点或胆固醇结晶（图10-11），前房加深。晶状体纤维分解，液化成乳白色颗粒（Morgagnian小体），棕黄色的核因重力而下沉，称为 Morgagnian 白内障（图10-12）。皮质液化后使核下沉，可能让动物的视力突然有所提高。因为囊膜的变性或晶状体核的撞击，会使囊膜的通透性增加甚至破裂，液化的晶状体皮质溢出，会造成继发性葡萄膜炎。

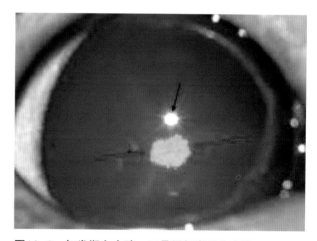

图10-8 初发期白内障，只是局部出现白内障

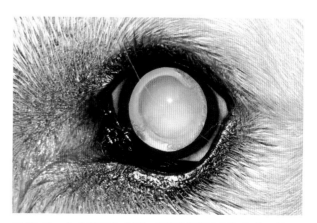

图10-9 未成熟期白内障，还可以看到脉络膜毯反射

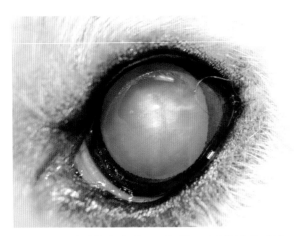

图10-10　成熟期白内障，已经看不到脉络膜毯反射

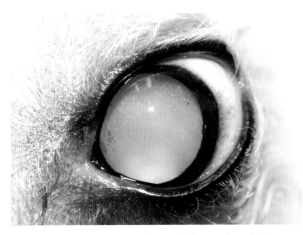

图10-11　过成熟期白内障，晶状体已经出现液化

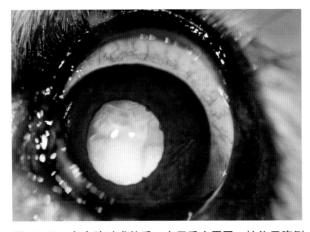

图10-12　白内障过成熟后，由于重力原因，核位于腹侧

4. 根据病因　很多病因都可能导致白内障，但是在临床上很难确定哪个原因导致了白内障。

二、白内障的病因

1. 遗传性白内障　遗传性白内障在犬非常常见，但在猫却很少见。遗传性白内障可能发生在胚胎阶段，也可能发生在青年阶段，也可能发生在老年阶段。多数呈隐性遗传（表10-1），但也有呈显性遗传的。多数遗传性白内障发生在青年期（<6岁）。多数青年期的白内障会渐进发展，最终会导致失明。

遗传性白内障大多数都是根据典型的外观和发病时间及品种而假设的，很少有人根据基因定性地诊断。对于动物主人来说，一般很难知道自己犬的父母、同窝犬是否也存在白内障，所以很难确定是否有品种遗传性。据Gelatt和Mackay从1964年到2003年间积累的数据发现，有品种遗传倾向的犬种数量增加了255%，其中最常见的品种是光毛猎狐㹴（11.7%）、哈瓦那犬（11.6%）、比熊犬（11.5%）、波士顿㹴犬（11%）、小型贵宾犬（11%）、丝毛㹴犬（10%）、玩具贵宾犬（10%）。出现白内障最多的品种包括：波士顿㹴犬（11%）、小型贵宾犬（11%）、美国可卡犬（9%）、标准贵宾犬（7%）、小型雪纳瑞犬（5%）。需要强调的是，这些白内障并不一定都会导致失明。

2. 先天性白内障　先天性白内障从胎儿时期就开始出现，随着年龄的增大可能会消失，可能会很稳定，也可能会发展。这种定义的方法并没有特指白内障的发展程度或是否会出现失明的现象。先天性白内障可能是遗传造成的，也可能是在胚胎时期出现的。先天性白内障有可能只是唯一的眼睛异常（原发），也可能同时伴发于眼睛的其他先天性异常（继发），如很多患有小眼球症的动物同时患有先天性白内障。病因不同临床症状也存在差异，如果是单一的皮质型白内障，通常随着年龄增大，新生的晶状体纤维会迫使白内障向中央区聚集（核），这时可能会使白内障消失。前囊和后囊型白内障通常比较稳定，一般不会发展。这种类型的白内障主要是因为在胚胎时期永久晶状体组织膜（PTVL）留下的遗迹所致。如果在后囊上发现有血管的残存，主要是因

表10-1 品种遗传性白内障的临床表现

品种	遗传性	发病年龄	最初的位置
犬			
阿富汗猎犬	常染色体隐性遗传	6~12月	赤道部/后皮质
美国可卡犬	常染色体隐性遗传/多基因	6月	前/后皮质
比熊犬	常染色体隐性遗传	2岁	前/后皮质
波士顿狭犬	常染色体隐性遗传	先天	核/后皮质
	尚不明确	3~4岁	赤道部/前皮质
芝比克湾猎犬	不完全显性遗传	6月~6岁	皮质/核
英国可卡犬	尚不明确	先天	双侧前囊
恩特雷布赫山犬	常染色体隐性遗传	1~2岁	后皮质
德国黑背犬	不完全显性遗传	8岁	皮质/后缝合线
	常染色体隐性遗传	8周	后缝合线发展到核
金毛巡回犬	不完全显性遗传	6月	后囊膜下
		先天	
拉布拉多犬	不完全显性遗传	6月	
		先天	
小型贵宾犬	尚不明确	2~6	岁皮质
小型雪纳瑞犬	常染色体隐性遗传	先天	核/后皮质
	常染色体隐性遗传	6月	后皮质
挪威牧羊犬	常染色体隐性遗传	大于10月	核/皮质
老式牧羊犬	常染色体隐性遗传	先天~2岁	皮质/核
罗威纳犬	尚不明确	大于10月	前后极，皮质
斯塔福郡斗牛狭犬	常染色体隐性遗传	6月	后缝合线/皮质
标准贵宾犬	常染色体隐性遗传	1岁	赤道部皮质
威尔士柯基犬	常染色体隐性遗传	先天	核/后皮质
西高地白狭犬	常染色体隐性遗传	先天	核/后缝合线
猫			
喜马拉雅猫	常染色体隐性遗传		

摘自Davidson MG, Nekns SR. 1999. Gelatt KN：Veterinary Ophthalmology, 3rd ed.

为胶质细胞或瘢痕的附着，我们称之为永久增生性晶状体组织膜（PHTVL）。

3. 获得性白内障

（1）低血钙性白内障 副甲状腺功能低下导致了低血钙、产后低血钙和幼犬严重营养不良，从而导致在晶状体前后囊出现点状混浊。这种混浊一般不会发展，所以也不会导致失明。这一发病机制主要是因为细胞外钙离子水平的改变导致晶状体细胞膜的通透性发生了改变。

（2）营养缺乏性白内障 长期饲喂犬猫婴儿的奶粉可能导致精氨酸的缺乏，从而导致了白内障的发生。在一些饲喂自制食物或羊奶的宠物，也可见到白内障的发生。据报道，在幼猫或幼犬经常出现营养缺乏性白内障，但是在断奶后，这种现象就很少再发生。尽管在商品代乳品中添加了额外的精氨酸和蛋氨酸，但并没有完全阻止营养缺乏性白内障的发生。重要的是在临床中，要将此类白内障与遗传性白内障进行鉴别诊断。这种营养缺乏性白内障的典型症状是幼犬的后皮质型白内障和后缝合线，在动物成年后变成了核性白内障。

（3）外伤性白内障 眼球钝挫伤、穿透伤、辐射性损伤或电击伤等外伤引起的白内障都称为外伤性白内障。在临床上最常见的是因为猫抓伤所导致的白内障。最常见的症状是晶状体囊袋破裂后导致了严重的眼内炎症反应。有时不能立刻发现晶状体的损伤，可能在外伤发生后很久才能被发现，但可以从相对应的角膜的损伤来推断引发白内障的可能原因。当然最终判定是否为外伤性白内障，还要依靠动物主人病史的叙述。

（4）继发性白内障　在临床上继发性白内障一般都是比较麻烦，我们通常称之为复杂性白内障，常见的原因有葡萄膜炎、青光眼和视网膜变性。

葡萄膜炎继发白内障是因为发生葡萄膜炎时或多或少都可能会发生轻微的后粘连，导致了晶状体囊膜的变化，或因为炎症导致了晶状体营养的改变。如果葡萄膜炎很快消失，晶状体受到的影响可能不会太严重，如果葡萄膜炎复发，则多数晶状体就会发生白内障。葡萄膜炎继发的白内障在猫的发病率高于犬（图10-13）。

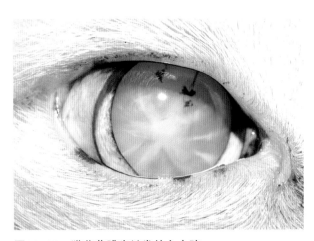

图10-13　猫葡萄膜炎继发的白内障

在某些患有进行性视网膜萎缩（PRA）的病例最终也会发生白内障，这或许是因为发生进行性视网膜萎缩时，视网膜释放出一些特殊物质或因为基因的问题导致了白内障的发生。这种类型的白内障和遗传性白内障从外观看很难区分。在临床上这也就是我们经常需要在术前进行视网膜电图检查的重要原因之一。

青光眼继发白内障的原因到目前尚不清楚，但慢性青光眼确实会导致白内障的发生。有人认为是发生慢性青光眼时，房水循环不畅会产生一种对晶状体有毒的物质。还有人认为可能是因为眼压的持续升高影响了晶状体上皮的功能。由于这些因素，再加之治疗青光眼时使用的药物和手术的干预，最终导致了白内障的发生。

（5）糖尿病型白内障　糖尿病型白内障可能会因为食入过多的糖类（半乳糖、木糖、葡萄糖）或糖尿病导致的血糖的升高。在临床上，犬比猫更容易出现糖尿病型白内障。晶状体最初发生变化时是可逆的，但当晶状体纤维从晶状体囊袋膨出的时候，就会导致晶状体永久性混浊。糖尿病型白内障一般发展得非常快（几天到数周）。

糖尿病时血糖升高，进入晶状体内的葡萄糖增多，已糖激酶被饱和醛糖还原酶活化，将葡萄糖转化为山梨醇并在晶状体内蓄积，使细胞内渗透压升高，晶状体纤维吸水肿胀而混浊，晶状体纤维就可能从囊袋中膨出。假如晶状体纤维膨出，就会发生不可逆转的白内障。如果血糖水平在晶状体混浊的阶段能得以控制，晶状体还可能恢复透明。细胞形态的改变可能导致晶状体细胞膜的代谢异常。晶状体内氧化物质和自由基过多也会引起晶状体的氧化损伤及生化改变。

年轻的犬更容易被怀疑是糖尿病型白内障。通常白内障是从前后缝合线处开始，然后逐渐发展到赤道部，再发展到前后皮质。这一步骤最终会导致皮质完全混浊。试验表明，抑制醛糖还原酶的活性有可能控制糖尿病型白内障的发展。

（6）老年型白内障　无论是我们人类还是动物，都可能在老年时出现老年型白内障，这是生命的正常发展过程。这些老年型白内障经常发生于老年性的核硬化。晶状体的混浊一般从核向皮质扩散，最终导致整个晶状体都出现混浊，形成成熟期老年型白内障（图10-14）。老年型白内障一般发展很缓慢，多数要持续数年才能成熟。

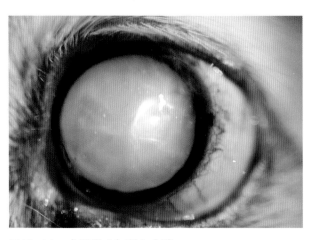

图10-14　成熟期老年型白内障

据国外文献报道，当犬年龄到达13.5岁的时候，几乎都会出现不同程度的白内障。据David J.Maggs等统计，犬在9.4岁时，大约会有50%的犬出现不同程度的白内障，猫在12.7岁时，也有50%的猫会出现不同程度的白内障。

三、白内障的诊断

【病史】白内障对视力影响的大小取决于白内障的位置和混浊的程度。当瞳孔散大时，在视轴中央的小白内障对视力的影响就非常有限。所以有些动物主人就会发现宠物在阴天或多云的时候，视力反而比大晴天还好，这是因为在阴天或多云时，瞳孔相对散大，宠物可以从白内障的周围看到外面的世界。

晶状体混浊的程度决定了对视力影响的大小，小的点状混浊对视力的影响就很轻微。当晶状体出现弥漫性混浊时，对视力的影响就非常明显了（未成熟的白内障）。但是，有时直到双眼都出现完全成熟的白内障时，动物主人可能才发现对视力的影响。多数动物主人直到发现动物的行为改变时，才发现动物视力减退或彻底失明（如撞到陌生的物体或抓不到球了）。这种现象在双眼都受到影响的时候会很明显。对于单侧眼受到影响时，这种现象不明显。这样的病例是主人在晚间瞳孔散大时才发现的。

另外一点特别需要考虑的是动物在白内障发展的过程中，夜间的视力如何可能会用于判定是否出现了进行性视网膜视锥和视杆细胞的变性。因为在临床上很多品种动物在患有白内障的同时可能也患有进行性视网膜萎缩的疾病。临床常见的犬种有小型贵宾犬、拉布拉多犬和玩具贵宾犬。由于这两种病可能发生于任何犬种，所以不能单纯从病史进行判断，需要进行眼底镜和视网膜电图的检查才能最终确诊。特别是在进行白内障手术前，这些检查必不可少。

【临床表现】晶状体检查是全面眼科检查的重要内容。一般情况下需要散瞳后才能彻底评估晶状体的状况，否则就可能被忽略赤道部的皮质周围和囊袋的混浊。瞳孔散大后也才能更准确地将老年性晶状体核硬化和真正的白内障进行区分。一般在

临床上使用1%的复方托吡卡胺两次，间隔5 min左右，然后等20 min就可以将瞳孔散开。检查时双眼都需要进行检查。

在一间暗室用聚焦的光源就可以完成常规的评估，如果有专业的眼科检查设备（如裂隙灯）就会在早期发现白内障的存在。通常情况下，混浊开始于赤道部、前后囊袋下，同时出现Y字形缝合线（图10-15）。不同品种动物的遗传性白内障在最初都有一定的发生部位和特征性发展速度（如从囊袋下到核或从赤道部到皮质的混浊等），但是无论病变的部位在何处，最终混浊多数都会由未成熟发展到成熟性白内障。

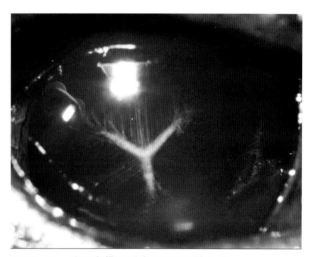

图10-15　前后囊袋同时出现Y字形缝合线

目前我们对动物晶状体混浊分类是根据美国国家眼科研究所制定的一种分类方法，用于活体白内障分类以判断晶状体混浊的范围和程度，已广泛用于白内障研究、流行病学调查和药物疗效评估等。其方法是将瞳孔散大后，使用裂隙灯和后照法来区别晶状体混浊的类型，即核性（N）、皮质性（C）和后囊下（P），以及核的颜色（NC）。通过与相应的一组标准照片进行比较，记录相应的等级（表10-2）。

正确评估晶状体核硬度对于超声乳化术选择适应证和手术的方式有重要意义。在临床上，根据核的颜色进行分级，最常用的为Emery核硬度分级标准。该标准将核硬度分为以下5级（表10-3）：

表10-2　晶状体混浊分类标准

晶状体部位	混浊情况	分类
核	透明	N0
	早期混浊	N1
	中等程度混浊	N2
	严重混浊	N3
皮质	透明	C0
	少量点状混浊	Ctr
	点状混浊扩大，瞳孔区内出现少量点状混浊	C1
	车轮状混浊，超过两个象限	C2
	车轮状混浊扩大，瞳孔区约50%混浊	C3
	瞳孔区约90%混浊	C4
	混浊程度超过C4	C5
后囊膜下	透明	P0
	约3%混浊	P1
	约30%混浊	P2
	约50%混浊	P3
	混浊程度超过P3	P4

表10-3　晶状体核硬度分级表

晶状体核硬度	特征
1度	透明，无核，软性
2度	核呈黄白色或黄色，软核
3度	核呈深黄色，中等硬度核
4度	核呈棕色或琥珀色，硬核
5度	核呈棕褐色或黑色，极硬核

四、白内障的治疗

1. 药物治疗　在白内障的早期阶段，或白内障只影响到视轴部分时，通过使用散瞳的药物可能会在一定程度上改善视力。对于糖尿病型白内障，使用醛糖还原酶抑制剂可能会有一定的作用，虽然这些药物在一定程度上能延缓或阻止白内障的发展，但到目前为止还都处于试验研究阶段。

抗氧化药物（如谷胱甘肽）也已经被证实对犬有阻止白内障发展的作用。其他的一些辅助营养类药物，如维生素C、E和钙、镁等也都可能会在一定程度上延缓白内障发展。市场上也有很多宣传能够治疗白内障的药物，但尚未在临床治疗中得到证实，所以动物主人不相信这些药物能够治疗白内障。相反，任何尝试这些药物的治疗，最终都会耽误治疗白内障手术的最佳时机，甚至会耽误治疗白内障继发的葡萄膜炎，最终导致动物的彻底失明。所以尽早诊断，尽早将动物转诊，是治疗白内障继发葡萄膜炎和进行白内障手术的最好办法。

2. 手术病例选择　过去认为白内障成熟期为手术的最佳时期，其实并不是所有的白内障动物都适合进行手术。在白内障手术前，必要的检查是保证手术成功必不可少的条件：

（1）术眼应该有明显的视力受损　对于动物眼科医生来说，一般有一个判定手术最佳时机的标准。在白内障未成熟阶段就进行手术从技术角度来讲会比较容易，并且术后的并发症也会更少。但问题在于，没有明显影响视力时进行手术，万一出现了并发症，最后就会比较麻烦。但也不能等到白内障严重成熟的阶段再进行手术，因为那时继发的葡萄膜炎就可能会使预后变得很难预测。有一点可以肯定的是，未成熟白内障手术的成功率远高于成熟白内障手术的成功率。

（2）视网膜功能评估　我们进行白内障手术的主要目的是复明，所以在手术前对视网膜功能的评估就是必不可少的一项重要工作。如果白内障尚未完全成熟，动物眼科医生可以用眼底镜对视网膜进行检查，但如果白内障已经成熟，则需要借助视网膜电图（ERG）对视网膜功能进行评估。由于视网膜变性会发生在任何品种动物，所以在准备进行白内障手术前，我们都要对其进行视网膜电图的评估。单纯靠瞳孔光反射、病史、瞳孔收缩的速度不能确切知道视网膜的视锥细胞和视杆细胞有无发生变性。

（3）控制葡萄膜炎　应该控制好术前晶状体导致的葡萄膜炎后才能进行手术。任何形式的睫状充血、前房积脓、前房积血、房水闪辉、瞳孔缩小和虹膜颜色改变都说明存在葡萄膜炎。这些都需要全身给予糖皮质激素或非类固醇类药物进行控制。如果术前患有葡萄膜炎，无论短期还是长期来看，术后发生并发症的概率会大大增加。

（4）排除眼部其他潜在疾病　比如有干眼症或角膜溃疡的存在，都应该先经过一段时间治疗后，待病情稳定后再进行手术。对于老龄动物，出现视网膜脱离、玻璃体液化或小带不稳定等问题时，都可能在术后造成严重的并发症，为了最大限度减少这些问题的发生，手术前我们还需要对很多动物进行眼部B超检查，以排除这些问题。如果术前存在这些潜在的问题，有经验的动物眼科医生就会在进行白内障手术的同时，对这些问题进行早期干预。

（5）血常规和生化检查　动物全身的状况应该基本正常，这些都需要通过术前的血常规和生化检查进行排查。

（6）术前和术后的局部用药　对于不能配合滴眼药的动物来说，白内障手术后出现并发症的概率就非常大，一般这种情况不建议进行手术。另外，动物主人在手术回家后有无时间继续给动物用药也对手术最终的成功起到了非常关键的作用。

（7）定期复查　动物主人在手术后还要定期带动物来医院进行复查，需要定期检测青光眼、葡萄膜炎等问题，还会发生持续的费用，这点也需要在手术前提前告知动物主人，这是保持动物视力持续向好的重要环节之一。如果动物主人做不到这些，手术后发生并发症的风险就会很高。

（8）老龄动物　对于老龄动物的主人来说，必须了解老龄动物的各系统功能都在逐渐衰退，无论是运动功能还是反应能力，这些都可能会影响白内障手术后的表现，尽管手术进行得非常成功，也

有可能达不到动物主人所期望的那样（像年轻动物那样活波）。

3. 手术治疗　不同医生使用不同的囊外摘除术，这种不同表现在动物保定的方式不同，手术切口的位置不同，晶状体前囊打开的位置不同，去除晶状体的方法不同，注吸晶状体碎片的方式不同，是否安装人工晶状体，切口缝合方式不同和重建前房的方式的不同。但现阶段已经很少使用最传统的前囊开口方式，除非在超声乳化过程中由于晶状体过硬而不得不改变回原有的手术方式。

目前在临床上比较常见的4种手术方式如下。

（1）挑开和注吸术　挑开和注吸术包括将角膜和晶状体前囊切开，然后用灌注和注吸的方法清除囊袋内的囊袋内容物（图10-16）。这种方法主要适用于幼龄动物和小眼球的动物，特别适用于爬行动因为常规的仪器过大所以无法完成。

（2）囊外摘出术　是将混浊的晶状体核和皮质摘出而保留晶状体后囊的术式。手术时在角巩膜缘和晶状体前囊分别做180°切开，用晶状体环将核、皮质全部取出，然后再将残留的皮质和晶状体碎片冲洗出来（图10-17）。晶状体后囊保留完整，这样避免了玻璃体的脱出及其引起的并发症，也减少了对眼内结构的干扰和破坏，同时也为顺利植入人工晶状体创造了条件。目前，这种方法已经

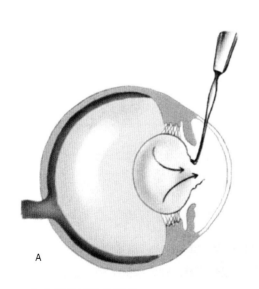

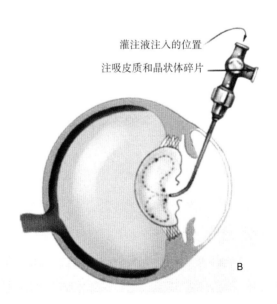

灌注液注入的位置
注吸皮质和晶状体碎片

图10-16　白内障挑开和注吸术
A. 挑开前囊　B. 注吸内容物

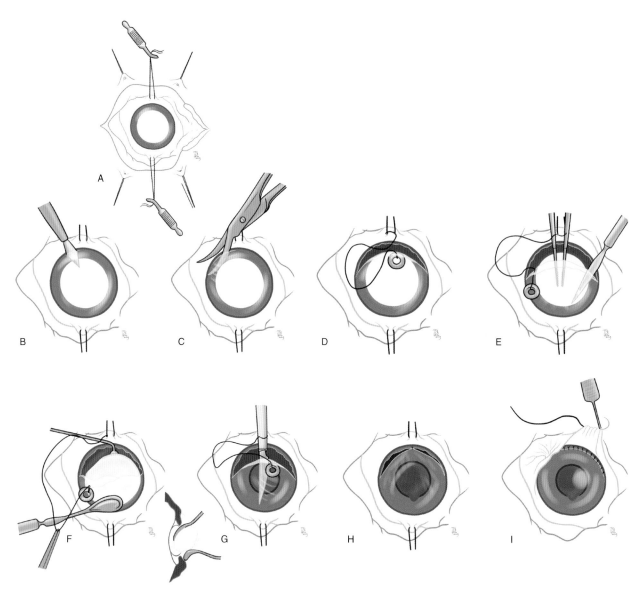

图10-17 从角巩膜缘的切口开始白内障囊外摘除手术

A. 外眦切开的同时用4-0丝线四周固定眼球 B. 在角巩膜缘切开 C. 使用左右角膜剪切开角膜 D. 用8-0的可吸收缝线在12点钟位置穿透角膜后反向固定，避免术中器械对角膜内皮的损伤 E. 用撕囊镊固定晶状体前囊后，用维纳斯剪剪开前囊并将其取出 F. 在晶状体皮质与后囊间注入粘弹剂，使其分离，然后用剜核器将其剜除，注意在操作过程不要接触任何角膜的内皮 G. 如果术中不小心碰到了虹膜，可以采取紧急的虹膜切开术暴露晶状体 H. 预留在角膜的缝线将伤口闭合，一般结节缝合，缝合线间距1 mm I. 做结膜瓣覆盖在伤口处有利于伤口的愈合，前房内可以注入气泡保证前房有足够的深度

广泛为超声乳化的方法所替代。但由于术中保留了晶状体后囊，所以后囊膜很容易发生混浊，形成后发性白内障。

（3）超声乳化白内障吸除术 是应用超声波能量将混浊的晶状体核和皮质乳化后吸除，并保留晶状体后囊的手术方法。手术切口一般位于角巩膜缘的透明角膜，切开透明角膜2～3 mm后，在晶状体前囊上用撕囊镊撕开一个小孔，将特殊的超声波手柄伸入囊袋内，然后通过超声波的震动将晶状体打碎并同时完成注吸的过程（图10-18）。实际上这种手术方法很类似于挑开术。超声乳化术优于囊外摘除术之处在于手术切口更小，手术时间更短，术后的并发症更轻，同时也能更好地将晶状体皮质清除干净，从而避免后发性白内障的发生。这是目

图10-18 白内障超声乳化术
超声手柄具有超声的同时将打碎的皮质和晶状体吸出的作用

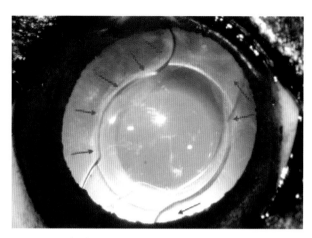

图10-19 超声乳化后6个月可见轻度的后发性白内障

前广泛使用这种手术方法的原因。

（4）囊内摘出术 是将整个混浊的晶状体完整摘出的同时也摘除囊袋的手术。这种手术方法主要适用于晶状体异位的病例。手术中因为不必打开囊袋，所以并不会暴露晶状体囊袋内的晶状体和皮质，所以手术后继发的炎症反应相对较轻。但是由于没有了囊袋的保护，很容易继发视网膜脱离或青光眼，所以很多临床医生在完成囊内摘出术的同时结合玻璃体切割术。为了最大限度改善手术后的视力，有的医生还会将人工晶状体缝合于纤毛沟，这样也可阻止玻璃体向前的运动。

4. 手术并发症 尽管不同医生的手术方法、手术通路不同，但最终手术后所面临的并发症基本相同，无论是术中对角膜内皮的损伤还是虹膜的粘连。白内障超声乳化术最常见的并发症包括视网膜脱离、后囊损伤、角膜水肿和青光眼。超声乳化后可能出现后粘连的现象，但一般只是局部的，不会对视力有大的影响。

在很多白内障术后都会出现不同程度的晶状体后囊混浊（PCO）。但一般都不会造成失明（图10-19）。轻度和中度的PCO可以通过YAG激光治疗，但对于严重的PCO则没有办法控制。PCO的形成是因为残留的晶状体上皮细胞从赤道部和前囊袋移行、化生、增殖而形成的。上皮细胞经化生成为纤维素性物质形成囊袋上的混浊，这种混浊具有一定的弹性，可在囊袋上形成环形排列。人工晶状

体的种类、材料、手术的创伤、去除皮质时过于粗心和动物的年龄都可能影响到PCO形成的程度。亲水性丙烯酸材料（157a、157b）和连续的环形撕囊可以减少PCO的发生。年轻动物发生PCO的概率更大。据报道在灌注液中加入适量的肝素可以减少50%的兔PCO的发生，所以现在很多动物眼科医生也常在灌注液中加入肝素以防止术中和术后形成纤维素。现阶段市场还出现了专为兽医临床生产的包被肝素的软人工晶状体。

Davidson等发现白内障超声乳化术后致盲的最主要原因是因为视网膜脱离，大约有5%左右的动物会在术后22周的观察期内出现视网膜脱离的问题。视网膜脱离可能在手术前就存在，所以必须在术前利用B超对视网膜进行检查。由于后囊受损可能会增加视网膜脱离的风险，可以在玻璃体切割术后通过经巩膜的冷冻或激光的局部治疗防止视网膜脱离的发生。

手术后的2~6 h内，大约有50%的动物会出现高眼压的现象，有时眼压会升高到50 mmHg。尽管多数病例在次日早上眼压就会恢复正常，但仍然需要密切关注，因为持续过高的眼压会导致视网膜和视神经受损，并且这些病例将来有很高的患青光眼的倾向，这是因为睫状裂的损伤。手术后血压的变化也不能忽视，特别是患糖尿病的动物要特别注意。Stuhr等报道，术后在眼内立刻注入碳酰胆碱，可以显著控制术后高眼压的发生，但该药有明显的

缩瞳作用。

白内障超声乳化术后从长期来看，青光眼仍然是最主要的并发症。国外学者Biros等报道，大约在术后6个月内有16%的动物出现青光眼，29%的动物在术后12个月内出现青光眼。影响青光眼发生的主要因素有过成熟的白内障（25%出现青光眼）、纯种犬、无晶状体眼和母犬。潜在的因素还包括品种的易感性，比如波士顿㹴犬、术中出血、慢性眼睑炎症，如虹膜萎缩和虹膜囊肿。暂时性术后高血压、晶状体导致的轻微葡萄膜炎和后囊的损伤（无论玻璃体有无流出）都不会增加术后青光眼发生的概率。所以术后应定期复查才能尽早避免因为青光眼造成失明。到目前为止，超声乳化术后青光眼的发生和这些潜在病因的关系还只停留在理论层面。

在白内障术后晶状体导致的葡萄膜炎也是常见的并发症。由于在进行白内障手术时，晶状体囊袋内的晶状体暴露会导致免疫源性葡萄膜炎。控制这些炎症需要借助全身和局部抗炎药物的共同作用。

很多动物眼科医生在手术前就开始使用抗炎药物，并且一直持续到术后的一段时间。

眼内炎是白内障手术后的并发症之一，最常见的感染源为手术野和手术器械、术后滴眼液等。根据病原体致病性的不同及病程长短，眼内炎可呈急性或慢性表现。一般的临床表现包括眼睑痉挛、视力下降、结膜水肿、睫状充血、前房积血、前房积脓和玻璃体混浊。

如今，随着超声乳化技术的使用和新药物的不断出现，短期手术的成功率越来越高。但从长期来看，主人复查和治疗的顺从性都非常重要。

5. 手术后的治疗 手术后的治疗包括散瞳和使用抗菌素和抗炎药物，根据动物的不同和手术情况，用药的频率和种类也有一定的区别。使用散瞳药物的目的主要是保持瞳孔不要出现阻滞，所以多使用复方托吡卡胺，而不使用阿托品。手术后有时需要使用数月的抗炎药物，逐渐减量并维持很长一段时间。

第四节　晶状体的脱位、异位和异形

正常情况下，晶状体由悬韧带悬挂于瞳孔区正后方，其轴与视轴几乎一致。由于先天性、外伤或其他病变使悬韧带发育异常或断裂，可导致晶状体位置异常，产生异位或脱位。若出生后即出现晶状体位置异常，称为异位，若在出生后因先天或后天因素造成晶状体位置异常，称为脱位。事实上，先天性晶状体位置异常往往很难确定晶状体位置异常发生的时间，因此晶状体异位和脱位两术语常通用。

【**病因**】晶状体异位可以分为原发（遗传性）和继发两种类型。犬经常发生原发型晶状体异位，但少见于猫。晶状体悬韧带的脆弱，使原发型晶状体异位多发生在5岁。这种疾病常发于刚毛猎狐㹴犬、杰克罗塞尔㹴犬、西藏㹴犬、小型斗牛㹴犬和小型雪纳瑞犬，在贵宾犬也很常见，但是在这个品种的遗传性并没有得到证实。对于脆弱的晶状体悬韧带，很小的外伤就可能导致晶状体悬韧带断裂，从而使晶状体发生异位。很多先天眼发育异常的动物都可能会出现原发型晶状体异位的问题，但这种

原发的问题并不多见。

继发的晶状体异位可能和下面很多因素有关。

（1）钝性的创伤　钝性创伤（如木棍剧烈敲击眼部）可能会导致晶状体异位（外伤性晶状体异位），并且还可能引起眼内的其他损伤（如前房积血、视网膜脱离、巩膜穿孔）。穿透性损伤一般不会引起晶状体异位，比如猫抓伤，因为抓伤的过程并没有给晶状体悬韧带额外的张力。

（2）青光眼　发生慢性青光眼时，眼球会逐渐变大，导致晶状体小带断裂，从而出现了晶状体半脱位或全脱位。青光眼也可能继发于晶状体异位。在临床上有时很难区分这两种病。

（3）葡萄膜炎　房水结构的改变，特别是在后房位置，炎性介质会使晶状体悬韧带变得更脆弱。

（4）眼内肿瘤　肿瘤的逐渐变大，可能会发生占位性病变，从而出现晶状体半脱位和全脱位。

（5）白内障　因为白内障会使晶状体膨胀，结果可能导致晶状体悬韧带受损。

【临床表现和诊断】对于正常的眼睛，虹膜的后面是晶状体的前囊，虹膜因为晶状体的轮廓而有一定的曲度。当发生晶状体悬韧带不稳定时，最先可见的临床症状是虹膜前后震颤，这就应该注意可能发生了晶状体异位。

随着晶状体异位后的运动，对玻璃体的撞击也相对加剧，所以会导致部分玻璃体液化，这时可以在房水中见到从瞳孔区流出的玻璃体纤维，这也是晶状体异位的临床表现之一。

如果是晶状体赤道部的半脱位，虹膜的曲率也会发生变化，在晶状体异位的区域会使虹膜向前膨隆，甚至接触到角膜引起角膜的水肿。最终当半脱位发展为全脱位时，多数情况下因为重力的原因，晶状体会掉到玻璃体内。我们称之为晶状体后脱位。发生这种情况后需要及时采取对继发性葡萄膜炎的控制。

当前房深度发生变化时，首先就要考虑有无晶状体异位的问题，然后从侧面对前房深度进行评估，注意一定要和健康一侧进行对比。

无论晶状体向前还是向后脱位，都会增加前房的深度（图10-20）。晶状体前脱位时，会使虹膜向后运动（图10-21）。晶状体后脱位时，虹膜没有后面晶状体的支撑，也会向后运动（图10-22）。

晶状体前脱位是眼科的急症之一，主要是因为会造成急性角膜水肿、青光眼和严重的疼痛。发生角膜水肿是因为晶状体接触到角膜内皮，影响了内皮的屏障功能，从而使水分进入到角膜引起水肿。发生青光眼是因为异位的晶状体将玻璃体向后推，

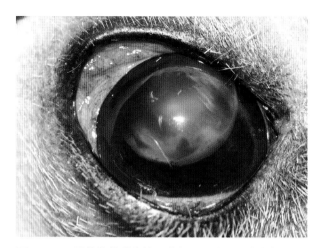

图10-21 晶状体前脱位使虹膜向后运动，导致前房加深

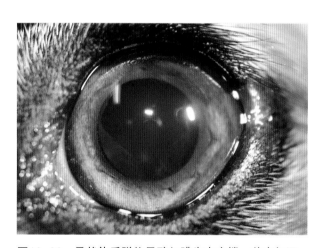

图10-22 晶状体后脱位导致虹膜失去支撑，前房加深

部分玻璃体从瞳孔区向前进入前房堵住房角，使房水无法正常排出，结果造成了眼压的升高。晶状体在前房也会阻碍房水的排出。晶状体后脱位也可能会造成青光眼，这是因为原有的晶状体阻碍玻璃体向前运动，但这时玻璃体很容易液化后进入前房，从而导致房水排出受阻，进而引起眼压升高。疼痛是因为晶状体对角膜内皮产生了刺激。

当在临床上遇到急性角膜水肿、严重的疼痛或青光眼的病例时，一定要考虑到有无晶状体异位的问题，对于单侧发生的易感品种要特别注意。晶状体异位后会伴随很多继发的症状，如前房积血、眼睑痉挛和角膜水肿，这种情况下用肉眼很难看到异位的晶状体，所以只有通过B超才能确定晶状体的确切位置（图10-23）。

【治疗】目前关于晶状体后脱位和晶状体半脱

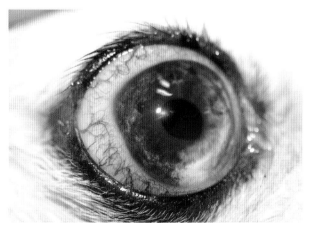

图10-20 晶状体后脱位，前房明显加深

位的治疗尚存在争议。有的医生认为应该进行囊内摘除术，同时结合玻璃体切割手术，这样可以最大限度地避免将来出现的青光眼。有的医生则认为只要没有出现青光眼，就可以先进行缩瞳，这样可以阻止晶状体前脱位的发生，然后长期使用药物控制晶状体异位后的并发症。

所有医生对晶状体前脱位的治疗都是统一的，即采取囊内摘除术或是超声乳化术。但尽管这样，青光眼还是手术后最常见的并发症，所以多数医生在进行手术的同时都会结合玻璃体切割术，这样可以去除前端不稳定的玻璃体，避免了玻璃体液化和向前运动而导致的青光眼。如果手术前就已经出现了继发性青光眼，那么预后不理想，如果术前还没有出现继发性青光眼，那么预后另人满意。有的医生还会在后房固定一个人工晶状体，一方面可以在一定程度上改善视力，另外一方面原因还可以像屏障一样，阻止玻璃体运动。但要注意的是，由于没有了晶状体，很容易出现视网膜脱离的问题，所以有的医生还会在玻璃体切割术后对视网膜进行预防性的激光手术，以减少并发症的发生。

对于有些不适合进行手术的病例，可以将晶状体从前房推到后房。虽然这是一个非介入性手术，但也需要配合使用麻醉和脱水的药物，目的是使玻璃体脱水，从而控制眼压。手术后一直都需要使用缩瞳药物，并且需要定期复查。

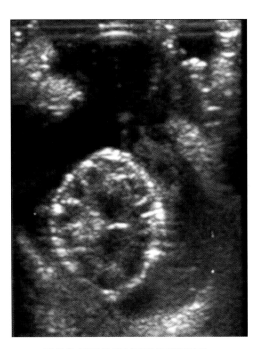

图10-23　晶状体后脱位后掉到视网膜表面

参考文献：

Bayon A, et al. 2001. Ocular complications of persistent hyperplastic primary vitreous in three dogs. Vet Ophthalmolo, 4:35.

Bernays ME, Peiffer RL. 2000. Morphologic alterations in the anterior lens capsule of canine eyes with cataracts.Am J Vet Res, 61:1517.

Colitz CM, et al. 2000. Histologic and immunohistochemical characterization of lens capsular olaques in dogs with cataracts. Am J Vet Res, 61:139.

Davidson MG, et al. 2000. Effect of surgical technique on in vitro posterior capsule opacification. J Cataract Refract Surg, 26:1550.

Denis HM, et al. 2003. Detection of anti- lens crystalline antibody in dogs with and without cataracts. Vet Ophthalmol, 6:321.

Garcia-Sanchez GA, et al. 2005. Ahmed valve implantation to control intractable glaucoma after phacoemulsitication and intraocular lens implantation in a dog. Vet Ophthalmol, 8:139.

Gelatt KN, et al. 2003. Cataracts in the bichon fries. Vet Ophthalmol, 6:3.

Gelatt KN, et al. 2004. MacKay EO. Secondary glaucomas in the dog in North America. Vet Ophthalmol, 7:245.

Gemensky-Metzler AJ, Wikie DA. 2004. Surgical management and histologic and immunohistochemical features of a cataract and retrolental plaque secondary to persistent hyperplastic tunica vasculosa lentis/ persistent hyperplastic primary vitreous （PHTVL/PHPV） in a bloodhound puppy. Vet Ophthalmolo, 7:369.

Johnstone N. Ward DA. 2005. The incidence of posterior capsule disruption during phacoemulsitication and associated postoperative complication rates in dogs: 224 eyes （1995-2002）: vet Ophthalmol, 8:47.

Moore DL, et al. 2003. A study for the morphology of canine eyes enucleated or eviscerated due to complications following phacoemulsification. Vet Ophthalmol, 6:219.

O'Reilly A, et al. 2003. The use of transscleral cyclophotocoagulation with a diode laser for the treatment of glaucoma occurring post intracapsular extraction of dispensed lenses: a retrospective study of 15 dogs （1995-2000）. Vet Ophthalmol, 6:113.

Ranz D, et al. 2002. Nutritional lens opacities in two litters of Nwefoundland dogs. J Nutr, 132:1688s.

Sigle KJ, Nasisse MP. 2006. Long term complications after phacoemulsification for cataract removal in dogs:172 cases （1995-2002）. J Am Vet Med Assoc, 228:74.

Williams DL, et al. 2004. Prevalence of canine cataract: preliminary;y results of a cross-sectional study. Vet Ophthalmol, 7:29.

Williams DL, Munday P. 2006. The effect of a topical antioxidant formulation including N-acetyl carnosine on canine cataract: a preliminary study. Vet Ophthalmol, 9:31.

CHAPTER 11

张雅斐　医师（远见动物眼科医院，台北）
林中天　教授（台湾大学兽医专业学院眼科部，台北）

第十一章 │ 玻璃体病

第一节　玻璃体的解剖和生理

一、解剖构造

玻璃体（vitreous）为透明有弹性的胶体物质，占眼球体积的80%（图11-1）。在胚胎发育期间，初级、次级与三级玻璃体依序发展，最后至完全成熟。简单地说，初级玻璃体与玻璃体的血管供应系统有关，次级玻璃体为成年玻璃体的前身，三级玻璃体则促成晶状体悬韧带的形成。

图11-1　去掉巩膜、脉络膜和视网膜后的结构
左半边黑色以后的透明区域为玻璃体。玻璃体仍然和前段相连（睫状体、虹膜、晶状体）。玻璃体是胶状结构，所以可以呈现如图所示的状况

玻璃体依解剖构造可分为（图11-2）：

（1）前侧玻璃体（Anterior vitreous）　位于视网膜睫状体交界处（ora ciliaris retinae）的前侧。

（2）后侧玻璃体（Posterior vitreous）　位于视网膜睫状体交界处的后侧。

（3）皮质部（Cortex）　由周边玻璃体组成，包括：

①附着在网膜睫状体交界处的玻璃体基底部（vitreous base）。

②邻近于视神经盘（optic disc）的视神经乳突周玻璃体（peripapillary vitreous）。

（4）中央玻璃体（Central vitreous）　晶状体位于前侧玻璃体皮质部的凹窝里，此凹陷处被称为玻璃体窝（hyaloids fossa）或髌状窝（patella fossa）。玻璃体的前侧紧贴于晶状体后囊，相连的部位被称为玻璃体晶状体韧带（hyaloideocapsular ligment），或称为Wieger's韧带，晶状体与玻璃体之间的潜在间隙被称为Berger's间隙，在病理状态下，炎症细胞及出血等常积聚在此间隙内。

玻璃体与其周围组织存在着粘连，虽然玻璃体与视网膜有大面积的接触，但仅在两处有比较牢固的粘连，一处位于玻璃体基底部，另一处是视神经乳头边缘。玻璃体基底部为横越睫状体平坦部

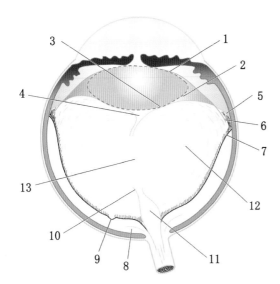

图11-2 玻璃体与周围组织的联系

1. 通过睫状小带与晶状体前囊相连　2. 通过睫状小带与晶状体后囊相连　3. 晶状体后囊与玻璃体前部相接触　4. Cloquet管的前界　5. 与玻璃体基底接触的最前端　6. 玻璃体基底部　7. 玻璃体与视网膜没有接触的区域　8. 玻璃体与视网膜的连接处　9. 非家畜的视网膜与玻璃体连接处　10. 玻璃体后部与视神经接触的区域　11. 后端与Clouquet管连接处　12. 玻璃体皮质　13. 中央玻璃体
摘自Fine BS, Yanoff M(1979): Ocular Histology. Harper and Row, New York.

（pars plana ciliaris）后段、与锯齿缘（ora serrata retinae）后数厘米间构成的环形区域，此处玻璃体胶原纤维（collagen）含量特别丰富，并穿过视网膜内限制层（internal limiting membrane）与视网膜细胞相连接，是玻璃体与球壁连接最紧密的区域。此区的玻璃体不容易与视网膜分离，另外在视神经乳头边缘及血管附近，玻璃体和视网膜也有较牢固的粘连。

玻璃体并非完全均一的胶质，包括玻璃体皮质、中央玻璃体和中央管。玻璃体皮质最表层浓缩形成类似于膜的结构，由玻璃体基底部向前至晶状体体赤道板（equator）之间的膜称为前透明膜（anterior hyaloids membrane），由基底部向后延伸的部分称为后透明膜（posterior hyaloids membrane）。中央玻璃体为玻璃体主要的组成部分，包含中央管（central canal）。中央管又称Cloquet's canal，是玻璃体中央潜在的透明浓缩组织，是原始玻璃体动脉萎缩的残留痕迹，在胚胎发育阶段血管

由此通道延伸至玻璃体前侧提供养分。此构造从视神经盘延伸至晶状体后囊的中央，残留在视神经盘及晶状体后囊上的血管遗迹分别被称为Mittendorf's点及Bergmeister's乳头。

二、组成

玻璃体由复杂的胶体物质共同构成，包括：

（1）水分（99%）。

（2）胶原纤维（Collagen fibers）　为支撑胶质的骨架。

（3）玻璃体透明细胞（Hyalocytes）。

（4）玻尿酸（Hyaluronic acid）。

玻璃体主要成分是水和胶质，水分占总成分的99%。胶质主要由胶原细纤维支架和交织其间的大分子玻尿酸组成。胶原纤维成网状排列，构成玻璃体支架，使玻璃体具有一定的硬度（rigidity）和弹性（plasticity），并为玻璃体与其他邻近构造提供附着力。玻尿酸的分子很大，可与比其重60倍的水分结合，从而使玻璃体具有一定的粘弹性（viscoelasticity）。胶原纤维在玻璃体基底部密度最高，其次为皮质，中央玻璃体含量最少；玻尿酸的分布在皮质处最多，移向前方及中央时浓度逐渐减少，可干扰二者及其相互作用的任何因素都可导致玻璃体液化。玻璃体内含有玻璃体透明细胞，在接近皮质部的区域数量较多，此细胞的功能尚不清楚，但可能与合成玻尿酸及活化纤维母细胞（fibroblast）有关。

玻璃体内无血管，代谢速度缓慢，玻璃体感染时病原体很容易累积繁殖，除了胶原纤维和玻尿酸外，玻璃体成分与眼前房液类似，许多物质（包括药物）能够在两者间自动交换，可经由血液循环进入眼前房液的物质通常也会进入玻璃体。

三、功能

玻璃体的生理功能尚不明确，但玻璃体维持了眼球的体积、外型及眼内构造的稳定，其硬度、弹性与粘弹性可吸收眼球运动和受外力冲击时的震荡力；除此之外，玻璃体为眼内屈光介质的一部分，其折射率与晶状体相同，且无色透明，对光线散射极少，可使进入眼内的光线顺利到达视网膜。

第二节　先天性发育异常

一、永存玻璃体动脉（Persistent hyaloids artery）

玻璃体动脉为胚胎发育时期供应晶状体养分的途径之一，在大多数物种，此动脉系统出生后数周内会完全退化消失（图11-3），唯反刍兽例外，成年反刍兽的玻璃体中经常可见有程度和数量不等的动脉遗迹。

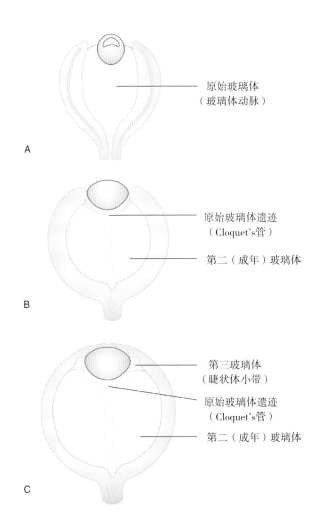

图11-3　玻璃体发育的不同阶段
A. 原始的玻璃体和血管营养晶状体　B. 第二玻璃体包裹原始的玻璃体，原始玻璃体被压缩成Cloquet's管。第二阶段的玻璃体成为成年时的玻璃体　C. 第三玻璃体（晶状体小带）

玻璃体动脉完全残留时，残留的动脉在晶状体后方及玻璃体内呈索状、扇状或漏斗状的灰白色组织。玻璃体动脉不完全残留可表现为两种形式：玻璃体动脉前段退化不全，在晶状体后囊上可见小而致密的白色斑块，通常位于晶状体后极中心偏腹侧处，称为Mittendorf's点，除非引起局部性后极白内障，否则此斑块不会影响视力；若为中后段退化不全，则可见到一段玻璃体胶质纤维组织伸入视神经盘边缘，称为Bergmeister's乳头。永存玻璃体动脉在杜宾犬和苏塞克斯猎犬为遗传性异常。永存玻璃体动脉所致的晶状体后囊混浊必须与下列几种状况相区分。

（1）晶状体囊袋及囊袋下（subcapsular）白内障。

（2）玻璃体带。

（3）晶状体缝合线。

（4）晶状体血管膜永存（persistent tunica vasculosa lentis）。

二、永存晶状体血管膜（Persistent tunica vasculosa lentis）

此状况与永存玻璃体动脉类似，差别在于未退化完全的是晶状体血管膜（tunica vasculosa lentis, TVL），在出生后没有萎缩完全。TVL会在晶状体后侧下方呈现网状混浊，纹路如蜘蛛网般细致，不会影响视力。

三、永存原始玻璃体增生症（Persistent hyperplastic primary vitreous, PHPV）

永存原始玻璃体增生症是原始玻璃体未退化的结果，胚胎发育时期原始玻璃体异常增生，形成纤维样斑块，最后形成的混浊程度较前两者严重（图11-4）。此异常可发生在犬猫，大多为单侧病变，但在法兰得斯牧牛犬、斯塔福郡斗牛㹴、杜宾犬等已被证明有遗传性的犬种则可能双侧发生。

PHPV又可细分成前型及后型。前型为晶状体后侧有白色纤维血管膜形成，临床症状为瞳孔白浊，但由于退化的程度不同，还可能有永存的玻璃体动脉及晶状体血管膜出现在玻璃体及晶状体后方，引起钙质沉积、后圆锥状晶状体、小晶状体、晶状体缺损、晶状体内色素沉积、渐进性白内障及睫状突拉长等。后型则是视盘处原始玻璃体增生的结果，典型的临床表现为视网膜皱襞。患有PHPV的动物，即使进行了手术，视力预后依然不佳，目前最有效的方法是对带有缺陷基因的患病动物进行绝育手术。

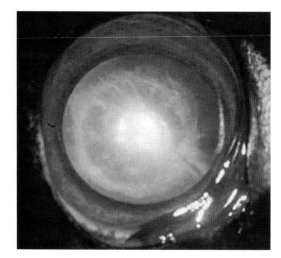

图11-4　永存原始玻璃体增生症

第三节　后天性异常

一、玻璃体退化（Vitreous degeneration）

玻璃体退化是指玻璃体中的水分和胶原分离的现象（图11-5），最终可导致玻璃体液化，又称为玻璃体凝缩（syneresis）。玻璃体退化在老龄动物可能自然出现，但也可能是由炎症反应所引起。玻璃体液化后很容易导致视网膜的脱落。退化的玻璃体可通过眼科B超检查发现，大部分是在例行眼科学检查或白内障手术的术前检查中被意外发现。

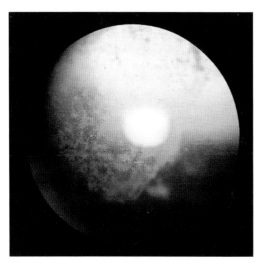

图11-5　玻璃体液化（凝缩）

二、玻璃体混浊、悬浮物（Vitreous opacities，floaters）

悬浮物是指在玻璃体内可见到的小的、可移动的碎片。在大多数情况下，悬浮物的出现是一种退行性变化，在老龄动物中自然可见。但悬浮物也可能在玻璃体发炎（vitritis）后出现，尤其是在马，并时常伴随出血或渗出液的产生。在聚焦的光源下利用双眼放大镜或间接检眼镜观察，即可证明悬浮物的存在。玻璃体悬浮物与所谓飞蚊症不同。患有飞蚊症的动物会出现类似被空气中移动物体咬到的样子，目前一般认为是颞叶（temporal lobe）或枕叶（occipital lobe）发生痉挛时的表现，药物可以适当地控制病情，而玻璃体悬浮物本身则不需要任何治疗。

三、玻璃体星状变性（Asteroid hyalosis）与闪烁光性玻璃体液化（Synchysis scintillans）

玻璃体星状变性又称为星状玻璃体炎（asteroid hyalitis）（图11-6）。这两种疾病的临床表现十分类似，在光源下可以看到玻璃体内有无数的小颗粒闪烁反光，视力不受影响，且眼底清晰可见。在中老龄犬中可自然发生，但也可能是玻璃体退化或慢

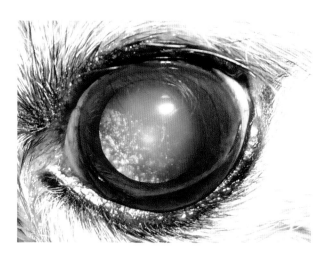

图11-6 玻璃体星状变性，可见玻璃体内无数闪烁反光的晶状颗粒

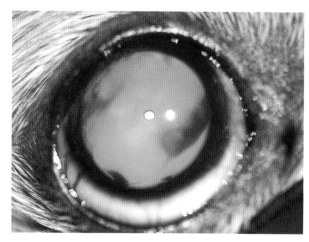

图11-7 玻璃体积血

性炎症的结果。

在玻璃体星状变性中，小颗粒状的混浊物为钙、磷复合物，此复合物粘连在玻璃体纤维上，无玻璃体液化。当眼球转动时，仅会在原处晃动，不会沉积在玻璃体底部。闪烁光性玻璃体液化中的悬浮物则为胆固醇结晶颗粒，由于玻璃体液化，这些晶状颗粒平时会因重力的原因沉积在玻璃体的底部，当眼球转动时便纷纷升起，出现如下雪般的景象。

四、玻璃体积血（Vitreous hemorrhage）

玻璃体积血有多种病因，也可能是全身疾病在眼部的表现。玻璃体本身并无血液供应，玻璃体出血较为罕见。出血来源于邻近的血管组织，如睫状体、视网膜及视神经乳头，这些组织的疾病和外伤都可导致玻璃体积血（图11-7）。

【病因】常见的病因包括：

（1）局部糖皮质高血压性视网膜病变（hypertensive retinopathy）。

（2）局部凝血功能障碍。

（3）眼部创伤。

（4）严重的视网膜炎（retinitis）及脉络膜视网膜炎（retinochoroiditis）（如犬艾利希氏体感染或猫传染性腹膜炎等）。

（5）先天性视网膜病变（如柯利犬眼异常）。

（6）由眼内手术引发。

（7）严重的葡萄膜炎。

少量的玻璃体积血可自行吸收，大量的玻璃体积血可能造成视力永久受损。能否自行吸收受出血原因和出血位置的影响。柯利犬眼异常引起的玻璃体积血很少能够被重吸收，这是因为邻近玻璃体、视网膜交界处的新生血容易反复破裂；高血压性视网膜病变引起的出血，在控制高血压后便有重吸收的可能性；其他原因，如眼部创伤、视网膜炎、葡萄膜炎等，当炎症反应被抑制后血块重吸收的可能性较高。

【临床表现】裂隙灯下可见前部玻璃体内有大量红细胞或鲜红色凝血块，眼底检查则可见到玻璃体内点状、尘状或絮状的混浊物漂浮，大量积血时，玻璃体高度混浊，眼底检查无红光反射或仅见微弱红光反射，此时可以借助B超来确认有无视网膜脱离或有无眼内异物及肿瘤等。许多系统性疾病都可引起玻璃体积血，因此还必须对玻璃体积血动物进行完整的全身检查。

【治疗】保守治疗包括使用抗炎药物与散瞳剂。发炎后产生的玻璃体膜和牵引带可能会在出血数个月后造成继发性拉扯，使视网膜脱离。因此，当形成牵引带时，可尝试使用组织纤维蛋白溶酶原激活剂（TPA），此药物能破坏牵引带（纤维带），可能有预防牵引性视网膜脱离的效果，但TPA太早注射可能会使出血再度发生，太晚注射则纤维不易被溶解。

若是由眼穿刺伤引起的玻璃体积血，可考虑在早期进行玻璃体切除手术（vitrectomy），切除玻璃体可消除牵引带形成所需的胶原纤维支架，并可清除因刺激而造成的视网膜增生、出血及晶状体碎片。非穿刺性伤害则可观察数个月，等待玻璃体积血自行吸收，若玻璃体混浊的状况无明显改善，说明自发吸收缓慢或完全吸收的可能性较小，则可进行玻璃体切除术。

五、玻璃体感染与发炎

玻璃体发炎称为玻璃体炎。因为玻璃体缺乏血液供应系统，初期炎症反应并不会在玻璃体内发生，但玻璃体会受到周围组织炎症反应的影响，出现混浊、出血、液化和渗出液堆积等现象。当眼球后方出现炎症反应，玻璃体则呈现雾浊状。当玻璃体又恢复清澈，说明炎症反应已经被控制，雾浊消失时视力会有一定程度的改善。玻璃体发炎通常仅能依靠抗炎药物与睫状体麻痹剂来对症治疗。当内科治疗效果不佳时，也可考虑玻璃体穿刺取得样本作进一步分析。

感染可能由穿刺伤、各类病原、全身性性菌血症、霉菌感染等所引起。当感染部位周边的玻璃体开始液化时，感染源将迅速扩散，恶化成全眼炎或玻璃体脓肿。感染的控制需要依靠积极的全身性药物治疗，或直接将药物注射到玻璃体内，必要时可选择切除部分玻璃体来避免炎症继续扩大。预后则需后续监控追踪。玻璃体也可能成为病原的避风港。

六、玻璃体团块（Vitreous mass）

当玻璃体中出现团块，常见的鉴别诊断如下。
（1）视网膜脱离。
（2）白内障或正常的晶状体异位。
（3）眼内肿瘤。
（4）出血。
（5）异物。
（6）永存原始玻璃体增生症（PHPV）。
（7）永存玻璃体动脉。
（8）牵引带或纤维组织。
（9）玻璃体脓肿。
（10）全眼炎。
（11）寄生虫（如犬心丝虫、犬弓蛔虫等）。
（12）囊肿（cyst）。

第四节　手术与诊断

一、玻璃体穿刺引流（Hyalocentesis）

玻璃体穿刺引流是抽出少量已经液化的玻璃体送检做细胞学或病原分析。适应证包括用来诊断可能由感染或肿瘤引起的混浊或团块。此程序一般需要全身麻醉，经过适当的术前准备并由有经验的医师操作。穿刺的位置要在睫状体平坦部（pars plana ciliaris）后方，若太靠前方可能会伤及晶状体造成继发性白内障或严重的眼内出血；若穿刺的位置太靠后方则可能伤害到视网膜。一般是在轮状部后方6~9 mm处，以22~26 G的针头朝视盘方向或朝病变处穿刺。

一般建议抽出量不要超过0.1~0.25 mL，抽出后需再注射等量的乳酸林格氏液或平衡液（balanced salt solution，BSS）以维持体积及压力。

二、玻璃体切除术

玻璃体切除术的适应证包括：
（1）严重的眼内感染。
（2）预防青光眼　当移除晶状体后，玻璃体可能会向前脱出至眼前房，此时可进行部分玻璃体切除术来降低继发性青光眼的发生概率。
（3）视网膜脱离复位时的合并手术。

在进行晶状体移除手术时，可能会有少量的玻璃体渗漏至眼前房，这些玻璃体可以很容易地使用维纳斯剪或棉棒移除，少量残留在伤口附近的玻璃体可能影响伤口愈合或导致青光眼。当玻璃体产生牵引带、或治疗眼球创伤时，往往会需要切除大范围的玻璃体，此时需要较复杂的眼科器械来完成，且并发症的发生概率相对较高。由于玻璃体本身的胶原纤维骨架与晶状体、视网膜等构造紧密相连，大量的玻璃体流失有可能会导致视网膜脱离。

三、玻璃体置换（Vitreous replacement）

若移除大量的玻璃体，此物理性缺损建议使用其他物质填充取代，以稳定邻近的结构，另外，玻璃体取代物也有助于将褶皱的视网膜展开，或把掉入眼后房的晶状体碎片撑起至前房。常见的玻璃体取代物材质包括全氟化碳（perfluorocarbons）、硅胶（silicone）、氟硅橡胶（fluorosilicone）等。玻璃体置换的并发症包括眼内毒性、白内障形成、角膜病变和青光眼。

CHAPTER 12

黄诗婷　医师（台北远见动物眼科医院）
林中天　教授（台湾大学兽医专业学院）

第十二章 │ 视网膜疾病

第一节　概　述

视网膜是将光线转化成神经讯号进而形成视觉的重要器官。因此换句话说，眼睛最主要的目的即是光线可以被功能正常的视网膜所接收。更进一步说，光线进入眼睛后，主要是由感光细胞所接收。感光细胞主要分为带有感光色素（photopigment）的视杆细胞（rod cell）及视锥细胞（cone cell），在接收到光线之后会产生化学能量，然后被转变为电子能量并经由视神经、视神经交叉及视觉途径进入大脑皮质的视觉区。

第二节　视网膜的解剖和生理

一般来说视网膜主要由3种神经感觉单位组成，包含感光细胞（photoreceptor）、双极细胞（bipolar cells）以及神经节细胞（ganglion cells），还可进一步细分成10层不同的结构（图12-1，表12-1）。其中第一层为最接近脉络膜的视网膜色素上皮（RPE），在犬猫会具有带黑色素化的视网膜色素上皮，称为非脉络膜毯区域（nontapetal part）；但是在脉络膜毯区域（tapetal part）此层则不带有色素，可以反射进入此区的光线而不被感光细胞所吸收，因此可以增加犬猫视网膜在暗视野下的感亮度。而剩下的第二到第十层主要功能为形成神经信号，因此又称为感觉视网膜层或神经视网膜层。

一、评估视网膜病变的方法

（1）行为方面的测试　在动物视网膜正常的情况下，动物会以眼神追着移动的物体（例如棉花球掉落测试），另外也可以在亮灯及暗灯状况下以障碍物做迷宫测试。

（2）反射测试　瞳孔光反射、威胁反射、瞬目反射可作为简易的视力功能测试。

（3）眼底镜检查　直接或间接眼底镜皆可检查出视网膜有无任何形态上的疾病。

（4）超声波检查　特别是可用在眼内浑浊无法使用眼底镜的情况下，当有视网膜脱离时，会见到由视神经在视网膜上的开口向两侧形成明显的"海鸥翅膀"形状。

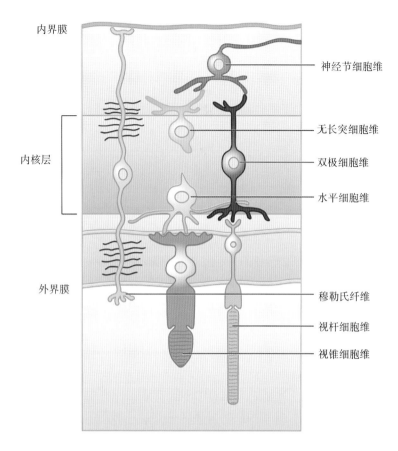

内界膜

神经节细胞维

内核层

无长突细胞维

双极细胞维

水平细胞维

外界膜

穆勒氏纤维

视杆细胞维

视锥细胞维

图12-1 视网膜的解剖构造及分层

表12-1 视网膜结构的分层及组成

层的机构		组成
外层	视网膜色素上皮层	视网膜色素上皮细胞
	光感受器层	视锥和视杆细胞、穆勒细胞外节
	外界膜	视锥和视杆细胞的交汇处
	外核层	视锥和视杆细胞的核
	外网状层	视锥和视杆细胞的轴突黏附双极和水平细胞的代谢物
内层	内核层	双极细胞、穆勒细胞、水平细胞和无轴突细胞
	内网状层	双极细胞、穆勒细胞的轴突、附着神经节细胞的代谢物
	神经节细胞层	神经节细胞体
	神经纤维层	神经节细胞的轴突
	内界膜	穆勒细胞的基底膜和踏板

（5）视网膜电图检查 此项检查主要是检测强光照射到视网膜之后，所产生的电位改变（图12-2），以此了解感光细胞的活性。视网膜电图检查对于视力的认知可以给予较准确的指标，但通常较少在临床上直接用于评估视网膜健康的动物。

（6）分子生物学测试遗传性疾病基因 目前已研究建立了以脱氧核糖核酸为基础的检查来提供遗传性视网膜疾病的筛检。此项检查在迟发型遗传

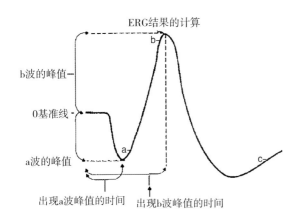

图12-2　视网膜电图的波形
　　a波为视椎细胞及视杆细胞（rod cell）经过光刺激所产生的电位改变　b波则是由穆勒细胞及双极细胞形成钾离子的流动因而去极化所产生的电位改变　c波则是来自于视网膜色素上皮层的电位改变

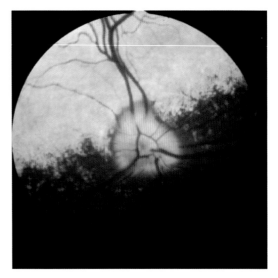

图12-3　正常犬在眼底镜检查下的视网膜表现
　　位于视网膜背侧的明亮区域称为脉络膜毯，而其余的部分即称为非脉络膜毯，中央呈粉红色或略三角形形状的为视神经盘

性疾病特别具有意义（例如全面性进行性视网膜萎缩，gPRA），可以提前得知在临床上受影响的患犬以及可能遗传至下一代的患犬。

二、正常视网膜在眼底镜下检查的结果

　　（1）脉络膜毯（Tapetal fundus）　对于大多数的犬，其视网膜会有一大块约为三角形，位于视网膜背侧方的明亮区域，称为脉络膜毯（图12-3）。在此区域的下方色素化上皮因为缺乏色素，因此可以看到下方脉络膜的细胞。脉络膜毯的颜色表现在许多不同品种动物之间也会有所不同，可能呈现黄色、橘色、绿色或蓝色。另外也有不具有脉络膜毯的动物，特别是在患白化症的动物会发生此状况。

　　（2）非脉络膜毯（Nontapetum）　大多数犬视网膜的背侧方会有一块区域称为脉络膜毯，而其余部分即称为非脉络膜毯（图11-3）。这是因为在非脉络膜毯区域下是具有色素的色素化上皮（RPE）构造，因此呈暗色。但是由于每个动物色素的状况有所不同，因此在眼底检查下有些非脉络膜毯呈现浅褐色而非黑色，甚至有些患白化症的动物或色素性上皮缺乏色素的动物在检查时会发现此

区域可以直接见到脉络膜的血管而没有颜色。

　　（3）视神经盘（Optic disc）　视神经盘为视神经进入眼睛的位置，因此通常为固定的。但由于每个动物脉络膜毯以及非脉络膜毯的大小可能有所不同，因此造成视神经盘的位置不一定会在脉络膜毯或非脉络膜毯上。视神经盘的大小及形状主要决定于神经的髓鞘化，在犬由于从视神经盘就开始有神经纤维的髓鞘化，因此其视神经盘在检查时会呈现粉红色及不规则的三角形。但是也会根据每只犬髓鞘化的不同而呈现不同的大小、形状及颜色。除此之外，在视神经盘外围也可能有一圈色素化的表现。

　　（4）血管表现（Blood vessels）　视网膜的血管主要为供应内层以及中层视网膜营养的来源。在眼底检查时可以见到较粗的三条静脉（偶尔可见四条或更多），在犬其主要的静脉会横越过视神经盘的位置，若出现静脉突然停止在视神经盘的表面，可能意味着先天性缺损异常或因为高眼压造成的盂状凹陷现象。除此之外，还会见到较细的血管，则为动脉，动脉的数量很多，也比静脉扭曲，并且不会横越视神经盘。

　　（5）神经纤维层的髓鞘化（Myelination）　犬

神经的髓鞘化大部分从视神经盘的位置开始，但也有少部分髓鞘化发生在视网膜的神经纤维层，因而形成白色点状分布，需要注意这是正常的，而非视神经发炎的水肿现象。

三、眼底镜下检查可能出现的异常

（1）脉络膜毯的反光改变　在视网膜萎缩或退化造成神经感觉细胞变薄时，则会见到脉络膜毯区域的反光增强；另外，若是有造成视网膜增厚的疾病，如视网膜产生皱褶、脱落或视网膜水肿，则会见到脉络膜毯区域的反光减弱。

（2）色素的改变　部分疾病造成视网膜的神经感觉细胞层增厚、水肿或有渗出液时，会使非脉络膜毯区域的色素变得较为苍白。

（3）血管的改变　当有视网膜退化时，会造成视网膜血管变细，尤其是会影响视神经周围的小动脉，除非到非常严重时才会造成视网膜的血管主干消失。另外在眼睛发炎或发生部分肿瘤疾病时，炎性细胞通常会围绕着视网膜的血管聚集，因此在眼底检查时，可以发现在血管外围有白色或灰色的围绕反应（cuffing）（图12-4）。

（4）出血　视网膜出血的表现与发生在视网膜的深度位置存在相关性，发生在视网膜下层（subretina）的出血会呈现暗红色，且较为广泛全面性；视网膜内（intraretina）的出血通常会呈一个深色的圆点状；视网膜表层（superficial retina）的出血通常呈辐射状或火焰状；视网膜前（preretina）的出血则会呈现类似帆船的形状（图12-5）。

四、视网膜的病理机制

（1）缺血　一般来说视网膜具有两套血液循环供应系统，其中脉络膜主要会供应外层视网膜，而在眼底检查下可以见到的血管主要供应内层及中层的视网膜。由于这种特殊的血液供应，也使视网膜具有很高的代谢率，一旦血液循环中断，视网膜细胞便会开始缺氧并很快死亡。而许多疾病（如贫血、眼内发炎、眼压上升，以及视网膜脱离等）都会造成缺氧。

（2）视网膜的修复　和其他的神经组织一样，视网膜仅具有非常有限的再生能力甚至没有再生修复能力。感光细胞及神经部分的变化通常是不可逆的，反复发生或慢性刺激通常会造成损伤累积，并逐渐影响视力。

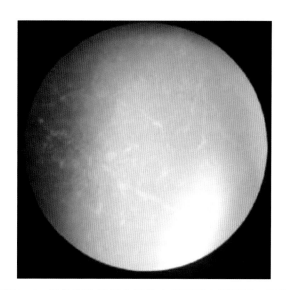

图12-4　炎性细胞通常会聚集在视网膜血管周围，因此在眼底检查时就可以发现在血管外围有白色或灰色的围绕反应

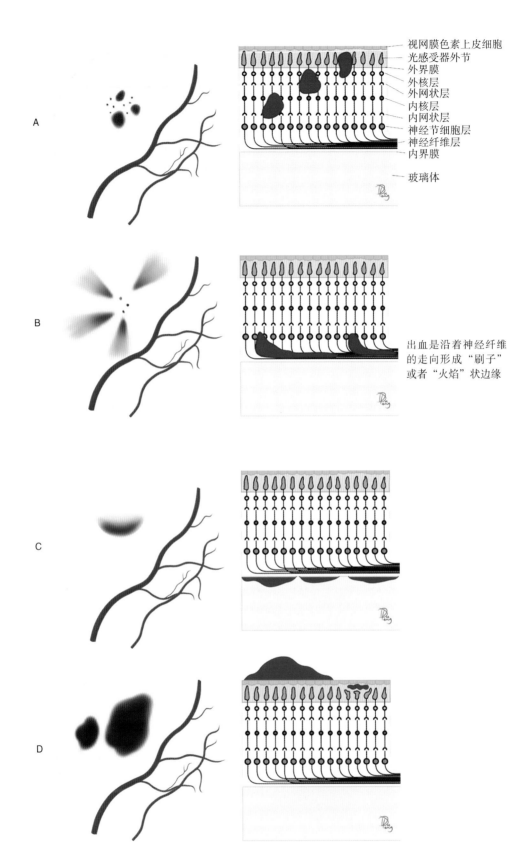

视网膜色素上皮细胞
光感受器外节
外界膜
外核层
外网状层
内核层
内网状层
神经节细胞层
神经纤维层
内界膜

玻璃体

出血是沿着神经纤维
的走向形成"刷子"
或者"火焰"状边缘

图12-5　视网膜出血的表现
A. 视网膜内出血，通常呈深色圆点状　B. 视网膜表层出血，通常呈辐射状或火焰状　C. 视网膜前出血，呈类似帆船的形状　D. 视网膜下层出血，呈暗红色，且较为广泛全面性

第三节 先天性视网膜疾病

一、视网膜发育不全（Retinal dysplasia）

在犬大部分是因为遗传造成的视网膜发育不全，通常任何品种都可能发生，常见于美国可卡犬、比格犬、拉不拉多犬或雪纳瑞犬等品种。该病主要是因为异常的分化导致的，因此在组织形态学上可以发现视网膜细胞会有线状皱褶，并围绕中心的空腔形成花环状。患有该病的犬可能会出现失明或眼内出血的症状，但大多数的轻微患犬只会有视网膜的病灶而不会影响视力，因此不一定会被动物主人发现。一般来说又可以分为3种不同的形态。

（1）局部多点视网膜发育不良　在眼底检查时可见脉络膜毯的反光性下降，同时在脉络膜毯或非脉络膜毯可见灰色或白色的条纹，可能呈现线状或是Y或V字形，通常这些患犬的视力不受影响。

（2）地图样视网膜发育不良（Geographic retinal dysplasia）　此种形态的视网膜发育不全会在脉络膜毯的位置见到不规则或U字形的视网膜皱褶。通常皱褶呈灰色或黑色，受影响的视网膜也会变薄甚至翻起。此种类型患犬的视力会因病灶的大小而受到不同程度的影响（图12-6）。

（3）视网膜发育不良伴随视网膜完全脱落（Complete retinaldysplasia with detachment）　此类型的视网膜发育不良通常会在眼底检查时见到完整的视网膜脱离，除此之外还可能见到玻璃体发育不良、出血、或旋转性眼球震颤等症状。通常也会造成患犬失明或严重的视力影响。患犬也可能同时出现骨骼方面的异常，如因为桡骨及尺骨的不正常形态造成前肢较短。

二、柯利犬眼异常（Collie eye anomaly，CAE）

在牧羊犬品种中容易见到此种遗传性及先天性眼病，但也曾经有研究报告指出非牧羊犬品种也可发生此病。该病主要是由于位于视神经盘颞侧的脉络膜发育不良，造成此区域无脉络膜毯及色素上皮，同时在眼底检查时可以见到下方异常的脉络膜血管，这些血管看起来较粗，且走向不一。除此之外，将近35%的患犬也同时患有视神经盘的缺损（coloboma）（图12-7）。

临床上患有该病时可见到眼内出血、局部或全面性视网膜脱离，眼底检查时可见扭曲的血管、视

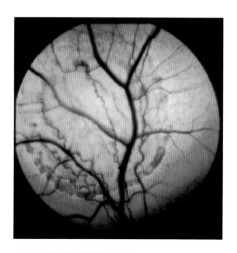

图12-6　地图样视网膜发育不良
此种形态的视网膜发育不全会在脉络膜毯的位置见到不规则或U字形的视网膜皱褶。通常皱褶呈灰色或黑色，受影响视网膜也会变薄甚至翻起

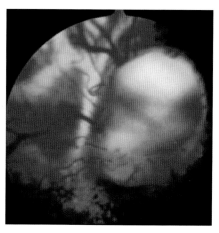

图12-7　柯利犬眼异常
可见到异常的脉络膜血管，这些血管看起来较粗，并且走向不一。除此之外，将近35%的患犬也同时患有视神经头的缺损

网膜发育不良及小眼症等临床症状。研究中发现，3个月龄以上患犬的色素化上皮会盖住发育不良的脉络膜，因此造成检查时看似正常的假象。因此一般建议可以在7~8周龄幼犬进行此项疾病的筛检。

基本上只有单纯的脉络膜发育不良并不会影响视力，但若同时并发局部或全面性视网膜脱离或视神经盘的发育不良时，就会造成视力的丧失。

第四节　后天性视网膜疾病

一、遗传性视网膜退化症（Inherited retinal degeneration）

全面性进行性视网膜退化（Generalized retinal progressive atrophy, gPRA）

【概述】视网膜退化症一般来说可以分为早期发病（early-onset）、中期发病（mid-onset）及晚期发病（late-onset）3种形式。其中早期发病的疾病，例如视杆—视锥细胞发育不良（rod-cone dysplasia RCD）认为是发育性（developmental）的问题，主要是因为基因上的缺陷导致出生后视觉细胞（包括视杆细胞和视锥细胞）分化过程中发育不良，通常发生在约10周龄的犬，这些犬会发生严重的视杆细胞结构改变及逐渐恶化的视锥细胞损伤；中期发病的疾病，例如迷你长毛腊肠犬的视锥—视杆细胞退化（RCD）认为是退化性（degenerative）的问题，通常发生在4~6月龄的犬，主要是因为带有突变基因的犬只在视觉细胞正常分化后才出现渐进性视杆及视锥细胞的退化；晚期发病的疾病，例如渐进性视杆及视锥细胞的退化（progressive rod-cone degeneration, PRCD），也属于退化性（degenerative）的问题，该病同时也是常见的遗传性视网膜退化疾病之一。通常确诊于超过3岁龄的犬，目前发现包括20几种犬带有该病，包括迷你贵宾犬、玩具贵宾犬、拉布拉多犬等（表12-2）。

【临床表现】一般来说在该病发生的初期会出现在暗室或微量灯光环境下视力不良的情况，此时可以通过在微量灯光环境下进行威胁反应或棉花球掉落测试来检查暗室下视力状况，由于视网膜厚度变薄，此时利用眼底镜可以发现脉络膜毯的反光改变或出现过度反光（hyper-reflectivity），在发病初期也可见到脉络膜毯的血管轻度萎缩。随着

疾病的恶化，视力状况会逐渐由夜盲恶化成全盲，同时瞳孔的光反射减弱，而且瞳孔会大于正常犬；眼底检查时发现血管萎缩程度更加明显，同时脉络膜毯过度反光的状况会更加明显，并逐渐包含整个脉络膜毯的视网膜，此外非脉络膜毯也可能出现去色素化，而视神经盘所在的部分也会变得苍白（图12-8）。除此之外，随着全面性进行性视网膜退化的发生，也可能导致继发性白内障。

【诊断】除了上述临床症状可以协助判断是否为渐进性视网膜退化症外，在多数犬可以在尚未出现严重临床症状之前利用视网膜电图检测发现异常波形，可以说是非常有效且敏锐的早期诊断方法。目前已有商业公司可以检测超过30种犬的脱氧核醣核酸（DNA）来筛检是否患有遗传性视网膜病变，这项检测的优点在于无论犬年龄大小皆可进行，同

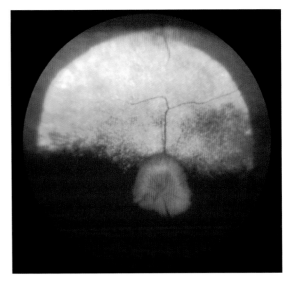

图12-8　全面性渐进性视网膜萎缩
可发现脉络膜毯的反光改变或出现高度反光，脉络膜毯的血管萎缩。此外非脉络膜毯出现去色素化的现象，而在视神经盘的部分也会变苍白

表12-2　遗传性视网膜退化的品种相关性

品种	疾病名称	遗传性
早期的疾病		
巨型阿拉斯加雪橇犬	视锥细胞退化（夜盲症，昼盲症）	常染色体隐性
比利时牧羊犬	光感受器发育不良	尚不明确
伯恩山犬	进行性视网膜萎缩	常染色体隐性
布里犬	视网膜变性	常染色体隐性
斗牛马士提夫犬	犬多点视网膜变性	常染色体隐性
卡地甘威尔士柯基犬	视杆细胞变性3	常染色体隐性
柯利犬（粗毛或平毛）	视杆细胞变性2	常染色体隐性
棉花面纱犬	犬多点视网膜变性	常染色体隐性
腊肠犬（小型长毛犬）	视杆细胞退化1	常染色体隐性
腊肠犬(标准卷毛犬)	视杆细胞退化	常染色体隐性
法国马士提夫犬	犬多点视网膜变性	常染色体隐性
德国短毛波音达犬	视锥细胞退化（夜盲症，昼盲症）	常染色体隐性
大白熊犬	犬多点视网膜变性	常染色体隐性
爱尔兰雪达犬（红和白）	视杆细胞变性1	常染色体隐性
马士提夫犬（英国）	犬多点视网膜变性	常染色体隐性
挪威猎鹿犬	视杆细胞发育异常	常染色体隐性
	早期视杆细胞发育异常	常染色体隐性
比特犬	视杆细胞变性2	常染色体隐性
雪纳瑞犬（迷你）	A型进行性视网膜萎缩	部分的显性基因
后期的疾病		
秋田犬	进行性视网膜萎缩	常染色体隐性
美国可卡犬	进行性视杆细胞退化	常染色体隐性
美国爱斯基摩犬	进行性视杆细胞退化	常染色体隐性
澳大利亚牧牛犬	进行性视杆细胞退化	常染色体隐性
澳洲粗短尾牧羊犬	进行性视杆细胞退化	常染色体隐性
斗牛马士提夫犬	进行性视网膜萎缩	显性基因
乞沙比克湾猎犬	进行性视杆细胞退化	常染色体隐性
中国冠毛犬	进行性视杆细胞退化	常染色体隐性
考氏犬	进行性视杆细胞退化	常染色体隐性
英国可卡犬	进行性视杆细胞退化	常染色体隐性
英特布彻牧牛犬	进行性视杆细胞退化	常染色体隐性
芬兰拉普猎犬	进行性视杆细胞退化	常染色体隐性
金毛寻回犬	进行性视杆细胞退化	常染色体隐性
卡瓦纳犬	进行性视杆细胞退化	常染色体隐性
拉布拉多寻回犬	进行性视杆细胞退化	常染色体隐性
芬兰驯鹿犬	进行性视杆细胞退化	常染色体隐性
马士提夫（老式英国）	进行性视网膜萎缩	显性基因
新斯科舍诱鸭寻回犬	进行性视杆细胞退化	常染色体隐性
蝴蝶犬	进行性视网膜萎缩	常染色体隐性
贵宾犬	进行性视杆细胞退化	常染色体隐性
葡萄牙水犬	进行性视杆细胞退化	常染色体隐性
萨摩耶犬	伴X染色体的进行性视网膜萎缩	X染色体
西伯利亚雪橇犬	伴X染色体的进行性视网膜萎缩	X染色体
阿拉伯灵猩犬	视杆细胞退化1a	常染色体隐性
西班牙水猎犬	进行性视杆细胞退化	常染色体隐性
瑞典拉普猎犬	进行性视杆细胞退化	常染色体隐性
西藏猎犬	进行性视网膜萎缩	常染色体隐性
西藏狸犬	进行性视网膜萎缩	常染色体隐性

时准确率为100%，还可以检测出异质结合突变体（heterozygous mutation）的患病动物，即带有突变基因但表型正常的犬。

二、视网膜色素性上皮退化（Retinal pigment epithelial dystrophy，RPED）

视网膜色素性上皮退化是指在视网膜上呈现多区域的过度反光，曾称为中心型渐进性视网膜退化症（central PRA，CPRA）。由于该病会最先影响到视网膜色素性上皮（retinal pigment epithelium，RPE），同时通常不会造成全盲的临床症状，因此将CPRA更名为视网膜色素上皮退化症来与PRA相区分。常见于可卡犬、边境牧羊犬、黄金猎犬及拉布拉多猎犬等。

【临床表现】一般来说患有此疾病的犬会在2~6岁时开始逐渐丧失中心视力，这意味着患犬可以追逐移动的物体，但却无法看见静止不动的物体。然而该病发生的年龄及进展的速度差异非常大，有些患犬会在开始发生的后12个月内完全丧失视力，但也有些患犬不一定会出现全盲的临床症状。眼底镜检查时可以见到在视网膜的外颞侧有浅棕色色素斑点，并且数量会随着疾病的恶化而增加，同时汇合并见到脉络膜毯的过度反光及血管的萎缩（图12-9），随着疾病的恶化也可能出现视神经萎缩及继发性白内障等问题。

【诊断】除了眼底镜检查以外，之前的研究也曾发现RPED患犬血液中维生素E的浓度非常低，因此有因为缺乏抗氧化物维生素E造成无法完成自动氧化的步骤而引发该病的假说。因此建议检查血液中维生素E的含量，并且建议每天可以补600~900 IU。

三、急性获得性视网膜变性（Sudden acquired retinal degeneration，SARD）

该病泛指患犬的急性失明，同时在视网膜电图的检查下完全丧失感光细胞活性的疾病，部分犬可能在数天内或数周内完全失明。目前此病的发病机制尚未明确，并且无治疗的方法。

【临床表现及诊断】大多数患犬可见中等至放大的瞳孔，且瞳孔对光的反射消失。在发病初期，患犬眼底镜检查的结果可能正常，可在视网膜电

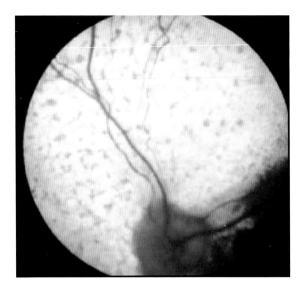

图12-9　视网膜色素性上皮退化
可以见到在视网膜的外颞侧有浅棕色色素斑点，且数量会随着疾病的恶化而增多，同时会同时见到脉络膜毯的过度反光及血管的萎缩

图检查时则会完全失去波形，因此可以和其他视网膜退化性病变做区分。但随着病程发展至数周或数月后，也会见到血管萎缩及脉络膜毯过度反光的现象。此疾病通常发生在中老龄，且较胖的犬。有研究发现，患犬在出现症状前大多有饮欲及排尿增加的现象，同时少数患犬肝指标上升，且ACTH测试结果异常。

四、视网膜脱离（Retinal detachment）

视网膜的神经感觉细胞只有位于视神经盘部分和下方的组织贴合得比较紧密，在色素性上皮上方的视网膜贴合得不紧密，主要是依赖玻璃体的压迫达到稳固的效果。因此全面性视网膜脱离是指仅有视神经盘上方的视网膜还贴合着，其他部位的视网膜全部和其下的组织分离。

【临床表现】在眼底镜检查时，可见剥离的视网膜区域相对其他脉络膜毯部分会呈现灰色，若是在非脉络膜毯位置发生剥离则会呈现苍白色。还会见到视网膜的皱褶及血管的扭曲。一般来说临床症状会与剥离的范围有关，局部视网膜脱离可能不会影响患犬的视力；但全面性视网膜脱离患犬则可能失明并丧失瞳孔对光的反射，另外也会见到继发性

并发症，如眼内出血、白内障或青光眼等。

【分类】一般来说，可根据发病机制将视网膜脱离区分为如下几种类型：

（1）因为视网膜下有液体或渗出液蓄积造成视网膜与色素性上皮分隔，此为最常见的视网膜脱离类型，常见于脉络膜发炎或血管性疾病（如高血压）或糖尿病的并发症等。

（2）原发型浆液性视网膜脱离则常见于德国牧羊犬，多数为双眼同时发生，通常可以通过免疫抑制药物来达到治疗的效果。

（3）少数类型为实质物体造成的视网膜脱离，此类型多由肿瘤细胞浸润所造成。

（4）拉扯型的视网膜脱离则是因为有发炎组织或结缔组织形成由玻璃体至眼前房的一个拉力，造成剥离的现象，通常发生在有眼睛创伤、出血或眼后房发炎时。

（5）裂隙型视网膜脱离多见于玻璃体移动或纤维化之后，常见于创伤、过成熟白内障、晶状体异位，甚至是白内障手术的术后并发症。

五、脉络膜炎

由于视网膜与脉络膜之间的结构性关系很难区分，一般来说会造成视网膜与脉络膜同时发炎。脉络膜的结构与前葡萄膜相连结，因此脉络膜炎通常与前葡萄膜炎有关。

【病因】许多全身性感染疾病、创伤、异物或免疫性疾病皆有可能造成脉络膜炎。

【临床表现】可能为单侧或是双侧，在急性发生的初期会在眼底镜下见到视网膜有局部或多区域的灰色、不规则的炎性细胞浸润，造成脉络膜毯的反光性下降。根据炎症的严重程度不同，也可能造成不同程度的视网膜脱离。在发炎的后期，也会因为视网膜神经细胞的退化造成脉络膜毯的过度反光或非脉络膜毯的去黑色素化。

【治疗】脉络膜视网膜炎通常只是全身性疾病表现在眼睛的症状，因此应该先针对全身进行临床检查评估然后再进行治疗。同时可以全身给予消炎药，若怀疑有全身性感染疾病时，应避免使用类固醇类抗炎药，而使用非类固醇类药物。

六、视网膜血管性疾病

（1）凝血性疾病 该病发生于血小板数量过少或功能异常或凝血的内因因子或外因因子存在异常时，可能造成视网膜出血，且在眼底镜下可以被检查到。

（2）全身性高血压 犬的全身性高血压大多由其他疾病所引发，如肾脏或内分泌方面的疾病。全身性高血压可能造成视网膜、脉络膜或视神经的病变，如视力丧失、眼内出血、视网膜脱离等。治疗方法主要是给予适当的降血压药。

（3）糖尿病性视网膜病变 虽然犬因糖尿病造成眼睛并发症大多为白内障，但长期患糖尿病的犬仍可能引发视网膜的病变，包括多发性视网膜出血和视网膜的退化。

（4）肿瘤 在犬的眼后房很少发生原发型肿瘤，最常见的肿瘤为脉络膜的黑色素瘤。而在眼后房发生的继发性肿瘤通常发生在脉络膜，可能为淋巴瘤、肉瘤、黑色素瘤或血肉瘤的转移，但相对前葡萄膜发生概率小很多。

CHAPTER 13

郭广慈　医师（台北远见动物眼科医院）
林中天　教授（台湾大学兽医专业学院）

第十三章 ｜ 神经眼科学

第一节　解剖和生理

神经眼科学的基础知识涉及多个不同的专业领域，包括神经科与眼科的解剖学、生理学、病理学，以及内科学、外科学、影像学等。在全面了解这些知识后，配合完整的眼科与神经学检查，并详细地掌握病史之后，再依靠记忆背诵，神经眼科学的诊断与定位才能很好地完成。

一、与眼相关的脑神经

与眼相关的脑神经及其功能和检查项目见表13-1。

二、视神经传导途径

视神经离开视网膜后，一部分经过视神经交叉到达对侧大脑皮质（并非左眼接收的信息传递至右侧大脑，而是每只眼睛接收到的左侧视野的信息会传递至右侧大脑，反之亦然）。在猫有65%的视神经纤维通过视神经交叉到达对侧，犬为75%，人类为50%。视神经束传递信息可分为6个路径，各负责不同的生理功能。

（1）外侧膝核（Lateral geniculate nucleus，LGN）　位于视丘后背外侧的核区，通过侧膝核，又分为两个不同方向的轴突，其一是视觉路径（皮质路径），其二是反射路径（皮质下路径）。

（2）视叉上核（Suprachiasmatic nucleus）　位于下视丘，行经视网膜下视丘路径，为掌管生理时钟的位置。视网膜接收光刺激之后，可在此进行昼夜周期的调节。

（3）附视系统（Accessory optic system）　位于中脑，将信息传递至小脑与脑干，在头颈运动时调节视线注视的方向，是负责视动性眼球震颤的重要系统。

（4）顶盖前核（Pretectal nucleus）　位于视丘与中脑交界处，进入这里的部分视神经纤维负责调节瞳孔的光反射，也帮助达成双眼视觉及视动性眼球震颤。

（5）前丘（Rostral colliculus）　在非哺乳类脊椎动物称为视顶盖（optic tectum），位于中脑，为视网膜到大脑皮质神经传导的一部分，负责眼球运动。

（6）腹侧膝核（Ventral lateral geniculate nucleus）　位于腹侧视丘，参与大部分视神经信息输出的神经传导，其功能目前尚不明确。

三、威胁反应的神经传导途径

眼睛接收到检查者手部挥动的感官刺激后，信息自视网膜传递的传入路径依序是视神经、视神经

表13-1 与眼相关的脑神经及其功能和检查项目

神经种类	涉及的脑神经	功 能	临床检查项目
感觉（传入）神经			
一般体传入（general somatic afferent）	三叉神经（第五对脑神经）——眼分支与部分上颌分支	眼球与附属器的感觉（如碰触、疼痛、流泪反射、温度）	角膜反射 眼睑反射
特殊体传入（special somatic afferent）	视神经（第二对脑神经）	视觉的传入臂，皮质下反射的传入臂	瞳孔大小 瞳孔大小不一 瞳孔光反射 威胁反应 瞬目反射 视觉置位反应 眼底镜检查
	前庭耳蜗神经（第八对脑神经）	位于内侧纵束、网状构造和小脑前庭核的神经纤维与第三、四、六对脑神经有关（当头部位置改变时，协调眼球运动）	眼球震颤 步态分析 眼头反射 视动性眼球震颤 旋转后眼球震颤
运动（传出）神经			
体传出（somatic efferent）	动眼神经（第三对脑神经）	支配眼外4条肌肉（背侧、内侧、腹直、腹斜）、提上睑肌，以及虹膜睫状肌上副交感神经的控制	斜视 眼睑下垂 前庭视反射时的眼球运动
	三叉神经（第五对脑神经）	支配眼外的上斜肌	斜视（猫） 眼底镜检查（犬） 前庭视反射时的眼球运动
	外旋神经（第六对脑神经）	支配眼外的外直肌与眼球缩肌	斜视 前庭视反射时的眼球运动（特别是眼球外侧移动） 角膜反射与眼睑反射（眼球后缩动作）
一般脏器传出（general visceral efferent）			
副交感神经分支	动眼神经（第三对脑神经）中的睫状神经节（ciliary ganglion） 颜面神经（第七对脑神经）中的翼颚神经节（pterygopaalatine ganglion）	支配收缩瞳孔的虹膜括约肌 支配泪腺分泌	直接与间接瞳孔光反射 毛果芸香碱测试 泪液测试
交感神经分支	经过胸椎神经传出（T1-T3）与迷走交感神经干（前颈神经节，cranialcervical ganglion）的神经路径	支配扩张瞳孔的虹膜阔约肌及眼眶与眼皮的平滑肌	霍纳氏症候群的症状
特殊脏器传出（special visceral efferent）	颜面神经（第七对脑神经）	支配颜面肌肉	眼睑反射 威胁反应 瞬目反射

摘自Ferreira FM and Petersen–Jones S. Neuro–ophthalmology.

交叉、视束、外侧膝状体及视放射，最后到达大脑皮质（图13-1）。在大脑视觉皮质，另会投射信息到运动皮质，接着神经信息经过内囊（internal capsule）与大脑脚（crus cerebri）到达位于脑干的颜面神经核（facial nuclei），颜面神经在此传达输出信息到眼皮肌肉，眨眼的威胁反应就此完成。

事实上，小脑也参与了威胁反应的过程，并整合运动皮质的功能。其神经路径为：在大脑脚由桥脑的纵向纤维（longitudinal fiber）传递信息至桥脑核（pontine nucleus），再由桥脑与小脑的横向纤维（transverse fiber）传递信息到小脑皮质，最后信息传至颜面神经核。必须注意的是，左侧视野传入的信息会到达右半球小脑，而右侧视野传入的信息会到达左半球小脑。

四、瞳孔光反射的神经传导途径

瞳孔大小由虹膜括约肌（副交感神经）与虹膜辐射状肌（交感神经）调节，其中又以副交感神经系统控制为主，并且主导瞳孔光反射（图13-2）。神经传入到达副交感系统的动眼神经核的路径为：视网膜、视神经、视神经交叉、视神经束（在此的前，与视觉产生及威胁反应相同）、侧膝核（与视觉产生及威胁反应不同的是，只经过但不形成突触），接着路径向腹侧走向中脑并跨越中线至双侧的顶盖前核形成突触，神经轴突继续延伸至副交感神经的动眼神经核，最后动眼神经的运动轴突带着信息离开中脑，在眼球后方的睫状神经节（ciliary ganglion）形成突触，在此之前称为副交感神经节前轴突、在此之后称为节后轴突。节后神经支配睫状体与虹膜括约肌造成缩瞳反应。

交感神经方面，其节前神经元的细胞体位于第

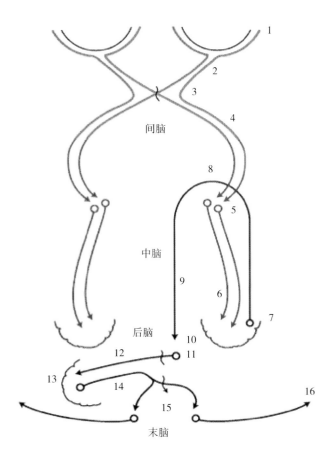

图13-1　威协反应的神经传导路径
1. 视网膜　2. 视神经　3. 视交叉　4. 视束　5. 外侧膝状体　6. 视放射　7. 视皮质　8. 内囊　9. 大脑脚　10. 桥脑的纵向纤维　11. 桥脑核　12. 桥脑与小脑的横向纤维　13. 小脑皮质　14. 小脑传出路径　15. 颜面神经核　16. 颜面肌肉（眼轮匝肌）

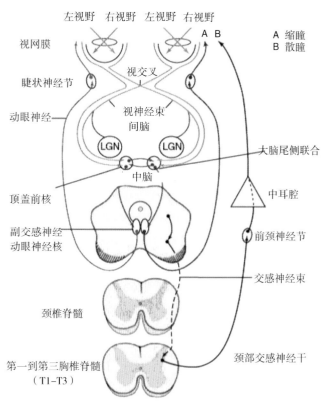

图13-2　交感神经与副交感神经参与瞳孔光反射的神经传导路径

一至第三胸椎脊髓（T1-T3），而轴突终止在前颈神经节。节后神经纤维则经过鼓室、岩骨进入中耳腔，最后延伸至眼部支配虹膜括约肌，导致散瞳。瞳孔光反射与视力表现的神经定位见表13-2。

表13-2 瞳孔光反射与视力临床表现的神经病灶定位

临床表现	病灶定位
视力异常、瞳孔光反射异常	视网膜、视神经、视神经交叉
视力异常、瞳孔光反射正常	侧膝核、远程视神经束、视放射、视觉皮质
视力正常、瞳孔光反射异常	中脑（动眼神经核）、动眼神经（动眼神经传出纤维）

第二节 视网膜与视神经疾病

此类疾病大多可造成视力异常（减退至丧失）以及瞳孔光反射异常。只是对于较小的病灶来说，即使已造成失明但仍会因为光刺激太强而存在瞳孔光反射抗阻（PLR resistant），并呈现出微弱的瞳孔光反射。在病灶较大较严重时，由于视神经传入已受到破坏，此时通常会导致全盲，这样就可以理解为什么神经传入阻断会导致瞳孔光反射完全消失了（图13-3）。

常见的单侧视网膜与视神经问题包括视网膜脱离、青光眼、眼球后脓肿、肿瘤、创伤造成视神经牵扯或干扰血液供应。眼底检查可见视神经盘萎缩及继发性视网膜萎缩。双侧视网膜问题包括视网膜脱离、视网膜萎缩、急性后天性视网膜萎缩（sudden acquired retinal degeneration）和青光眼。最常见的视神经问题为感染性（如犬瘟热、隐球菌症、弓形虫病等）与发炎性（如肉芽肿性脑膜脑炎）视神经炎。肿瘤则是影响视神经交叉的最常见病因。

一、视神经乳头水肿（Papilledema）

严格来说，视神经乳头水肿并非一种疾病，而是视神经乳头因脑压增高而发生水肿的现象。由于脑部蛛网膜下腔与视神经鞘相连，脑脊髓液压力增加便会连带影响到视神经。

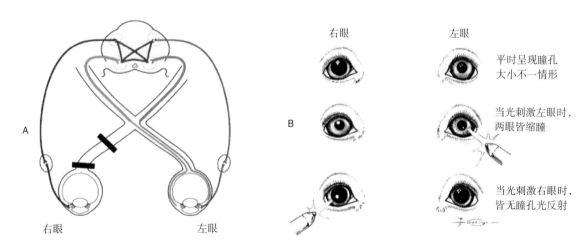

图13-3 病灶发生在右侧视网膜或视神经时，双眼所表现出的直接与间接瞳孔光反射结果。平时有问题的右眼无法正常接收光刺激，但受到左眼的间接瞳孔光反射而未完全散瞳，两眼呈现瞳孔大小不一状态。当光线刺激左眼时，神经传导通过视神经交叉与中脑，使得双眼都呈缩瞳反应。当光线刺激右眼时，神经传导的输入路径受阻，两眼都无法达成瞳孔光反射。有趣的是，若将光线接连刺激左眼至右眼，会观察到右眼在光刺激时反而从缩瞳变为散瞳，此项测试称为瞳孔转移光试验（swinging flashlight test），是定位视神经交叉以前病灶的简单测试

【病因】导致视神经乳头水肿的最常见病因为脑部肿瘤，其次为眼眶部的炎症与肿瘤（如视神经肿瘤）。

【症状】在眼底检查时，我们可能观察到以下情形。

（1）视神经盘肿胀，相对于周围的视网膜较为突起。

（2）视神经盘边缘界线不清，呈绒毛状。

（3）视网膜的动脉与静脉自视神经盘延伸出来的形态呈扭结状。

（4）视神经盘呈水样粉红色。

（5）部分视网膜静脉缺血、扩张、扭曲，其余静脉可能看起来正常。

（6）视神经盘边缘可能出现火焰状出血。

视神经乳头水肿要与视神经炎相区别，两者的临床症状相似，但前者不会导致功能的缺失，后者却会丧失视力与瞳孔光反射。尽管视神经乳头水肿不会一开始就导致失明，但慢性视神经乳头水肿仍会引起视神经萎缩而发生渐进性失明，另外，在脑部肿瘤所引发的视神经乳头水肿病例中，皮质部肿瘤本身也会导致失明。

二、视神经未发育（Aplasia）与视神经发育不良（Hypoplasia）

未发育是指视神经完全不存在，为极罕见的情况。发育不良则是指视网膜神经节细胞（retinal ganglion cells，RGCs）在数量与分化上的发育异常，导致形成视神经的轴突不足、视神经纤维稀薄，在临床上也很少见，可能为单侧或双侧性。

【病因】在特定犬种，视神经乳头发育不良为先天性遗传。

【临床表现】视神经未发育的动物为先天性失明，瞳孔为散瞳并缺乏瞳孔光反射。在视神经发育不良的动物，可观察到视力缺失与瞳孔光反射异常，严重程度视残余的具有功能的视网膜神经节细胞及视神经轴突的数量而异。

【诊断】眼底检查时，可见视神经未发育的动物无视神经盘，而视神经发育不良的动物则可能看见一些视网膜血管及残存的视神经盘，此时视神经盘呈灰色并可能布满色素。有时会伴发视网膜萎缩。视神经未发育与发育不良应该与视神经萎缩相区别，除了在组织学上可发现视神经萎缩的病例存在视网膜神经胶质增生（gliosis）、炎性细胞浸润、RGCs退行性变化等特征外，视神经萎缩通常不会发生于年轻动物。

三、视神经缺损（Colobomas）

视神经缺损是指因胚胎期裂隙（embryonic fissure）关闭不全所造成视神经盘区域的凹痕，若缺损位于视神经盘内侧下方，则为典型视神经缺损；若缺损位于其余地方，则为非典型视神经缺损。

【病因】最特征性症状便是发生在柯利犬与喜乐蒂犬的眼部异常（collie eye anomaly，CEA），但此遗传性疾病也偶见于其他犬种，如巴森吉犬，此亦为遗传性疾病，其他犬种则为偶发。

【临床表现】此病的症状是先天性且非渐进性的，严重程度视神经盘凹痕的大小而定（可能是小凹痕甚至是正常视神经盘大小数倍的凹痕）。对于严重的病例，由于凹痕影响了视神经乳头的神经纤维，视力及瞳孔光反射会丧失。

【诊断】眼底检查时，视神经外观呈灰白色凹陷状，血管在靠近缺陷边缘处不可见，似乎潜入凹陷处。缺损必须和高眼压造成的青光眼盂状凹陷相区别。

四、视神经炎（Optic neuritis）

视神经发炎通常为双侧性，但也有单侧发生，发炎的区域可能为整段或部分视神经。

【病因】可影响神经组织的感染性疾病包括犬瘟热、隐球菌症、猪瘟、弓形虫病、猫传染性腹膜炎。

（1）发炎性疾病　最常见的发炎性疾病为肉芽肿性脑膜脑炎（granulomatous meningoencephalitis，GME）、脑膜炎。

（2）创伤　特别是发生眼球脱出（proptosis）后的眼睛。

（3）眼窝疾病　眼窝组织发生蜂窝性组织炎。

（4）肿瘤　视神经原发型肿瘤或影响视神经的眼窝肿瘤。

（5）维生素A缺乏　导致骨骼生长不良，限制视神经管（optic canal）的发育。

（6）不明原因　许多情况下视神经炎的病因不明，特别是在犬。这类病例被归类为不明原因性视神经炎。

【临床表现】值得注意的是，在病灶位于视神经较远处的病例，称为球后视神经炎（retrobulbar neuritis），眼底检查所看到的视网膜、视神经、玻璃体可能无异常。以下为临床中可观察到的视神经炎的临床症状。

（1）急性失明。

（2）瞳孔散大且瞳孔光反射消失。在单侧眼发生视神经炎的情况下，当光源刺激健侧眼时，存在直接与间接瞳孔光反射；当光源刺患侧眼时，直接与间接瞳孔光反射皆不存在。

（3）视神经盘肿胀突起，如缺血状，边缘模糊。

（4）视神经盘或其周围出血。

（5）视神经盘周围的视网膜水肿或脱离，随着时间的变化，可能发展成视网膜脉络膜退化。

（6）玻璃体混浊有渗出物。

（7）因特定病因而出现的中枢神经症状。

（8）任何情况的视神经炎若未治疗或未获得控制，经常可导致视神经萎缩，此时视神经盘外观呈苍白色且深陷，视网膜血管也会变细。

【诊断】除了上述临床症状外，视神经炎还要与其他急性失明疾病相区别，如青光眼、视网膜脱离、急性获得性视网膜变性（sudden acquired retinal degeneration, SARD）等疾病皆会导致急性失明、瞳孔散大和瞳孔光反射消失，我们可通过测量眼压、眼科超声波、视网膜电图检查来区别这些疾病。

【治疗】首要任务是在进行完整的眼科学检查、神经学检查、物理学检查和诊断之后，找出造成视神经炎的病因并治疗。对于炎症反应可以给予全身类固醇药物对症治疗。对于视力恢复的预后较差。另一方面，某些疾病可能会危及生命。

五、视神经肿瘤

视神经的原发型肿瘤包括脑膜瘤（meningioma）、胶质瘤（glioma）、星状细胞瘤（astrocy-toma），这些肿瘤皆属罕见。发生在视神经的肿瘤还包括继发性转移性肿瘤。

【临床表现】瞳孔散大且瞳孔光反射消失。由于肿瘤会影响传入的视神经，光源刺激发生肿瘤的眼睛时，直接与对侧眼的间接瞳孔光反射都不存在。发生大型眼窝肿瘤时，还可能会因为肿瘤压迫或影响传出的动眼神经，导致该眼的直接与间接瞳孔光反射消失（此时也会同时发生斜视与上眼睑下垂）。

眼窝肿瘤可能会引起视神经乳头水肿、神经炎，甚至导致视神经病变（optic neuropathy）。

视神经乳头与眼球后部这些结构可能会受肿瘤压迫而形成凹痕，在眼底镜下可见视网膜水肿与皱褶。

眼球后肿瘤造成结构上最明显的变化就是眼球突出（exophthalmos），也可能会因为动眼神经被破坏造成上眼睑下垂（ptosis），我们可以依据眼球位置与视轴方向推测肿瘤生长的方位。眼球后肿瘤与眼球后脓肿的区别是，肿瘤导致的眼球突出为渐进性和非疼痛性的。

【诊断】眼科超声波、X线、CT、核磁共振等影像学诊断可作为评估肿瘤大小与位置的工具。有时可利用超声波引导以细针采样取得的细胞学检查，能辅助对眼球后肿瘤的诊断。最终诊断为肿瘤摘除后的病理分析。

【治疗】在能够保留眼球的情况下，可行前侧开眶术（anterior orbitectomy）或外侧开眶术（lateral orbitectomy）以摘除肿瘤。在肿瘤侵犯性高、浸润性高的情况下，应行眼窝剜除术（orbital exenteration）。

六、视神经病变

【病因】视神经病变是指多种原因导致的视神经萎缩，为病理变化的末期。可能的病理变化过程包含如下。

（1）严重视网膜退化　因退化性病变扩散到视网膜神经节细胞（retinal ganglion cells, RGCs）及视神经轴突。

（2）青光眼　因眼内压升高，导致RGCs与视神经轴突受损。

（3）眼窝病变 眼球后脓肿、眼窝蜂窝性组织炎、犬眼外肌肉炎（canine extraocular myositis）。

（4）犬猫创伤性眼球脱出（proptosis）导致眼内神经受损。

（5）外侧膝核视神经炎的后遗症。

（6）病程过久的视神经乳头水肿。

（7）眼内肿瘤或颅内肿瘤。

【临床表现】视神经乳头呈现苍白、灰白、深陷的外观；视神经乳头及其周边色素化（pigmentation）；可能会观察到视神经乳头的筛板（lamina cribrosa）；视网膜血管变细。

【治疗】除了根据病因控制更进一步的视神经破坏外，视神经病变是无法治疗的。

七、视神经交叉疾病

最常见的视神经交叉疾病为脑下垂体肿瘤。动物的脑下垂体与人类不同的是，其位置不在视神经交叉后方，因此大部分的脑下垂体肿瘤都会影响到下视丘内，也会在生长后期影响视神经交叉（图13-4）。在猫的脑部梗塞的情况下，有时会导致缺血性脑病（feline ischemic encephalopathy），以及视神经交叉坏死。严重眼球脱出、眼球摘除时过度拉扯造都会成视神经交叉受损，导致另一侧眼球随之失明，此种状况较常发生于眼球后视神经较短的猫。

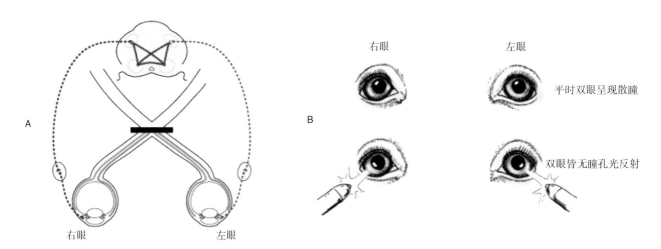

图13-4 病灶发生在视神经交叉时，双眼瞳孔呈现散瞳且对光刺激无反应。A图中红色与蓝色的虚线表示无作用的传出动眼神经

第三节 视中枢疾病

若病灶发生在视中枢，也就是在视束、外侧膝状体、视放射、与视觉皮质这段路径上（PLR神经传导分支出去之后的路径），动物的视力可出现减退或丧失，但瞳孔光反射仍然正常。这些疾病大多伴随神经症状，此外，弥漫性脑部疾病导致双侧视中枢受损也会影响双眼视力，而单侧脑部疾病导致单侧视中枢受损则只会影响对侧视力。下文将依病灶发生位置分别介绍各种疾病。

一、双侧视神经束疾病

不完全的视神经束病变可能只会造成微弱的视力减退，组织病理学上最常见的视神经束病变为去髓鞘化，犬瘟热为其中一个病因，其病毒容易攻击视神经束造成视神经炎，尽管如此，但视力减退却不明显，需依靠结膜拭子与血液样本进行聚合酶链式反应（PCR）来确诊。犬脑下垂体肿瘤侵犯或压迫下视丘时，也会影响到视神经束。

二、单侧视神经束疾病

下视丘与视丘的肿瘤可能会影响一侧视神经束，从而影响对侧视力，但瞳孔光反射仍正常（图13-5）。由于视神经束与内囊（internal capsule）、前大脑脚（rostral crus cerebri）在解剖位置上相近，发生在下视丘或视丘的占位性病灶（space-occupying lesions）除了会影响视神经束外，也会影响内囊与前大脑脚，可能会同时造成对侧的轻度偏瘫。此外，创伤性与缺血性病因也会造成此处组织坏死，使动物出现对侧视力丧失与对侧轻度偏瘫。

三、侧膝核疾病

多发性或弥漫性脑病可能会导致侧膝核的破坏，包括发炎、肿瘤等疾病。在所有患白化症的猫科动物（小至小型暹罗猫，大至大型老虎）及貂，均存在侧膝核的神经组织化异常与视网膜膝状体投射异常的疾病，部分动物具有先天性内斜视（esotropia）与眼球震颤（nystagmus）。

四、单侧视放射与视觉皮质疾病

该病可能的病因包括肿瘤、创伤、脓肿和发炎。其中弓形虫（*Toxoplasma gondii*）感染造成的脑炎会在视放射形成占位性肉芽肿。在猫的缺血性脑病（feline ischemic encephalopathy），怀疑是感染黄蝇（Cuterebra）后，幼虫在体内移行造成了亚急性单侧性血管性脑病，血管阻塞发生的位置大多在中大脑动脉（middle cerebral artery），缺血性坏死的范围可能是多发性或达大脑的2/3，因此即使大部分患猫能够存活，也会留下神经症状的后遗症。

五、双侧视放射与视觉皮质疾病

（1）感染 犬瘟热病毒会造成视放射去髓鞘化（demyelination）及星状胶质细胞增多（astro-cytosis），其所引起的脑炎会导致单侧或双侧性失明，而瞳孔光反射不受影响。

（2）代谢性疾病 肝性脑病（hepatic en-cephalopathy）、肾毒性脑病（uremic encephalopa-thy）、低血糖等代谢性问题除了会造成大脑受损从而破坏视中枢外，也可能影响到脑干，导致瞳孔光反射与眼球运动异常。

（3）发炎 常见于小型犬的肉芽肿性脑膜脑炎，这是一种不明原因的脑部发炎性疾病，可能在视觉皮质、视觉路径上或其他脑部位置形成肉芽肿。建议采用免疫抑制法治疗，但预后不佳。坏死性脑膜脑炎（necrotizing meningoencephalitis）也是一种不明原因的免疫性脑炎，预后不佳。

（4）脑部缺血性坏死 麻醉过量、呼吸终止过久、心搏停止皆会导致大脑广泛性缺血性坏死。即使动物恢复，也可能会致使失明但瞳孔光反射正常。

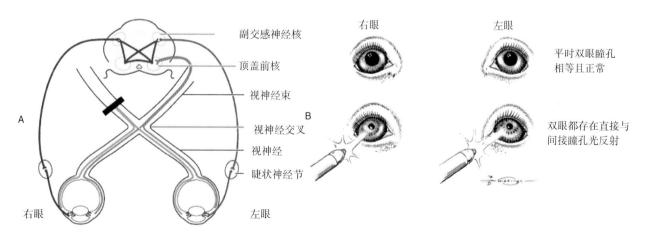

图13-5 病灶房水在远程视神经束或更上游的位置时，由于神经传导可透过视神经交叉与中脑，同时于双眼的动眼神经输出，使得双眼的直接与间接瞳孔光反射皆存在

（5）严重天幕疝脱（Tentorial herniation） 占位性脑部病灶或脑部创伤会造成脑组织水肿、脑压升高、双侧性枕叶向腹侧疝脱及失明。若脑干部位也受损，瞳孔光反射也可能会受影响。

（6）严重阻塞性水脑症（Obstructive hydrocephalus） 脑脊髓液流动或排出受阻时会蓄积在侧脑室或蛛网膜下腔，即为阻塞性水脑症。此时脑内压的增加会危及内囊的视放射而导致双眼失明，大脑皮质受压变薄则会引起神经症状。

六、脑部损伤

脑部损伤常见动眼神经核受损导致瞳孔光反射异常，这是由于脑部损伤或创伤后的出血与肿胀压迫到中脑使动眼神经核失去功能，从而表现出瞳孔散大症状（图13-6）。若因损伤而发生双侧交感神经上位神经元失调或副交感系统动眼神经元过度作用，则会造成缩瞳症状。表13-3对将脑部损伤伴随的瞳孔反射异常作了分类，瞳孔的异常症状可作为判断病灶位置与严重程度的诊断项目。

七、小脑病灶

虽然小脑并非与视觉有直接关系，但小脑发生病灶也会影响视觉系统。由于威胁反应的过程中，神经传导路径由视觉皮质到颜面神经核的路径经过小脑，因此单独存在小脑的问题也会导致威胁反应消失，但动物仍保有视力、眼睑反射、瞬目反射等，单侧小脑病灶会失去同侧威胁反应。

表13-3 脑部损伤导致瞳孔光反射异常

脑部损伤	症状	预后
脑干挫伤，伴随中脑与桥脑的出血或撕裂，双侧动眼神经核因此受到影响	双眼极度散瞳、无瞳孔光反射，倒卧姿势；意识状态为半昏迷或昏迷	极差
单侧动眼神经核损伤	瞳孔大小不一，同侧眼散瞳，无瞳孔光反射	需谨慎观察
急性、广泛性脑部创伤，压迫中脑顶盖	双眼极度缩瞳、无瞳孔光反射	需谨慎观察*

*当瞳孔大小及瞳孔光反射恢复正常时，便是脑部损伤恢复及预后良好的信息。若双眼缩瞳的状态渐进性转变为散瞳，并且仍无瞳孔光反射，则表示脑部创伤正在恶化（如出血、水肿）。这通常是因为中脑受到严重挫伤并出血，导致大脑肿胀与枕叶向腹侧疝脱至小脑幕（tentorium cerebelli），使中脑或动眼神经受压迫而失去功能。

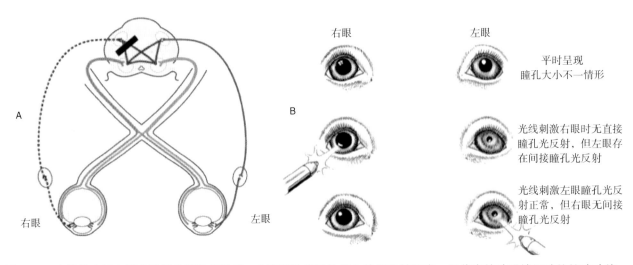

右眼　左眼

平时呈现
瞳孔大小不一情形

光线刺激右眼时无直接瞳孔光反射，但左眼存在间接瞳孔光反射

光线刺激左眼瞳孔光反射正常，但右眼无间接瞳孔光反射

图13-6 病灶发生于右侧中脑的动眼神经核时，右眼接收光线的传入神经维持正常，但传出的动眼神经致使缩瞳功能丧失，导致右眼完全无瞳孔光反射，左眼仍保有直接与间接瞳孔光反射

第四节　斜　视

控制眼球转动的眼周肌肉共有7条，由动眼神经、滑车神经、外旋神经所支配（表13-4）。这些眼外肌肉中存在共轭关系，双眼的眼外肌肉彼此协调以达成眼球转动至同一方向的动作，如眼球往右方转动时，控制右眼外直肌的外旋神经作用使其收缩，同时左眼外直肌被抑制，而支配右眼内直肌的动眼神经被抑制，左眼内直肌收缩。眼球后缩肌的功能则是在面临疼痛与威胁时，使眼球后缩。

表13-4　眼外肌的构成和功能

肌　肉	支配神经	作　用
背直肌（dorsal rectus）	动眼神经	往上转动
腹直肌（ventral rectus）	动眼神经	往下转动
内直肌（medial rectus）	外旋神经	内转
外直肌（lateral rectus）	滑车神经	外转
背斜肌（dorsal oblique）	动眼神经	十二点钟方向往鼻侧转动
腹斜肌（ventral oblique）	外旋神经	十二点钟方向往颞侧转动
眼球后缩肌（retractor bulbi）		后缩

当支配眼周横纹肌的神经出现失调或眼周肌肉异常时，眼球无法正常转动并位于异常位置，便称为斜视（strabismus）。检查方式除了观察眼球位置对称性外，可分别在水平、垂直方向移动动物头部，正常情况下双眼应随视轴方向的改变而转动。前庭系统及颈部本体反应系统皆会影响支配眼周肌肉的脑神经核，因此这些部位发生问题时便可能会造成斜视。此外，创伤也是造成斜视的一大原因，包括眼球脱出（proptosis）或眼眶骨骨折后造成的眼周肌肉创伤。

一、先天性斜视

不同品种的犬猫均可发生先天性内斜视，最常见于暹罗猫、喜马拉雅猫或其他花色相近的猫。这些患猫，是因为实例化影像的基因发生缺陷，以及有较多来自颞侧视网膜的视神经通过视神经交叉，而导致代偿性内斜视，让更多视野集中在视线前方。患有先天性水脑症的动物常见腹外侧斜视，可能是发育早期时水脑症导致颅腔变形所致。

二、前庭系统疾病导致的斜视

当斜视只发生在头部摆向某些方向时，便是前庭系统的问题所致。前庭系统损伤的病灶可位于内耳、前庭耳蜗神经（第八对脑神经）的周边神经系统或前庭在脑干与小脑的中枢神经系统。发生前庭系统斜视的患眼与前庭病灶同侧，通常为在头颈部伸展时发生腹外侧方向斜视。

三、动眼神经麻痹

动眼神经核和动眼神经的病灶，会导致外侧与轻微腹侧斜视。常见的影响动眼神经的病灶位于海绵窦与眼眶裂，分别称为海绵窦症候群（cavernous sinus syndrome）与眼窝裂症候群（orbital fissure syndrome）。由于第四、第五、第六对脑神经经过这个区域，这类疾病同时会表现出这些神经功能缺失的症状（图13-7）。

【病因】常见的原因为发炎、感染、外伤、血管病变或肿瘤。

【临床表现】动眼神经的功能为：①运动传出神经支配眼周的背直肌、内直肌、腹直肌、腹斜肌和提眼睑肌；②副交感系统支配虹膜括约肌。当动物眼神经发生麻痹时，可表现出如下症状：

（1）散瞳　失去副交感支配瞳孔括约肌的神经功能，称为内眼肌麻痹（internal ophthalmoplegia）。

（2）腹外侧斜视　失去支配背直肌、腹直肌、内直肌、腹斜肌的神经功能，通常呈现外侧与轻微腹侧斜视。当进行生理性眼球震颤测试时，眼球无法向内侧转动，称为外眼肌麻痹（external ophthalmoplegia）。

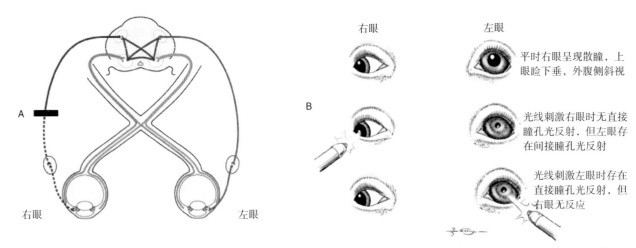

右眼　　　　　左眼

平时右眼呈现散瞳，上眼睑下垂，外腹侧斜视

光线刺激右眼时无直接瞳孔光反射，但左眼存在间接瞳孔光反射

光线刺激左眼时存在直接瞳孔光反射，但右眼无反应

右眼　　　　　左眼

图13-7　病灶发生于离开中脑后的右侧动眼神经时，因为失去支配瞳孔括约肌的缩瞳功能，以及动眼神经支配眼外肌肉的功能，所以同侧眼始终维持散瞳与斜视，而对侧眼保有直接与间接瞳孔光反射

（3）上眼睑下垂　失去支配提眼睑肌的神经功能。

发生动眼神经损伤的动物有可能只表现出内眼肌麻痹的散瞳症状，无斜视与眼睑下垂情形，这是因为副交感神经在解剖位置上比动眼运动神经更靠浅层和内侧，所以当中脑肿胀导致压迫时，会先影响副交感神经。

【诊断】配合病史、临床表现、神经定位进行诊断，必要时可利用影像工具辅助诊断。

四、外旋神经麻痹

当控制外直肌与眼球后缩肌的外旋神经核或外旋神经麻痹时，将导致眼球无法后缩及内斜视。

我们可以在撑开动物眼睑的状态下进行威胁反应测试，当眼球后缩肌无功能时，眼睛看见威胁动作时会无法后缩。内斜视的眼球则处于无法往外侧转动的状态，若为单侧外旋神经麻痹或外直肌功能不良，则双眼眼球位置会明显呈现不对称。

五、滑车神经麻痹

当控制背斜肌的滑车神经麻痹时，眼球会呈现背外侧斜视。对于瞳孔为圆形的动物，如犬，此方向的斜视不易从外观观察到，然而在眼底镜检查时，可看到本应是垂直方向的上视网膜静脉向外侧偏斜。对于具有纺锤状瞳孔的猫，背外侧斜视可以从瞳孔方向明显观察到向背外侧偏斜。

第五节　眼球震颤

前庭系统的功能是在保证不同头部位置与动作的情况下，保持眼、躯干和四肢的平衡。正常情况下会存在生理性眼球震颤（nystagmus），即前庭系统控制的一非自主性、节律性的眼球运动，使头部移动时保持视线目标的方向。当头部移动时，刺激了内耳的前庭耳蜗神经感受器，神经传入经过小脑前庭核、内侧纵束，到达脑干支配眼外肌肉的神经元（包括动眼神经、滑车神经、外旋神经），最后由这些神经传出控制眼球运动。

前庭性眼球震颤的测试是将动物头部缓慢从一侧移动至另一侧时，从眼轮部观察眼球的运动情形，分为快速期与慢速期，快速期方向定义为眼球震颤的方向，正常情况下快速期的方向与头部移动方向一致，且双眼运动具有共轭关系，震颤会同步发生。此项测试是评估动物有无发生上述前庭系统的病灶，同时也可由此观察眼周肌肉运作是否正常。完全失去前庭性眼球震颤意味着脑干存在严重病灶，影响了前庭核、内侧纵束或控制眼周肌肉的脑神经核（动眼神经、滑车神经、外旋神经）。除了前庭性眼球震颤消失外，当头部停止移动或静止时眼球持续震颤（称为自发性眼球震颤）或头部在往侧边倾斜或伸展时出现眼球震颤（称为姿势性眼球震颤）皆为异常现象，视为病理性眼球震颤。

对于周边性前庭受体疾病，病理性眼球震颤发生的方向为水平或旋转的，且为远离病灶的方向，即使改变头部姿势后震颤的方向仍不变。在中枢性的小脑前庭系统疾病，眼球震颤的方向为水平、旋转或垂直的，可能会随着头部姿势的改变而更改方向。

一、周边性前庭疾病

中耳或内耳发炎进而间接或直接影响了前庭系统感受器，在小动物是导致病理性眼球震颤的常见原因。

根据单侧性中内耳疾病严重程度的不同，动物会表现出不对称的共济失调，也可能只存在偏头与姿势性眼球震颤症状。由于犬猫的颜面神经与交感神经通过内耳的解剖位置邻近，如果炎症已蔓延至内耳，症状也许包括同侧颜面神经麻痹或霍纳氏症候群或两者同时出现。也可能会发生单侧耳聋，但在临床上较难进行听力评估。

二、不明原因性前庭疾病

该类疾病包括猫前庭症候群（feline vestibular syndrome）、不明原因良性前庭疾病（idiopathic benign vestibular disease）、老犬前庭疾病（old dog vestibular disease）。动物会出现偏头、自发性眼球震颤，而眼球震颤方向与偏头方向相反，方向通常为水平的，有时是旋转的。这是一自限性疾病，3~4 d后自发性眼球震颤会自行消失。

三、中枢性前庭疾病

中枢性前庭疾病是当病灶发生在前庭核或其他神经传导路径时导致的疾病，症状与周边前庭系统疾病类似，但以下几种症状只存在于中枢性前庭疾病。

（1）垂直方向的眼球震颤。

（2）随着头部位置的不同，眼球震颤的方向也会跟着改变。

（3）双眼的眼球震颤无共轭关系。

最常见影响中枢性前庭系统的疾病为GME（见本章第二节第五点）。感染性疾病则包括犬瘟热、弓形虫病、单核球艾利西氏体症、落基山斑疹热、猫传染性腹膜炎、霉菌感染症等。肿瘤压迫、甲硝唑中毒和维生素B_1缺乏也会导致病理性眼球震颤。

四、先天性前庭疾病

人类先天性眼球震颤为原发性遗传疾病或是先天视觉系统缺陷导致的继发性疾病，但不影响视力，在犬、缅因猫、白化症患猫也曾发现类似的病症，估计是由于视神经交叉的神经纤维分布不正常，为了要矫正异常的视觉皮质投射，从而造成了眼球震颤与内侧斜视的发生。

第六节　自主神经系统疾病

瞳孔大小不等（anisocoria）是指双眼瞳孔呈现大小不等的症状，其发生的原因包括：① 瞳孔光反射的神经反射弧受到干扰，如交感神经或小脑、脑干问题；② 眼部的疾病，如角膜溃疡、葡萄膜炎造成疼痛会导致患眼缩瞳，而严重的青光眼则会导致散瞳，③ 部分药物会影响瞳孔光反射的表现。

在瞳孔光反射的神经传导路径上，不同病灶位置所导致瞳孔光反射异常与视觉的关系，已在前面的章节讨论过（详见本章第二节、第三节）。其中

自主神经系统的交感神经与副交感神经是控制瞳孔大小的传出神经，由下视丘作为神经信息整合的主要上游器官。

副交感神经负责支配虹膜括约肌，当副交感神经发生问题时，除了可造成散瞳外，由于多是上游的动眼神经病灶，因此可能同时出现上眼睑下垂、外腹侧斜视的症状（详见本章第四节第三点）。我们可以使用一些药物测试来定位病灶位置，这是利用受损的自主神经对刺激性化学药物的反应更加敏

感的特性进行测试（denervation hypersensitivity）：

（1）直接副交感神经促进剂　如毛果芸香碱。局部给予毛果芸香碱可用来鉴别上位运动神经元（顶盖前核至动眼神经核之间）或下位运动神经元（动眼神经核至虹膜）的病灶。点一滴稀释至0.05%的毛果芸香碱眼药，正常情况下在45～60 min后会发生缩瞳反应；当病灶在下位运动神经元时，瞳孔则是很快会出现收缩；若点药90 min后仍未缩瞳，可以1%毛果芸香碱重复测试。

（2）间接副交感神经促进剂　点一滴0.5%的毒扁豆碱眼药，病灶位于节后神经时，不会产生缩瞳；病灶位于节前神经或上位运动神经元时，则很快会发生缩瞳；正常情况下，会在40～50 min之后发生缩瞳。

分布在眼部的交感神经从上游至下游可分为一至三级神经元。其神经传导起始于下视丘与间脑的上位运动神经元，向下传递经过脑干与颈部脊髓，突触分布到交感神经位在第一至第三节胸部脊髓的细胞体，此为第一级神经元（first-order neuron）；交感神经纤维离开脊髓向前至前胸的交感神经链，再在颈部与迷走神经汇合形成迷走交感神经干，于耳朵后腹侧的前颈神经节形成突触，此为第二级神经元（second-order neuron），又称为节前神经；之后的下位运动神经元纤维经过骨膜与中耳，到细胞体所在的三叉神经节，轴突最后离开颅骨到达眼睛，控制瞳孔辐射状肌、眼部平滑肌、上下眼睑与第三眼睑，此为第三级神经元（third-order neuron），又称为节后神经。

在猫，节后交感神经纤维不经过三叉神经节，但仍在离开中耳后与三叉神经的眼支汇合，最后分布到第三眼睑平滑肌与瞳孔辐射状肌。

一、霍纳氏症候群（Horner's syndrome）

支配头眼部的交感神经受到干扰时，所产生的综合症状称为霍纳氏症候群。

【病因】交感神经于头颈部分布的任一位置受到干扰时，便会发生霍纳氏症候群，依神经解剖构造区分，可分为第一级、第二级和第三级霍纳氏症候群（图13-8）。

【临床表现】

（1）缩瞳　与病灶同侧的眼睛发生缩瞳，对侧眼正常，产生瞳孔大小不一的现象。

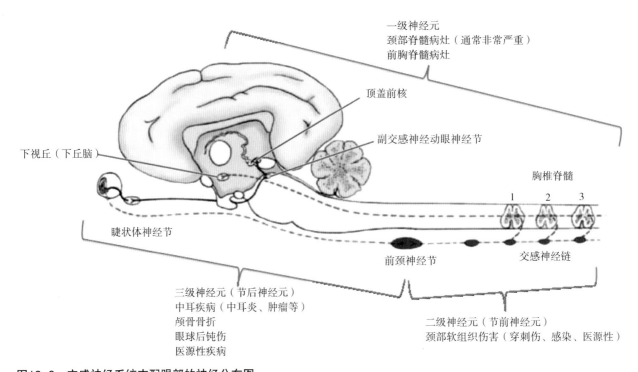

图13-8　交感神经系统支配眼部的神经分布图
当病灶发生在各级神经元时，皆可能造成霍纳氏症候群

（2）第三眼睑突出　因缺乏交感神经支配，平滑肌失去张力，导致第三眼睑突出，同时还有一些因眼球内陷导致第三眼睑突出的继发性因素。

（3）上眼睑下垂　分布于上眼睑的平滑肌失去张力导致上眼睑下垂，有时并发下眼睑松弛，眼裂看起来较狭窄。

（4）眼球内陷　由于失去眼眶平滑肌的张力，导致眼球向眼眶内下沉。

（5）其他　眼内压偏低、周边血管舒张（耳翼温热、患眼结膜充血等）。

【诊断】影像学工具能协助诊断病灶的位置，如前胸腔、颈胸部脊髓、中耳等处。某些神经病变可也能并发霍纳氏症候群，如甲状腺功能低下所引起的神经病变便与霍纳氏症候群有关。此外，雄性金毛犬被认为易患不明原因的第二级霍纳氏症候群，这类患病动物可能在数周之后自行痊愈或仅有部分症状消退。如同眼部副交感神经失调，我们还可以使用局部点眼的药理学测试来协助交感神经病灶的定位：

（1）间接交感神经促进剂　点一滴1%的hydroxyamphetamine，正常的眼睛会因刺激瞳孔括约肌收缩而散瞳。在节前神经性霍纳氏症候群，会发生散瞳，而节后性则不会发生散瞳。

（2）直接交感神经促进剂　点一滴10%的phenylephrine，并进行观察：①正常眼睛与第一级霍纳氏症候群的患眼会在60～90 min内散瞳；②第二级霍纳氏症候群的患眼在45 min内散瞳；③第三级霍纳氏症候群的患眼则于20 min内散瞳。

二、自主神经机能异常（Dysautonomia）

不明原因的全身性自主神经支配失调的疾病，会因自主神经节的神经元数量大量减少，而造成眼部与其他器官的交感神经、副交感神经全面失调。大部分发病动物为3岁以下的动物。一开始曾认为自主神经机能异常仅发生于猫，但近年来也有犬发病的报告。发病病程属急性，在猫可在两天内发生，犬则为两周。

【临床表现】该病主要会表现出如下临床症状。

（1）无瞳孔光反射的散瞳。

（2）第三眼睑脱出。

（3）眼睑痉挛。

（4）干眼症。

（5）干燥、结痂的鼻。

（6）口腔黏膜干燥。

（7）厌食与精神沉郁。

（8）巨食道症。

（9）吞咽困难。

（10）呕吐/反流。

（11）胃排空缓慢。

（12）粪尿失禁。

（13）心搏徐缓。

（14）膀胱充盈。

【诊断】主要依靠上述临床症状来进行诊断。与霍纳氏症候群最大的不同是，霍纳氏症候群的症状局限于眼部交感神经失调，且通常为单侧并缩瞳。药理学测试也可用来解释交感或副交感神经的失调。

（1）点一滴0.1%毛果芸香碱，每5 min量测瞳孔直径。若副交感神经失调，则动物会比正常动物更快缩瞳。

（2）点一滴0.06%碘化二乙氧膦酰硫胆碱，正常眼会缩瞳，失去副交感神经支配的眼睛则不会有所改变。

（3）点一滴1：10000肾上腺素，眼眶平滑肌失去交感神经支配的眼睛的第三眼睑会回缩。

【治疗】自主神经机能异常的预后很差，在猫的存活率为25%～50%，大多数动物因为全身性疾病而需要进行安乐死。主要的治疗方向如下。

（1）支持性输液治疗。

（2）干眼症的治疗。

（3）缓泻剂与促肠胃蠕动药物。

三、猫瞳孔痉挛症候群

该病是在猫发生的疾病，是指在静止状态时瞳孔呈现大小不一情形，也无法受到明暗变化调节瞳孔大小。由于发现猫的睫状体神经节内存在猫白血病病毒，因此认为该病与猫白血病有关。猫能维持正常视力，眼科学检查也正常。

四、猫 D 形或倒 D 形瞳孔

在猫，当鼻侧或颞侧支配虹膜辐射状肌的副交感神经受到干扰时，便会产生 D 形或倒 D 形的瞳孔（图 13-9），也认为该病与猫白血病病毒感染有关。

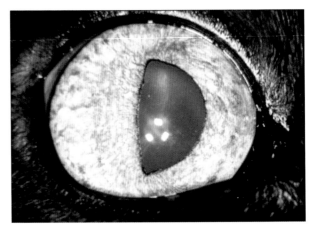

图 13-9　猫的 D 形瞳孔
虹膜括约肌由鼻侧睫状短神经和颞侧短神经支配，
右侧睫状短神经异常可导致瞳孔不能正常收缩

第七节　眨眼异常

缺乏正常眨眼功能，会导致角膜失去泪液滋润与保护而发生病变。眨眼的动作涉及三叉神经的感觉传入、中枢神经系统的脑干与大脑、颜面神经的运动传出。

一、眼部的感觉神经传入异常

三叉神经的眼分支分布到眼球、上眼睑与内眦区域；上颌分支则支配上眼睑外侧（与眼分支有部分重叠）、下眼睑与周围皮肤。此神经负责传递感觉神经冲动到脑干的三叉神经核，形成突触后信息传达到对侧的视丘核，并整合至大脑皮质产生知觉。

【病因】核下病灶（infranuclear lesions），也就是感觉神经末梢到三叉神经核之间发生的病灶，足以导致眼部完全或部分麻痹。核上病灶（supranuclear lesions）则会造成三叉神经的三个分支皆发生知觉低下，由于视丘核与内囊的解剖位置相近，此情况可能因核上颜面神经麻痹而同时发生。水脑、肿瘤、感染、颅骨骨折皆会导致三叉神经损伤。在犬，脑神经的肿瘤常常牵涉到三叉神经。

【临床表现】检测三叉神经功能的检查包括眼睑反射（palpebral reflex）与角膜眨眼反射（corneal blink reflex）。眼部感觉神经缺陷会造成神经滋养性角膜病变（neurotrophic keratopathy），由于角膜的感觉神经缺失，可导致角膜在眼裂之间持续暴露。若动物的视力正常，那么测试威胁反应时眼皮仍然会眨眼。

【治疗】应确认病灶位置并治疗根本病因。对于神经滋养性角膜病变，应给予抗菌素并补充滋润性人工泪液。

二、眼睑的运动神经传出异常

颜面神经除支配面部肌肉外，也负责传递副交感神经的信息并控制泪腺功能。神经信息从大脑传递出来，与前庭耳蜗神经并行，途中经过鼓室的内壁，最后离开颅骨进到颜面神经管（facial canal），而颜面神经和鼓室在解剖位置上相邻，对于临床诊断是非常重要的。在颜面神经负责控制的面部肌肉中，与眨眼有关的是眼轮匝肌。

【病因】一般病因为创伤、肿瘤、中耳炎，或原因不明。其中犬不明原因性颜面神经麻痹在部分病例中被认为与甲状腺功能低下有关。

【临床表现】评估动眼神经控制眨眼功能的检查包括威胁反应、瞬目反射、角膜眨眼反射、眼睑反射。对颜面神经麻痹的动物进行威胁反应与角膜眨眼反射检测时，会看到眼球后缩、第三眼睑瞬间轻弹出来越过角膜，但不见上下眼睑闭合。在颜面神经受损但副交感神经控制泪腺功能不受影响的情况下，因第三眼睑也能适当地分布泪膜，所以角膜不至于发生干眼的病变。但对于具有凸眼外观的短嘴犬种，第三眼睑无法完全覆盖角膜，因此特别容易在颜面神经麻痹时并发暴露性角膜病变。

不明原因性颜面神经麻痹可以单侧或双侧发生，典型症状包括耳朵下垂、嘴角下垂、嘴唇无力、单侧发生时颜面不对称等。

【治疗】应确认病灶位置并治疗根本病因，需注意角膜病变并补充滋润性人工泪液，尤其是短嘴犬种。

第八节　流泪异常

反射性流泪（reflex tearing）的传入神经是来自三叉神经受到光线、冷风、异物等刺激所引起的神经传导，传出的神经反射弧则由来自颜面神经核的节前副交感神经纤维所构成，副交感神经核位于第四脑室腹侧的桥脑背盖区（pontine tegmentum）。节前副交感神经在翼颚神经节形成突触，节后副交感神经纤维最后结合三叉神经的上颌分支，支配泪腺功能。

一、传入神经病灶

三叉神经传递从角膜、结膜、鼻黏膜所接收的感觉神经信息，构成反射性流泪的传入反射弧。若病灶发生于此，将影响反射性流泪功能并导致干眼症。

二、传出神经病灶

由于流泪反射的传出神经由来自颜面神经核的节前副交感神经纤维所构成，支配泪腺的副交感神经若发生病灶，则可能并发颜面神经麻痹或失调。发生于此的病灶将导致泪液产量减少与干眼症。治疗方式包括补充人工泪液或涂抹药膏，以及口服副交感神经促进剂（于食物中添加1%的毛果芸香碱，每天两次，每次1~4滴）。局部环胞素滴眼是针对免疫性泪腺炎的治疗方法，对此类神经性干眼症的治疗效果有限。

林中天　教授（台湾大学兽医专业学院）

第十四章 | 小动物眼科急诊状况及处置

第一节　概　述

小动物眼科急诊多因外伤造成，也有些情况与外伤无关。通常动物主人会观察到眯眼、眨眼、畏光、黏液分泌物和搔抓等临床症状，而适当的处理是非常重要的，因为小的损伤很有可能会发展成严重的病灶。一开始病史的询问很重要，包括品种、年龄、病程、何种类型创伤、是否丧失视力，以及有无其他眼病及药物使用状况。若不清楚病史，为安全起见，建议都当成急诊处理。

除了观察外观，还应进行系统的检查，由眼眶外到眼眶内，由眼球前部到眼球后部，以评估眼部受伤的程度及预后。进行眼科检查前，应评估动物整体状况是否稳定，如心肺功能、血液生化、神经系统等检查，应先于视力评估。除了眼科学检查之外，必要时还需要进行其他检查，如眼科超声波检查，以确定眼睛与眼睛周围组织的受损程度。

一、眼科检查

1. 常规检查　与正规的眼科检查类似，但通常动物会因疼痛或视力丧失，而具攻击性，因此可在生命迹象稳定且动物健康的状况下，进行镇定或全身麻醉，以利于检查；但通常在暗室下进行局部麻醉，即足够进行相关检查。

2. 高度怀疑有眼球破裂或深层角膜溃疡　不一定要做完全部检查，建议直接转诊至动物眼科医生。

（1）对于任何眼部创伤，首先要做泪液试验及角膜荧光素染色。

（2）角膜染色可显示病灶的位置、大小及深度。

（3）若病灶太深，可先不必急于测量眼压，以免眼球破裂。

（4）确认眼睑功能，若眼睑缺血、肿胀，会继发暴露性干眼症。

第二节　眼球挫伤及震荡

眼球在遭受外力的过程中，过大的压力会压迫　眼球内的组织，造成眼球内组织的挫伤，甚至造成眼角膜或巩膜组织的破裂。

【病因】 车祸、殴打、摔伤等。

【临床表现】 一般可见如下临床症状：

（1）轻微的钝伤可造成的眼前房出血及葡萄膜炎。

（2）角膜水肿。

（3）眼前房破裂，可能见到角膜上有血块、纤维蛋白、色素沉淀，以及最常见的眼前房出血。

（4）眼球破裂，造成眼球变软或变形。

（5）眼睑水肿或脱垂。

（6）结膜水肿。

（7）结膜下出血。

（8）眼球脱出。

（9）缩瞳或瞳孔大小不等。

（10）晶状体异位。

（11）视网膜脱离或出血。

（12）中枢神经创伤症状（眼球震颤等）。

【检查重点】 重点应从以下两方面进行检查：

（1）进行全身性的物理检查／神经学检查　优先治疗危及生命的问题；待动物初步稳定后再进行眼睛及周围组织的检查，必要时可镇静或麻醉。

（2）有无眼球破裂　眼睛在严重受损的情况下，可能会造成眼球的破裂。即使没有造成明显的眼球破裂，也可能会导致严重的眼内创伤。

【紧急处理】 根据损伤情况，需作如下处理：

（1）立即提供笼养休息并限制活动范围，并每4小时观察1次眼睛的变化。

（2）若发生眼前房出血则以控制眼前房出血和葡萄膜炎为主。

（3）创伤后的葡萄膜炎的控制治疗（未并发青光眼时）。

（4）局部点眼类固醇（角膜无溃疡时）类药物，如地塞米松。

（5）局部点眼抗菌素，如新霉素／多粘菌素B。

（6）全身性给予类固醇及抗菌素，如地塞米松及头孢。

（7）局部点眼1%阿托品，每天1～3次（临床上观察到明显缩瞳，确认无并发青光眼时）。

（8）口服止痛药。

（9）眼前房出血的控制治疗。

（10）局部或全身给予类固醇类药物（角膜无溃疡时），控制炎症及减少出血。一旦有出血，不建议使用非类固醇类消炎药（NSAID）。

（11）监测眼压，小心青光眼等并发症的发生。

（12）全眼球摘除　视力丧失（瞬目反射、瞳孔光反射、间接瞳孔光反射消失）、眼球破裂、3条以上的眼球肌肉断裂、大量眼内出血或结膜下出血等预后极差的动物可考虑全眼球摘除。建议身体状况稳定后，尽快进行全眼球摘除，以减轻动物的疼痛。

【预后】

（1）严重的钝伤比锐利伤预后差。

（2）若晶状体后并未受伤，预后普遍良好，但还要根据眼角膜受损程度而定。

（3）瞬目反射、瞳孔光反射、间接瞳孔光反射消失时，预后极差。

（4）3条以上的眼球肌肉断裂，愈后差。

（5）眼球破裂，预后极差。

（6）大量眼内出血或结膜下出血，预后极差。

（7）预后差的眼球，若未摘除，则数周后眼前房出血可能会渐渐缓解，长期慢性发炎的眼球会渐渐皱缩变小、萎缩。

第三节　眼睑的创伤

在眼睑创伤中比较容易发生眼睑钝伤，但不容易发展成急诊的状况，一般会先观察到眼睑上有缺血斑、皮下挫伤、水肿，眼睛有分泌物，若没有特别严重的外伤（如眼眶骨骨折或眼内钝伤），则可先冰敷24 h的后再热敷，并可配合使用局部点眼抗菌素或类固醇类的抗炎药。

锐伤又可分为眼睑撕裂伤和穿刺伤，穿刺伤在临床上较为常见。眼睑有丰富的血液供应，即使是轻微的创伤也容易造成严重的水肿与变形，而撕裂伤则会有明显的出血。

【病因】通常造成眼睑创伤的原因可大致分为钝伤（如打架、猎犬工作伤等），以及锐伤（如猫抓伤、打架、草割伤、枝条或竹签穿刺伤）。

【检查要点】

（1）需确认眼球完整性，尤其是撕裂伤超过眼睑边缘时。

（2）应确认鼻泪管是否畅通，因为若伤及鼻泪管开口，术后可能因伤口愈合结痂而造成鼻泪管开口的阻塞，尤其是当影响到单个开口（如背侧开口）时，则不一定会有泪溢等临床症状，因此早期确认十分重要。

（3）若伤及鼻泪管系统，建议转诊至动物眼科医生处检查治疗。

【治疗】下列这些因素会决定眼睑创伤的处理方式。

（1）距受伤时间的长短，这与细菌感染的程度有关。

（2）伤害有无涉及眼睑边缘，特别是泪点和泪小管。

若撕裂伤在内眦接近鼻侧，需以荧光素染剂和生理盐水冲洗，或插入导管甚至造影以检查鼻泪管有无受损。

若是泪小管有撕裂伤，可暂时在泪小管放置导管(具有支撑和维持管腔通畅的作用)，并可缝合断裂的泪小管。下方的泪小管和鼻泪管开口比上方的更重要，主要可使泪液排出，并避免泪溢。

（3）病灶的范围（可能需要整形）。

（4）撕裂伤有无超过眼睑边缘，若有则要确认眼球的完整性。

【眼睑撕裂伤的紧急处理】

（1）若为4 h内的新鲜伤口建议尽快缝合，若超过此时间，介于4~24 h则先对伤口进行评估，再决定要不要立即修复。超过24 h的伤口可看作一个开放性伤口，可给予广谱性抗菌素，待感染获得控制后再选择修复与否。

（2）给予适当的全身性抗菌素（如头孢）。

（3）若眼睑边缘没有撕裂，可看作简单的皮肤撕裂伤来处理，避免对眼睑产生张力。

（4）如果伤口有涉及眼睑边缘应进行全身麻醉，以手术方式将眼睑缝合整形，避免术后出现凹痕或疤痕、眼睑外翻或内翻，以及过度流泪。

【手术治疗方式】

（1）手术时需要小心操作，以降低眼睑红肿的可能，并仔细对合受伤的眼睑边缘。关闭全厚度的伤口时，需要缝合两层，睑板腺层有较大的支撑力，所以在缝合时，需要包含皮下组织。

（2）以刀片轻柔地削刮眼睑边缘坏死组织进行清创，也可使新鲜组织暴露出来进行缝合，以利愈合。

（3）不要为了清创而修剪眼睑，避免缝合或眼睑整形时出现困难。虽然结膜腔有许多常在菌，但眼睑因为血液供应丰富，愈合迅速，在局部及全身性给予抗菌素（头孢或阿莫西林克拉维酸钾）的情况下，不容易在术后造成继发性眼睑感染。

（4）锐伤造成的伤口应靠直接伤口愈合，若伤口保持湿润且没有受到污染，可在受伤后数小时至数天内处理。伤口缝合需要进行两层缝合，第一层为睑板结膜层，第二层为皮肤或肌肉层，可达到较佳的对合。皮肤及结膜的撕裂伤均需缝合，结膜面以5-0~6-0可吸收线连续简单缝合，要将线结埋在结膜远离角膜的组织里，千万不可接触到角膜。皮肤上游离的眼睑缘则用4-0~6-0的可吸收线以简单间断缝合或使用八字缝合法以最大的张力将睑板对合，若对合良好，将不会产生疤痕或结痂组织。如果眼睑缺损大于30%，则需要眼睑整型手术修复，若小于30%，则可直接以一般眼睑的双层缝合关闭伤口。

（5）若第三眼睑有撕裂伤，且只有约1~2 mm的大小，可以直接将受伤处切除，并用可吸收缝线缝合，不可将第三眼睑及腺体整个切除(会造成干眼症)，除非第三眼睑上有肿块才可以切除。

【内科治疗】

（1）热敷并佩戴伊丽莎白颈圈。

（2）局部或全身给予抗菌素。

（3）全身性给予止痛药。

（4）使用非类固醇抗炎类药物。

【并发症与预后】

（1）尽可能保留眼睑组织，最好只有小小的清创，预后会较好。

（2）因为眼睑的血液循环丰富，即使被污染也可以得到良好的愈合。愈早缝合，愈能维持功能的正常及美观。

（3）若边缘未确切对合，有可能发展成为眼睑内翻或眼睑外翻，造成慢性刺激和长期的并发症。

（4）眼睑撕裂伤愈合时会有刺激感，为了避免患病动物产生抓眼睛等自残的行为，需要24 h佩戴伊莉沙白项圈，并给予止痛药物，严重时则可给予镇静剂。

第四节 化学药物或烟的伤害

【病因】接触刺激性液体（如洗发水、漂白水、清洁剂）或接触浓烟造成结膜、角膜刺激。

【症状】根据受伤程度的不同，许多症状与预后相关。眼睛相关症状可能造成结膜充血红肿、结膜水肿、泪溢、眼睑痉挛、角膜溃疡等。

【检查重点】

（1）进行全身性的物理检查/神经学检查，优先治疗危及生命的问题；待动物初步稳定后再进行眼睛及周围组织的检查，必要时可镇静或麻醉。

（2）若仅有眼睛方面的损伤，需检查泪液量并进行角膜荧光素染色。

【紧急处理及治疗】

（1）以大量生理盐水冲洗眼睛，稀释刺激化学物质，必要时需镇静。

（2）佩戴伊丽莎白项圈。

（3）给予止痛药物及预防性抗菌素。

（4）眼药 使用抗菌素；消炎药，可使用非类固醇消炎类的眼药水，若无角膜溃疡，可选择含类固醇眼药水；阿托品；使用人工泪液或泪膜给予保湿等方式。

（5）大范围浅层溃疡可先以点眼药治疗一周，若无改善或愈合不良，可考虑进行第三眼睑瓣的缝合。

（6）若发生深层角膜溃疡（大于1/2基质层），在去除刺激性物质后，在没有感染的风险下，可进行第三眼睑瓣遮盖，避免眼睑对角膜的摩擦；必要时需转诊到动物眼科医生处进行结膜瓣移植治疗。

第五节 急性失明

【诊断方式】

1. 问诊 一般需要询问动物主人如下问题：

（1）Q：视力是突然丧失的还是逐渐丧失的？发现该问题多久了？发现时动物是在陌生还是熟悉的环境下？

若是慢性渐进性的失明，主人通常无法给予一个准确的时间点；但若是急性完全失明，主人一般可以准确指出失明时间。

（2）Q：一开始发现问题时，是在夜间还是白天？

在夜间发生的失明，通常是典型的进行性视网膜萎缩。

（3）Q：动物有无不舒服的症状？如磨眼睛、眯眼睛。

最近有无红眼？眼球看起来很模糊吗？有无分泌物或其他眼睛外观上的改变？

这些症状可助于区分失明的原因为眼睛本身还是中枢神经的问题。

（4）Q：最近有因任何原因使用药物吗？

部分药物与失明相关，如在猫使用拜有利。

（5）Q：是否有其他全身性疾病？

糖尿病与白内障有相关。

（6）Q：有血缘关系的其他动物有无此问题？

视网膜萎缩与白内障，通常为遗传性疾病。

2. 检查 应确定动物是否真的失明，包括瞳孔光反射、威胁反应、棉球试验、迷宫试验、神经眼科学检查、视膜网电图和视觉诱发电位。

3. 病因 常见的失明原因包括：青光眼、严重葡萄膜炎及全眼炎、白内障、晶状体异位、眼内出血、先天性或遗传性视网膜疾病、视网膜脱离、视网膜炎、视神经炎、老龄犬急性获得性视网膜变性、大脑皮质病变、头部及眼内或眼球后肿瘤、先天性或遗传性眼角膜发育不良症、干眼症及严重角膜炎。

第六节　急性青光眼

若高眼压持续24~48 h未进行处理，将导致视力丧失，因此在急性期发现青光眼并紧急降眼压，将有助于视力的保存。利用房角镜判断为开角型或闭角型青光眼是重要的诊断过程。

【病因】

（1）原发性青光眼　易发犬种包括比格犬、马尔济斯犬、可卡犬、哈士奇犬、大麦町犬、秋田犬、松狮犬、沙皮犬、迷你贵宾犬、巴吉度猎犬等。

（2）晶状体异位。

（3）创伤。

（4）眼前房积血。

（5）继发于葡萄膜炎。

（6）白内障。

【症状】

（1）疼痛：临床表现为眼睑痉挛、畏光、轻微泪溢等，或行为改变，如躲起来、食欲下降等。

（2）巩膜充血。

（3）角膜内层全面性水肿。

（4）散瞳，若眼压上升至40 mmHg左右，散瞳情形通常很明显。

（5）瞳孔光反射消失。

（6）威胁反应不明显或消失。

（7）测量眼压　正常眼压应小于20 mmHg，若眼压上升超过35 mmHg时需紧急处理。

【治疗】

1. 局部点眼　包括碳酸酐酶抑制剂、抗交感神经作用剂、碳酸酐酶抑制剂与抗交感神经作用剂复合剂型、前列腺素衍生物。

（1）1%布林唑胺或2%多佐胺　碳酸酐酶抑制剂，可减少房水生成。点眼，每天3次。

（2）多佐胺对全身性给予碳酸酐酶抑制剂有协同作用，且无明显不良反应。

（3）0.5%噻吗心安　抗交感神经作用剂，可减少眼前房液产生。点眼，每天2~3次。可能会产生收缩支气管及心搏缓慢的不良反应。

（4）多佐胺+噻吗心安　碳酸酐酶抑制剂与抗交感神经作用剂的复合剂型，点眼，每天3次。

（5）0.005%拉坦前列腺素　前列腺素类似物，可增加房水排出，用于开角型青光眼。点眼，每天两次。对犬会造成缩瞳，对猫效果不显著。不可用于葡萄膜炎的动物。单价较高。

2. 口服剂型　碳酸酐酶抑制剂　可减少房水生成。口服，乙酰唑胺10 mg/kg，醋甲唑胺2.5~5 mg/kg，每天2~3次。作用时间较慢，需要数个小时，但降眼压效果好。不良反应为肠胃道不适、呼吸变喘、高剂量或长期使用需注意代谢性酸血症及低血钾，若有腹泻、呕吐、喘、精神沉郁等不适症状，则建议改用其他类药物。

3. 静脉注射　甘露醇　渗透型利尿剂，可加速房水排出至血液中。使用前需先确定患病动物的肾脏状况良好。按1~2 g/kg，20~30 min内缓慢静脉注射，注射完后禁水4 h，效果可持续4~6 h。在1 h内即可出现降眼压效果，但在并发葡萄膜炎时效果较不显著。不良反应为利尿、脱水。

【预后】

（1）若眼内压达35~60 mmHg超过24 h，视网膜及视神经的损伤将有可能造成永久性视力丧失。

（2）原发型青光眼为双侧性疾病，正常眼的眼压也需进行监测。

林荀龙　副教授（台湾中兴大学兽医学院）

第十五章 | 眼科用药与治疗

第一节　眼科用药途径

完成一次确实有效的眼科疾病治疗，首先必须要有一个正确完整的诊断，因而了解疾病的病变种类（感染、物理性阻塞、退化、炎症等）与病变位置（眼睑、角膜、眼前房、晶状体、视网膜、眼窝等）是非常重要的。在了解了眼科疾病的病变种类与病变位置后，临床医师就能据此选择适当的内科或外科处理方法。

可根据下列原则选择最适当的内科治疗药物。

（1）药物穿透性质　脉络膜血管具有类似血脑屏障的功能，可避免大分子物质进入眼球。这种特性会影响我们的药物选择，例如医师常用的全身性抗菌素头孢菌素（cephasporin）的药物穿透性（血管屏障）很差，因此它并不适用于治疗葡萄膜炎或其他眼内感染，但适用于眼睑炎与眼窝蜂窝组织炎等眼外感染。相对来说，氯霉素与四环素的穿透性很好，因此它们适合用于治疗葡萄膜炎或其他眼内感染；另外角膜上皮的亲脂性让水溶性眼药水不容易穿透角膜。因此必须选择一种容易进入病变区域的药物，才能发挥药物效果。

（2）眼内病变的药物需求　可根据病变的种类选择适当的药物，例如病变为细菌感染就该使用抗菌素，病变为青光眼就该选择降眼压的药物，病变为严重炎症就该选择类固醇或非类固醇抗炎药

物。

（3）药物稳定性　给予的药物应考虑其药物转化代谢速率。

（4）药物持续作用时间　根据主人可以投药的时间而选择适当的药物种类，例如眼药水或眼药膏。

眼科疾病的给药方式分为局部性给药与全身性给药。治疗眼球前段区域时，局部眼药可使该区得到较高的药物浓度，并同时使药物进入体循环造成伤害的可能性降至最低。常见的给药途径有局部外用（topical therapy）、结膜下注射（subconjunctival injection）以及玻璃体内注射（intravitreal injection）。然而上述局部给药方式其药效无法到达眼球后段区域，此时就必须考虑全身性给药方式来治疗后段区域的眼科疾病。

一、局部外用眼药

使用局部外用制剂，因其药物作用部位浓度高而全身浓度低的好处，以及使用方便，是临床眼科最常使用的给药途径。医师可根据疾病对治疗的反应而及时更改用药频率或处方，但最大的缺点就是治疗效果可能因主人对医嘱的配合度不佳而大打折扣。而若需提高疗效浓度，主要可经由以下4个方面着手：① 增加点药频率；② 延长药物停留时

间，如使用角膜粘弹剂或黏性物质；③ 减少药物流失，如点完药水立刻压住鼻泪管；④ 提高制剂中的药物浓度，如自行泡制高浓度的眼药。

局部眼药剂型大致可分为药膏与药水两种。药膏制剂的成分通常是亲脂性药物或眼部润滑剂。与药水相比，药膏的优点是可延长药物作用时间而降低点药频率，对动物主人来说较为方便；缺点是因膏状物附着于角膜而干扰视觉，但这在人类才会造成困扰，对动物可能不致有太大影响，但有时动物主人会感到外观呈现过多黏性分泌物而有不舒适与肮脏的感觉。药水制剂包含溶液、悬浮液及乳状液，其成分依序分别为水溶性药物、难溶于水的药物及脂溶性药物。药水的优点为不会干扰视觉且使用时较药膏容易。而每次使用眼药水的药量，通常一滴就已经足够，因为大约只有20 μL的药水能够停留在眼部产生疗效，多余的药水会溢出眼睑或经由鼻泪管流失，一般来说一滴眼药水大约为50 μL，超量给予只会造成浪费，对治疗并无帮助；假如必须给予的药水量超过一滴，应至少间隔5 min后再给予。

选择眼药时，除了选择剂型外，如果治疗位置位于眼球内部，那么还必须注意该药物穿透角膜的能力。由于角膜包含亲脂性的上皮层与亲水性的基质层，因此药物必须同时具备亲水与亲脂的特性才能够穿透角膜。另外，有些动物可能会对制剂中添加的稳定剂和防腐剂产生不适感，甚至导致角膜上皮受损，此时可选择没有添加任何防腐剂的单次使用性（single-use）眼药，不过价格也相对较昂贵。

点眼药前，最好可以先使用生理盐水将眼部分泌物清除干净，这样可以使药物更容易穿透或发挥作用；而此时，动物保定的姿势以坐姿或腹卧为佳，可从动物的后侧以温柔的力量限制其移动，接着一手轻轻将动物由下颌将头部仰高，并以该手手指轻轻固定下眼睑，以避免动物眨眼；另一手则持眼药水（膏）由动物后侧向前移，将眼药置于其头部上方，并以该手手掌外侧轻轻拉抬固定上眼睑，将适量药水（膏）点于角膜或结膜上，药膏亦可点于穹窿内。若是点药水，点完后轻轻压住眼内眦的鼻泪管位置，防止药水过快地经鼻泪管流出而达不到局部给药的目的；若是眼药膏，则点完后轻轻将

其上下眼睑开闭数次，使药膏能均匀分布于眼球表面。注意动物在刚点完药物的数分钟内可能会感到些许不适，必须防范此时动物的搔抓、摩擦眼部等可能造成伤害的行为。此外，使用时眼药瓶口（管口）应避免直接碰触动物的眼睑、结膜、角膜与毛发，以防止污染内容物。若使用两种以上局部外用眼药，两两之间应至少间隔10 min，且若处方包含药水与药膏，则应在药水都点完的后再点药膏，以避免药膏阻碍了药水的作用。

二、结膜下注射

结膜下注射药物是利用分布于球结膜内的睫状体动脉、静脉吸收药物进入葡萄膜的作用，因此临床上较适用于眼内葡萄膜炎的治疗。最常使用的药物为抗菌素及类固醇类药物。另外由于这种给药方式会伴随医源性眼球创伤（iatrogenic globe injury），以及可能形成结膜下肉芽组织（subconjunctival granuloma formation）等风险，因此只有当动物主人无法遵照医嘱局部点药或动物极度排斥点药等情况，以致无法使用局部外用方式给药时，才建议使用结膜下注射给药。在注射前必须先给予眼科局部麻醉剂；注射位置应选择接近角巩膜缘的球结膜上，若注射于睑结膜则大部分药物会被眼睑吸收而进入全身循环，并不会作用于眼球内；结膜下注射药物的量不能太多，单眼仅可注射约0.25 ~ 0.5 mL。

三、玻璃体内注射

此方式在兽医临床很少使用，因为动物必须进行全身麻醉，并且还伴随眼内组织医源性创伤的风险；然而却是发生眼内炎时可以考虑的给药途径之一。此外，玻璃体内注射高浓度的庆大霉素具有破坏睫状体的效果而使眼房水产量降低，因此可用于末期青光眼的眼压控制。但由于高浓度的庆大霉素会导致眼内组织非常严重的炎症反应，故并不建议使用。

四、全身性给药

药物经口或血液吸收进入体循环后，其药效能否到达眼部必须依据其穿越血眼屏障（BOB）的能

力，药物的亲脂性越高便越容易穿越BOB，不过如果BOB的结构被葡萄膜炎破坏，则其他在正常时无法进入的药物，也可能穿越BOB到达眼部。全身性给药通常适于治疗眼球后段疾病，不过也可配合局部外用药物治疗某些眼球前段的疾病。

五、球后注射（Retrobulbar injection）

以注射针经由结膜穹窿穿刺入眼球后区域，再将药物注入此眼窝处。临床上常用于局部麻醉眼球动眼肌，于眼内手术中固定眼球为主。

第二节　药物动力学与药效学

药物动力学是研究药品吸收、分布、生物转化与排泄作用的学科。药物动力学过程会影响药物给予的途径、剂量、投药频率与可能造成的身体毒性。药效学是研究组织细胞对于药物的反应与影响的学科。相对于使用于全身性药物所拥有大量药物动力学的数据，临床眼科所用药品的药物动力学数据非常稀少。但临床眼科所使用药物的作用机制与其他系统性药物通常是一致的，因此部分药物动力学的数据是可用于眼科，但眼科药品的独特性在于其配方或赋形剂可能会影响药物的传送、穿透与组织的吸收，这些变化将显著影响临床上对最适当的眼科药物与给药途径的选择。

一、局部眼药

（1）一般眼药水（眼药膏）给药后，药物多聚集于下眼睑结膜囊穹窿内，被泪液稀释成未知浓度的混合液，随着眼睑开闭将药物分布于结膜与角膜，并可由结膜吸收或穿透角膜进入前房。药物与眼泪中的蛋白质或结膜色素结合，可能会降低生物利用率。一般局部眼药与眼球组织的结合力、扩散及输送过程在不同个体及病变之间存在相当大的差异。

（2）犬眼泪量大约为8～12 μL，而结膜囊约为3～6 μL。每次点药量约为50 μL，但最多只有20 μL可滞留在眼内，过量的药物将溢出下眼睑或经鼻泪管流入鼻腔。泪液的更换速率为每分钟0.5～1.0 μL，所以一般眼药水浓度的半衰期为3～6 min。药膏剂的药物排除率较慢。

（3）有时眼睛因点药造成不舒适感或药物刺激导致眨眼次数增加，从而导致泪液分泌增加，会缩短药物的排除时间。

（4）药物经鼻泪管进入鼻腔将会被鼻黏膜吸收或溢出的药水被舌头舔舐而由消化道吸收都可能因此产生全身性的不良反应。

（5）局部眼药穿透进入眼球通常与结膜无关，结膜下、巩膜与脉络膜不是扩散穿透显著的区域。药物进入眼球主要的路径是穿透角膜，角膜上皮组织与内皮组织细胞间的紧密排列，只让亲脂性药物渗透通过；亲水性与水溶性药物易通过角膜基质扩散渗透。

（6）药物进入角膜内可能会被酶分解而破坏药物的吸收。药物一但穿透角膜便会进入眼前房，然后扩散侵入虹膜、睫状体基部及晶状体，对一般药物而言，能进入后眼房的量非常少甚至无法进入眼后房，多数药物于眼房水中经房角而进入静脉系统排出（眼球内无淋巴循环）。有时药物进入眼前房后，也可能与蛋白质结合而失去活性，并加速由前房房角排出。

（7）许多局部眼药在眼球中几乎不会被分解，特别是抗菌素与类固醇类药物，几乎都是以药物原型由眼球排出进入体循环。

（8）虽然药物在眼球中被分解与代谢的量非常有限，但这些局部药物在开始点药后会在眼泪中、结膜、角膜及眼球其他组织中进行分解与代谢作用。眼球内涉及氧化还原代谢的酶包括脂酶（esterases）、氧化酶（oxidases）、还原酶（reductases）、溶菌体酶（lysosomal enzymes）、胜肽酶（peptidases）、转移酶（transferase）、单胺氧化酶（monoamine oxidse）、糖皮质激素羟化酶（corticosteroid hydroxylase）。

（9）一般局部用眼药必须添加非活性成分以调整pH、防止氧化和增加吸收。醋酸、硼酸、盐酸、碳酸氢盐、磷酸盐、柠檬酸盐、硼酸盐缓冲液可增加脂溶性。控制适当的pH与渗透压可降低局部用眼药的刺痛与不舒适感。

二、全身性眼药

治疗眼科疾病所用全身性药物的药物动力学数据与身体其他系统所用的药物大致相同。唯一需要注意的是一般经血液循环的药物欲进入眼球必须考虑到其脉络膜中的血管具有类似血脑屏障的功能，会阻止大分子物质进入眼球。但当眼内发炎时（葡萄膜炎），会使血管通透性增加而可能让这些原本无法进入眼内的物质得以进入。因此这种特性为动物眼科医生提供了选择更多药物的机会。

眼科临床使用的药物，其作用机制与其他系统疾病的用药通常是一致的。眼科药理学的特殊性在于其配方与赋形剂的使用以适合药物的输送，使药物分布及目标组织的浓度能达到最高，而此浓度并不会对周围组织造成伤害。

有关其他眼科药物的药物动力学与药效学将在下文常用药物中详述。

第三节　常用眼科药物

一、抗菌素

由于眼球周围组织并非无菌，因此眼科临床上使用抗菌素的机会非常多。一般局部抗菌素眼药倾向用于眼球浅层的感染或预防；全身性抗菌素倾向用于眼球内感染或预防。当眼球内因为微生物感染而造成发炎时，将会使血管通透性增大，从而增加了药物选择机会。

全身性给予抗菌素通常无法有效治疗角膜及结膜感染。当发生角膜溃疡时，角膜上皮已失去屏障功能，因此局部眼药能直接经由角膜缺损处进入角膜内，所以此时药物的穿透性就不是选择局部眼药时需要考虑的因素。由于局部眼药在眼内滞留的时间很短，所以必须增加使用抗菌素类局部眼药的频率，尤其在急性期或感染严重时必须增加点药频率。通常在没有细菌培养及抗菌素敏感试验前，为了增加抗菌谱，通常会联用数种局部抗菌素类眼药，有时联用可达协同作用。局部抗菌素眼药的不良反应会因药品及患病动物而有不同，同时可能会因为刺激或过敏而出现泪溢、眼睑痉挛、结膜充血、结膜水肿或眼睑红肿等现象。

使用全身性抗菌素的适应证包含眼睑、眼球后半部及眼球后方的细菌感染；若感染区域为结膜、角膜及前葡萄膜，则应使用局部外用抗菌素类眼药进行治疗。

1. 乙内酰胺类抗菌素（β-lactam antibiotic） 该类药物包括青霉素（penicillins）与头孢菌素（cephalosporins）两大类，此类抗菌素可通过抑制细菌细胞壁的合成 而达到杀菌效果，对大部分革兰氏阳性菌（gram-positive bacteria，G^+）具有良好杀灭能力。适应证为眼眶、眼睑、眼球等部位的需氧菌感染（aerobic infection）。此外头孢菌素为可用于兔类的抗菌素之一。在兽医临床上除非药敏试验的结果建议使用第二或第三代头孢菌素外，一般动物眼科均使用较广效的第一代头孢菌素用于全身性或局部眼药。

此类药物如通过局部外用给予时，其穿透角膜的能力很差，药效仅作用于眼球表面而无法到达眼内，除非角膜上皮及内皮细胞受损才可能进入前房。全身性给药时，此类药物在组织的分布会依据药物的不同而有所差异，然而对于血眼屏障的穿透力基本上都很差，除非BOB因发炎受损，否则无法穿越。当药物进入体循环后将不经代谢作用而直接由肾脏排出。

（1）全身用药　阿莫西林克拉维酸钾、头孢菌素等，口服或注射针剂。

（2）局部用药　通常无商品制剂，可用注射针剂按比例自行配制眼药。

2. 四环素类（Tetracycline） 此类药物是通过干扰基因转录（translation）使细菌蛋白质无法顺利合成而达到抑制细菌生长的效果，为一种广谱抗菌素，特别对披衣菌（Chlamydophila）、霉浆菌（Mycoplasma）及立克次体（Rickettsia）感染具有疗效。局部给药时其药效可穿透角膜，并可在眼前房达到良好的有效治疗浓度；强力霉素及二甲胺四环素为脂溶性，全身性用药对于眼球组织的血管穿透性非常好，对于猫披衣菌感染的治疗效果较局部眼药更好。若药物进入体循环，则由消化道、胆道与泌尿系统共同排出。

（1）全身用药　土霉素、强力霉素、二甲胺四环素，口服或注射针剂。

（2）局部用药　氯四环素软膏（金霉素）、四环素软膏。

3. 氨基糖苷类类（Aminoglycoside）　该类药物通过与细菌30S核糖体（ribosome）结合而使细菌无法合成蛋白质，进而达到杀菌效果，对革兰氏阴性菌（gram-negative bacteria，G⁻）有良好杀灭效果。局部给药药物无法穿透角膜上皮，所以在眼科临床上常用来治疗溃疡性角膜炎或避免绿脓杆菌（Pseudomonas）感染与溶解性角膜溃疡（melting corneal ulcer）。此类药物和青霉素、头孢菌素具有协同作用（synergistic effect），但两者不可于相同容器内混和给予。全身性给药时其药效无法穿越血眼屏障进入眼内，且最后会经尿液排出体外，因此全身性给药对肾脏有较大的毒性。眼科临床上也常选择此类抗菌素进行结膜下注射治疗严重的感染性葡萄膜炎。这类抗菌素眼药容易引起过敏，使用后应持续观察，如果出现过敏症状应立即停止使用。

（1）全身用药　不建议。

（2）局部用药　庆大霉素、妥布霉素、新霉素（通常与多粘菌素B、杆菌肽联用用药）。

4. 大环内酯类（Macrolide）与林可霉素类（Lincosamide）　这两类药物皆会与细菌的50S核糖体结合而干扰细菌的蛋白质合成，防止细菌进行复制，属于抑菌型（bacteriostatic）抗菌素，对大部分G⁺具有良好杀灭效果，临床上对于弓形虫（Toxoplasma gondii）、披衣菌（Chlamydophila）、绿脓杆菌、巴氏杆菌（Pasteurella multocida）感染有效。此类抗菌素并没有商品化的局部眼药，不过由于具有良好的组织穿透性，即使是以全身方式给予，其药效亦可到达眼内组织，最后由肝脏进行代谢。

（1）全身用药　氯林可霉素、阿奇霉素，口服。

（2）局部用药　无。

5. 喹诺酮类（Fluoroquinolone）　该类药物的作用机制为与细菌DNA复制时所需的特殊酶结合，使DNA无法复制进而杀灭细菌，属于广谱抗菌素。市面上有众多商品化的全身性与局部用药可供选择，局部用药耐受性佳、无明显毒性。氧氟沙星及恩诺沙星局部眼药对于角膜的穿透性较环丙沙星好。经全身性给药，恩氟沙星、左氧氟沙星、培氟沙星可穿透进入犬猫眼房水及玻璃体达到治疗浓度。但使用治疗剂量可能造成猫视网膜变性，其毒性与剂量有关，应小心使用。喹诺酮类药物的代谢途径包括肝脏与肾脏。

（1）全身用药　恩氟沙星（用于猫时，需注意视网膜变性的不良反应），口服或注射针剂，此外还有马波沙星。

（2）局部用药　环丙沙星、氧氟沙星、诺氟沙星。

6. 夫西地酸（Fusidic acid）　这类药物可通过干扰细菌蛋白质合成而抑制其复制，但无法使细菌死亡，属于抑菌型抗菌素。夫西地酸具有良好的角膜穿透性，临床上最常用于治疗眼表层的G⁺感染，例如犬细菌性结膜炎。

（1）全身用药　无。

（2）局部用药　夫西地酸，眼药水或凝胶。

7. 氯霉素（Chloramphenicol）　这类药物属于广谱抗菌素，作用机制为与细菌50S核醣体结合而阻碍其蛋白质合成，可使细菌停止生长但无法杀灭细菌，属抑菌型抗菌素。氯霉素的局部眼药水角膜穿透性佳，且全身性给药亦可自血管穿透至眼内组织。临床常用于巴氏杆菌与披衣菌感染，以及用作预防眼科术后感染的预防性给药。

（1）全身用药　氯霉素，口服或注射针剂。

（2）局部用药　氯霉素眼药水。

8. 甲硝唑　该类药物属于杀菌型抗菌素，具有良好的组织穿透性，常用于治疗厌氧菌的感染，例如球后或眼眶感染。

（1）全身用药　甲硝唑，口服。

（2）局部用药　无。

9. 多肽抗菌素（Polypeptide antibiotics）　该类药物属于杀菌型抗菌素，无法穿透角膜，因此治疗范围仅限于眼球表层。临床上常将多粘菌素B与杆菌肽混和，使其成为对G^+与G^-皆有效果的广谱抗菌素。

（1）全身用药　无。

（2）局部用药　复方多粘菌素B，杆菌肽，新霉素。

10. 磺胺类制剂（Sulfonamides）　局部眼药磺胺嘧啶、磺胺异恶唑少用于动物。磺胺嘧啶全身性给药时容易穿透眼房水及玻璃体，但磺胺类制剂可能对泪腺细胞具有毒性，临床上尽可能不要用于怀疑患干眼症的动物。

（1）全身用药　磺胺嘧啶口服。

（2）局部用药　乙酰磺胺、磺胺异恶唑。

二、抗病毒药物

1. 嘧啶核苷酸类药物（Pyrimidine nucleoside）　该类药物属胸苷类似物，可取代胸苷于DNA合成中的位置，因而干扰病毒复制。除非上皮细胞有缺损，否则疱疹净不会被结膜或角膜吸收；相对来说三氟胸苷的吸收穿透能力较佳。三氟胸苷局部用药，是猫疱疹病毒Ⅰ型的首选药物，但具有局部刺激性，同时也可能使猫产生过敏。在核酸类似物中三氟胸苷的毒性最小。

（1）全身用药　无。

（2）局部用药　疱疹净、三氟胸苷。

2. 嘌呤核苷酸类药物（Purine nucleoside）　腺嘌呤阿糖苷为腺苷的结构类似物，可干扰病毒DNA的合成以抑制病毒的复制。局部用药时，除非上皮细胞有缺损，否则不会被结膜或角膜吸收，临床上也是用于FHV-1。具有局部刺激性，也可能使猫产生过敏。

（1）全身用药　无。

（2）局部用药　3%腺嘌呤阿糖苷眼药膏及1%悬浮液。

3. 阿昔洛韦　阿昔洛韦为尿苷的类似物，可选择性抑制病毒的胸苷激酶而不会抑制未受感染的正常细胞。局部用药也是用于FHV-1，但不如三氟胸苷有效。全身性给药无法达到血浆治疗浓度，因此效果不佳。

（1）全身用药　无。

（2）局部用药　5%阿昔洛韦眼药膏。

4. 泛昔洛韦　全身性用药，由于尚未对此药在动物的药效与安全性进行完整评估，因此目前不建议在临床广泛使用。

5. 干扰素（Interferons）　干扰素为一种细胞素，是动物天然防御机制的一部分，宿主细胞被病毒感染后，细胞会产生反应而释放干扰素，干扰素与邻近细胞受体结合而增加细胞DNA转录与活化细胞核酸内切酶，增加细胞对病毒感染的抵抗力。临床上干扰素适用于治疗猫疱疹病毒性结膜炎及角膜炎，局部用药只对结膜、角膜上皮细胞感染发作期有效。干扰素与外用抗病毒药物联用具有协同作用。

（1）全身用药　人重组IFN-α、猫重组IFN-ω30 U/d。

（2）局部用药　30 U/mL（稀释于人工泪液中）。

6. 赖氨酸（L-Lysine）　全身性用药，作为一种氨基酸会与精氨酸竞争，而精氨酸是病毒复制所必需的氨基酸，因此赖氨酸具有减弱FHV-1型病毒复制的作用，可防止或抑制猫FHV-1型结膜炎或角膜炎。赖氨酸（L-Lysine）易通过消化道吸收而由泪液排出。给药途径为口服，一般临床剂量无副作用。

（1）全身用药　每次250～500 mg，每天1～2次。

（2）局部用药　无。

三、抗霉菌药物

犬猫角膜霉菌感染症并不常见，同时发生眼内和全身性霉菌感染也较少，但多发生于犬。

1. 络合碘和碘酊（Tincture of iodine）　络合碘是碘化合物消毒剂，眼科多以1∶20稀释于生理盐水中，具有杀菌效用。络合碘对因霉菌或细菌感染的角膜基质溃疡有疗效。但络合碘无法穿透正常的角膜上皮，所以对角膜深层溃疡治疗效果不佳。络合碘在部分患病动物中会造成局部刺激与结膜水肿现象。

2. 唑类（咪唑类）　由于阻断细胞色素P450酶可抑制麦角固醇与霉菌细胞膜的合成，因而可提高细胞的渗透性。克霉灵和酮康唑穿透角膜的能力中等；氟康唑与蛋白质结合力低，因此结膜穿透性良好；伊曲康唑具有良好的眼血管屏障穿透性。静脉注射用制剂可局部用于治疗霉菌性角膜炎，霉康唑和伊曲康唑的口服药剂可调制成软膏用于眼球局部；伊曲康唑和氟康唑经全身投药对治疗角膜深层霉菌感染有疗效。经口服或静脉注射治疗眼内霉菌感染的首选药物为伊曲康唑。部分阴道与皮肤用霉康唑和霉康唑药膏可能添加有醇类，会伤害眼角膜组织应避免用于眼睛。

3. 多烯巨环类抗菌素（Polyene macrolide antibiotics）

本类药物可与霉菌细胞膜上的脂醇基团结合，形成多烯脂醇聚合物，并改变细胞膜通透性而导致钾离子流失、霉菌细胞氧化损伤、细胞质外流与胞器破坏。根据使用浓度的不同可分为霉菌的抑菌剂或杀菌剂。两性霉素B为广效性药，可用于全身性霉菌感染，由于具有肾毒性且有唑类药物可选用，一般很少用于眼科全身性给药。游霉素对于丝状菌与酵母菌具有广泛的抗菌效果。除非角膜上皮缺损，否则这类局部药剂无法穿透角膜上皮进入前房。两性霉素B浓度大于0.3%时局部用药会引起角膜充血、结膜水肿及虹膜炎，全身性用药具肾毒性，玻璃体注射具有视网膜毒性。游霉素局部用药无毒性，但结膜下及前房注射时刺激性强。

（1）全身用药　两性霉素B。

（2）局部用药　5%游霉素悬浮液（商品化）、两性霉素B 0.3%胶体悬浮液剂型、游霉素以磷酸等离子缓冲液制备。

四、抗炎药物

组织发炎后愈合所产生的结痂组织对于其他器官可能影响不大，但如果这些不透明的结痂组织覆盖于原本透明的眼球视轴上，将对视力造成严重影响。因此眼球发炎过程中，必须尽量避免严重发炎所导致结痂或引起眼内组织可能的粘连，所以抗炎的药物在眼科的治疗中具有非常重要的作用。

1. 类固醇　糖类肾上腺皮质酮的抗炎及免疫抑制作用可能会降低细胞对致病性微生物的抵抗能力。必须注意使用类固醇类抗炎药物虽然可减轻炎症症状，但造成炎症的感染或病因并不会被清除。类固醇于眼球的效应具有抗炎作用，可抑制血管及细胞层级的炎症反应；高剂量时对免疫有抑制效果。局部使用类固醇眼药对于结膜、角膜、巩膜、虹膜与睫状体的炎症有减缓效果。对于眼睛疾病的处理，类固醇不同制剂的效价强度与穿透性差异非常大，因此临床上应按治疗所需，选择类固醇制剂时应考虑药物相对效价、角膜穿透力、持续作用时间、载体滞留和药物与载体的不良反应。磷酸盐类固醇溶液为水溶性；脂溶性类固醇的醋酸与酒精制剂是悬浮液，且呈双向性可促进药物透过角膜而被吸收。悬浮液较水溶液的药物浓度更高。脂溶性类固醇的醋酸与酒精制剂穿透角膜能力是磷酸盐水溶液的20倍。地塞米松和倍他米松的效价比泼尼松龙强5～10倍，也比氢化可的松强20倍，但提高泼尼松龙的浓度可弥补效价的差异。

除非FHV-1感染已被控制或已排除其他微生物感染的可能，否则猫的结膜炎不可使用类固醇药物。因为类固醇会抑制伤口愈合，增强诱导角膜坏死的基质蛋白质活性，所以类固醇尤其是局部眼药不能用于溃疡性角膜炎。长时间使用磷酸盐基类固醇局部眼药，会导致角膜表面钙化和角膜脂质病变。

（1）全身用药　地塞米松、泼尼松。

（2）局部用药　倍他米松、地塞米松、氟米龙、泼尼松龙、氢化可的松。

2. 非类固醇抗炎药（NSAID）　这类药物可抑制前列腺素的合成，前列腺素会导致眼血管屏障受损、痛觉的阈值下降、瞳孔缩小、畏光及眼房水生成减少。NSAID也可抑制多形核白细胞（polymorphonuclear granulocyte，PMN）的移动性与趋化作用，减少肥大细胞脱颗粒作用及发炎性细胞素的表现，所以NSAID制剂可抑制眼内的炎症反应，并抑制各种手术后发炎导致葡萄膜炎的疼痛与畏光现象。手术前使用NSAID可预防术中瞳孔缩小。NSAID眼药可能会造成局部的刺激性与角膜上皮的细胞毒性、浸润、与点状角膜病变，也可能出现眼房水流出量下降。由于COX-1受抑制，前列腺素依赖的黏膜保护机制被破坏，全身性使用NSAID常常会造成胃肠道伤害，症状包括厌食、呕吐、下痢及胃溃疡；肝、肾毒性亦常于犬猫中发现。全身给予NSAID药剂可用来处理眼球内及眼球后的炎症。局部用药，根据严重程度可每天2～4次；经口服或注射全身用药会刺激肠胃，最好每天两次以下。

（1）全身用药　氟尼辛葡胺、卡洛芬、地拉考昔、保泰松。

（2）局部用药　氟比洛芬、双氯芬酸、舒洛芬、酮咯酸。

五、泪液替代药物与眼球润滑剂

泪膜可分为3层：脂质层、水样层及黏液层。临床上干眼症的泪液分泌不足最常见于水样层。长期缺乏泪液将对角膜与结膜造成慢性刺激与细胞伤害而发炎，因而充血、血管新生并导致黑色素沉积，最终将导致视力受损。泪液替代药物与眼球润滑剂可润滑眼球表面（角膜与结膜），以提升舒适度，可维持角膜前泪膜的光学界面；当泪液分必量不足时，泪液渗透强度会增加，故选择低张性药物较佳。

1. 人工泪液（Artificial tear）　目前还无法复制出完整成分的泪液，许多产品具有不同黏度与湿润性质。各种人工泪液制剂中的常用成分包括纤维甲醚、羟丙基甲基纤维素和羟甲基化纤维素。玻尿酸可延长水分滞留时间，改善泪液膜稳定性。人工泪液中添加的防腐剂可能会具有刺激性，日抛型人工泪液通常无防腐剂。

2. 润滑剂（Lubricants）　其剂型包含药水、药膏及凝胶（gel），药膏主成分为白蜡（white soft paraffin），也就是俗称的凡士林（petrolatum）；常见的凝胶成分为carbomer，属于一种聚丙烯酸（polyacrylic acid）。

此类商品在市面上选择性众多，可依据动物所需点药次数与动物主人的不同偏好加以选择。有些医师建议凝胶与药膏并用，白天使用凝胶（约2～4次），而夜晚则改用药膏（睡前1次）。

六、自律神经药物（Autonomic drugs）

这类药物主要作用于虹膜平滑肌、睫状体及小动脉血管壁上的平滑肌。

1. 散瞳剂（Mydriatics）　散瞳剂可使瞳孔散大，副交感神经抑制剂或拟交感神经兴奋剂。

（1）人工副交感神经抑制剂（胆碱性颉颃剂，cholinergic antagonist）　这些药物与乙酰胆碱竞争受体的结合，所以可以逆性阻断虹膜括约肌及睫状肌的胆碱受体而导致睫状肌麻痹与瞳孔散大。

① 阿托品（0.5%～2%溶液）　阿托品散瞳作用开始得较慢，但持续时间长。犬点药后60 min达到最大散瞳作用，可持续4～5 d，属于长效型散瞳剂。通常不适用于疾病诊断，仅适于治疗使用。主要适应证为急性虹膜及葡萄膜炎，减轻括约肌疼痛与睫状肌疼挛，减少虹膜葡萄膜炎时的前或后粘连，同时也可用于白内障手术前的散瞳。局部使用时，可能会造成泪液分泌减少、散瞳后房角狭窄，以及由于药水味苦，当经由鼻泪管流入动物口中时可能会造成动物不适，尤其猫常会出现大量且夸张的唾液分泌，故猫较适合使用此药的药膏剂型。

② 复方托吡卡胺（0.5%～1.0%溶液）　复方托吡卡胺散瞳作用开始得较快，但持续时间短。犬点药后20 min达最大散瞳作用，可持续散瞳30 min，属于短效型散瞳剂。临床上多用于检查瞳孔后的病变，如白内障的检查和眼底的检查。

（2）拟交感神经药物（Adrenergic agent）　这类药物直接作用于肾上腺素受体（adrenergic receptor α_1、α_2、β_1、β_2）。肾上腺素（epinephrine）1%～2%溶液可使虹膜扩张肌收缩而散瞳，同时肾上腺素可经由睫状肌血管收缩而减少眼房水的产生，并且作用于 α_2 受体会促进眼房水流出。对于葡萄膜炎引起睫状肌疼挛的疼痛并无解痉止痛效果。

2. 缩瞳剂（Miotics）　拟交感神经兴奋剂可分为直接与间接作用的胆碱性药物，瞳孔收缩与睫状肌收缩会促使眼房水的排出。

（1）直接作用的胆碱性兴奋药物　这类药物具有乙酰胆碱样蕈毒碱作用（muscarinic effect），在眼球可作用于节后副交感神经，活化虹膜括约肌与睫状肌。

① 毛果芸香碱（1%～2%溶液、4%软膏）　毛果芸香碱为脂溶性天然植物碱，局部用药可引起虹膜括约肌及睫状体缓慢收缩。缩瞳可于点药后10

min内开始，最大作用时间约为30 min后，可持续6 h。由于虹膜括约肌收缩，可促使外围的虹膜向中央拉平而扩大房角范围使房水容易排出。这类药物对开角型青光眼有较好的降眼压效果，但对于闭角型青光眼的降眼压效果差。使用此类药物可能会出现局部刺激、流涎、流泪、恶心、呕吐及腹泻等不良反应。另外，由于缩瞳必须注意可能导致的虹膜粘连及可能降低眼房水由巩膜、葡萄膜通路的排出，因此临床上单独使用pilocarpine的降眼压效果不佳。

② 碳酰胆碱（0.75%～3%溶液）　碳酰胆碱可提升房水的排出能力，降眼压效果与毛果芸香碱相同。缩瞳于点药后最大作用时间约为5 min后，可持续2 d，与毛果芸香碱比较，药效强且持续时间久。此药非脂溶性，所以局部眼药难以穿透角膜上皮进入眼前房。临床上可用于白内障手术后的眼内给药，以避免外围虹膜粘连、稳定植入的人工晶状体、降低眼压。其不良反应与毛果芸香碱类似，局部用药不会造成全身性不良反应。

（2）间接作用的胆碱性兴奋药物　胆碱酶（cholinesterase）抑制剂可通过抑制神经传导物质的水解作用，让乙酰胆碱持续存在于神经末梢。

① 地美溴胺　具有水溶性，在水溶液中稳定，可逆性地抑制胆碱酶。药效强且作用时间长，缩瞳作用可在点药后2～4 h达最高峰，且可持续数天。临床上主要用于治疗原发性青光眼及预防另一眼患青光眼。由于此药可能会引起瞳孔阻断（pupillary block），因此不能用于继发性青光眼（通常由葡萄膜炎引起）。不良反应包括流涎、呕吐及腹泻，不可同时与含胆碱酶抑制剂的驱寄生虫药并用。

② 乙膦硫胆碱　该药的吸湿性粉末制剂具有无限期稳定性，但溶液状态下保存期限短且必须冷藏，一个月内药效会出现下降，两个月后必须丢弃。此药可与乙酰胆碱不可逆地结合，使乙酰胆碱可持续存在于神经连结处而延长作用时间。容易由角膜、结膜和巩膜进入眼球。临床上控制原发性青光眼时，可于给药后4～6 h内到达最大效果，并持续24 h。经口食入可能会引发中毒，长期点眼可能会造成角膜混浊及虹膜炎。

七、青光眼用药

1. 渗透压性利尿剂（Osmotic diuretics）　本类药物利用渗透压使玻璃体水分被吸到血液中，可使玻璃体体积缩小间接减少房水让眼压可以快速下降，适用于急性青光眼。禁止用于肾因性无尿、严重脱水、脑出血、严重肺淤血及肺水肿的患病动物。不良反应为可能出现恶心、呕吐、肺水肿、淤血性心衰竭、心动过速、头晕和头痛。

（1）全身用药　20%甘露醇溶液，1～2 mg/kg，缓慢静脉注射20 min，注射后禁水30～60 min；甘油（glycerine）50%溶液，口服1～2 mL/kg，服用后禁水30～60 min。

（2）局部用药　无。

2. 碳酸酐酶抑制剂（Carbonic anhydrase inhibitors，CAIs）　碳酸酐酶在睫状体非色素上皮细胞能催化重碳酸根的形成，随着重碳酸氢根被运送到眼后房产生渗透压梯度，导致钠离子与水移动而产生眼房水。碳酸酐酶抑制剂占据酸酐酶分子表面，阻断碳酸酐酶作用使房水减少生成。本类药物用于降低眼内压，为降眼压药物中唯一适合长时间治疗青光眼的全身性药物。局部使用CAIs眼药效果小于全身用药，但没有不良反应，因此适用于慢性青光眼或预防高眼压。如果没有配合使用其他降眼压药物（渗透性利尿剂），对于急性闭角型或房角狭窄性青光眼效果不佳。配合局部及全身使用CAIs并无协同效果。局部使用CAIs眼药可穿透角膜，使得到达睫状体的药物浓度与全身给药浓度相当。全身使用CAIs药物的不良反应为可能出现代谢性酸中毒、代偿性过度呼吸、多尿及抑郁，亦可能出现低血钾状况，但临床上低血钾并不常见。严重肝、肾、肺脏疾病及肾上腺素分泌不足的患病动物应避免使用全身给药。局部眼药可能有刺痛感。

（1）全身用药　乙酰唑胺，按每天10～25 mg/kg，分2～3次给药；甲醋唑胺，口服，按5 mg/kg，每天2～3次。

（2）局部用药　2%多佐胺，标准剂量为每次1滴，每天3次，可随眼压的变化增减。

3. 前列腺素类似物（Prostaglandin ana-logues）　此类药物为前列腺素$F_{2\alpha}$的类似物，可

活化与Gq连结的前列腺FP受体，但猫和马没有这种作用。前列腺素$F_{2\alpha}$可降低眼内压，主要是因为可促进眼房水自葡萄膜、巩膜路径的排出及降低房水外流阻力；同时还可使视神经血管舒张增加血流灌注，以避免视网膜受损。酯化物局部眼药很容易穿过角膜进入眼前房而至睫状体及房角小梁组织中。局部用于犬原发性青光眼，降眼压效果快且良好，但不适用于猫和马。其溶液可能会导致刺痛感、缩瞳、虹膜黑色素沉积。前列腺素类似物会加剧组织炎症反应，因此患有葡萄膜炎时禁用。

（1）全身用药　无。

（2）局部用药　拉坦前列腺素（0.005%溶液）、曲伏前列腺素（0.004%溶液）、比马前列腺素（0.03%溶液），每天1~2次。

4. 散瞳剂自律神经药物　该类药物具有拟副交感神经活化作用，作用在睫状肌上使小梁组织打开，增加房水排出，但对犬的药效有限。有毛果芸香碱商品化眼药。

5. 乙型肾上腺素性阻断剂（β-adrenergic blockers, β-blockers）　此类药物可阻断睫状突上皮细胞的β_1及β_2受体，抑制cAMP生成而导致眼房水生成减少，不影响碳酸酐酶及眼房水排出，临床上常与碳酸酐酶抑制剂配合局部使用，尤其适用于慢性青光眼的长期使用。心动徐缓是最重要的不良反应。

（1）全身用药　无。

（2）局部用药　噻吗心安（0.25%~0.5%，通常0.5%才有效），每天两次。

八、眼科局部麻醉剂

这类药物可阻断钠离子通道、抑制轴突去极化，显着降低神经动作电位而引起可逆的神经束传导阻断。临床上可用于局部麻醉结膜或角膜以方便进行诊断或治疗，包括测眼压、鼻泪管灌洗、眼睑痉挛时检查角膜、结膜下注射、眼睑穹窿检查异物、角膜格状切开术。重复使用此类局部麻醉剂，可能会造成角膜水肿、溃疡、减少泪液生成。因为局部麻醉剂可能会抑制细菌生长，因此如果要进行细菌培养，应在结膜、角膜采样后再给药。

1. 5%普鲁卡因　动物对该药的耐受性最好且不良反应最少。

临床上常用于诊断与轻微手术所需的短暂止痛，但不适用于缓解临床上疼痛的症状。

2. 0.5%~2%的卡因　容易引起烧灼感、充血及结膜水肿。

九、眼科染色剂

1. 荧光试剂　该染色剂为橘色的染色剂，在碱性环境会变为绿色，临床用途包括：描绘角膜溃疡轮廓、检测房水渗漏情形（赛德尔氏检测法，Seidel test），以及测试鼻泪管的通畅程度。

2. 玫瑰红　用于检查细微的角膜表面疾病，如由猫疱疹病毒Ⅰ型所引起的树枝状溃疡，使用后必须彻底冲洗干净，否则会造成角膜不适和刺痛。

参考文献：

刘朝鑫，吕车凤，王渭贤，等. 2010.兽医药理学手册［M］.台北：艺轩图书.

Maggs D. 2007. Slatter Fundamentals of Veterinary Ophthalmology. 4nd edit. Saunders.

Plumb DC. 2008. Veterinary Drug Handbook. 6th edit. Blackwell.

Robert P., Simon P, J. 2009. Small Animal Ophthalmology. 4th edit. Saunders.

Simon P.J., Sheila C. 2002. BSAVA Manual of Small Animal Ophthalmology. 2nd edit. Saunders.

Turner S. M. 2008. Small Animal Ophthalmology. Saunders.

附录1

常见犬猫品种的眼部遗传性疾病

乞沙比克湾猎犬

白内障，不无完全显性遗传，后皮质

慢性角膜糜烂综合征

双行睫

眼睑内翻

第三眼睑软骨外翻

虹膜、睫状体肿瘤

永久性瞳孔膜

进行性视网膜萎缩

视网膜发育不良，皱襞

视网膜发育不良，地图样／视网膜脱离

视网膜色素上皮失养症

吉娃娃犬

蜡样脂褐质沉积症

角膜失养症，内皮

双行睫

干性角膜结膜炎

晶状体脱位（可能继发于青光眼）

永久性瞳孔膜

进行性视网膜萎缩

老年性虹膜萎缩

倒睫

玻璃体变性

中国冠毛犬

白内障，皮质

眼睑内翻

干性角膜结膜炎

永久性瞳孔膜

进行性视网膜萎缩

视网膜发育不良，皱襞

玻璃体变性

松狮犬

倒睫

眼睑外翻

眼睑内翻

闭角型青光眼

永久性瞳孔膜

色素性角膜炎

进行性视网膜萎缩

克伦伯猎犬

白内障，后皮质

慢性浅表性角膜炎（血管翳）

双行睫

眼睑外翻

眼睑内翻

巨眼睑症

永久性瞳孔膜

进行性视网膜萎缩

第三眼睑腺脱出

视网膜发育不良，皱襞

柯利犬（粗毛或光滑毛）

小眼裂

柯利犬眼异常：脉络膜发育不全、视神经缺损、视网膜脱离

角膜失养症，基质层

皮肌炎

双行睫

眼睑内翻

眼睑肿瘤

小眼球症

结节样浅层巩膜炎

视神经发育不全

永存玻璃体动脉

进行性视网膜萎缩，杆状／锥状细胞发育不良

视网膜发育不良，皱襞

视网膜色素上皮失养症

黑褐猎浣熊犬

白内障，皮质

慢性浅表性角膜炎（血管翳）
双行睫
永久性瞳孔膜
第三眼睑腺脱出
视网膜发育不良，皱襞

柯基犬

见威尔士柯基犬

棉花棉纱犬

慢性浅表性角膜炎（血管翳）
双行睫
永久性瞳孔膜
进行性视网膜萎缩
视网膜发育不良，皱襞
玻璃体变性

卷毛巡回犬

白内障，前后皮质
脉络膜发育不全（柯利犬眼异常）
双行睫
眼睑内翻
视神经缺损
永久性瞳孔膜
进行性视网膜萎缩
视网膜发育不良，皱襞

腊肠犬

蜡样脂褐质沉积症
慢性角膜糜烂综合征
慢性浅表性角膜炎（血管翳）
角膜失养症（内皮）
角膜失养症（上皮）
皮样囊肿
双行睫
眼睑内翻
虹膜缺损
干性角膜结膜炎
小眼球症（伴随多种眼部发育不良）
视神经发育不全 / 小视神经乳头
永久性瞳孔膜
进行性视网膜萎缩
点状角膜炎
急性获得性视网膜变性综合征
葡萄膜皮肤综合征

大麦町犬

白内障，皮质
蜡样脂褐质沉积症
慢性浅表性角膜炎（血管翳）
角膜失养症（内皮 / 基质）

皮样囊肿

双行睫
眼睑内翻
闭角型青光眼
虹膜缺损
永久性瞳孔膜
进行性视网膜萎缩

丹迪丁蒙狻

慢性角膜糜烂综合征
双行睫
青光眼，房角发育不良导致的房角闭合。
永久性瞳孔膜

杜宾犬

白内障，后皮质
内眦深袋症
皮样囊肿
双行睫
眼睑内翻
第三眼睑软骨外翻
眼睑黑色素瘤
小晶状体
小眼球症（伴随多种眼部发育不良）
永存原始玻璃体增生症
永久性瞳孔膜
晶状体血管膜永存
浆细胞瘤
进行性视网膜萎缩
视网膜发育不良，皱襞

英国斗牛犬

慢性角膜糜烂综合征
慢性葡萄膜菌性睑炎
慢性浅表性角膜炎
双行睫
异生睫毛
眼睑外翻
眼睑内翻
干性角膜结膜炎
巨眼睑症
鼻皱褶倒睫毛
永久性瞳孔膜
第三眼睑腺脱出
倒睫

英国可卡犬

白内障，前、后或赤道部皮质
白内障，核纤维化
角膜失养症，内皮 / 基质
双行睫

眼睑外翻

眼睑内翻

青光眼，房角发育不良导致的房角闭合

泪点闭锁

干性角膜结膜炎

视神经缺损

永久性瞳孔膜

进行性视网膜萎缩

视网膜发育不良，皱襞

视网膜发育不良，地图样／视网膜脱离

英国雪达犬

白内障，后皮质

蜡样脂褐质沉积症

双行睫

眼睑外翻

眼睑内翻

第三眼睑软骨外翻

眼睑肿瘤

进行性视网膜萎缩

进行性视网膜发育不良，皱襞

视网膜色素上皮失养症

英国史宾格犬

白内障，皮质

白内障，核纤维化

慢性角膜糜烂综合征

慢性浅表性角膜炎（血管翳）

角膜失养症（上皮／基质）

双行睫

眼睑外翻

眼睑内翻

眼睑肿瘤

青光眼，房角发育不良导致的房角闭合

永久性瞳孔膜

浆细胞瘤

进行性视网膜萎缩

视网膜发育不良，皱襞

视网膜发育不良，地图样／视网膜脱离

视网膜色素上皮失养症

英国玩具犬

白内障，前或后皮质

角膜内皮失养症（上皮／基质）

双行睫

眼睑内翻

永存玻璃体动脉

色素性角膜炎

进行性视网膜脱离

视网膜发育不良，皱襞

视网膜发育不良，地图样

恩特雷布赫山地犬

白内障，前、后或赤道部皮质

白内障，显性遗传，后皮质

双行睫

永久性瞳孔膜

进行性视网膜萎缩

田野猎犬

白内障，前皮质

双行睫

眼睑外翻

眼睑内翻

永久性瞳孔膜

进行性视网膜萎缩

视网膜发育不良，皱襞

平毛巡回犬

白内障，皮质

角膜失养症，上皮／基质

双行睫

眼睑内翻

青光眼，房角发育性闭合

小视神经乳头

永久性瞳孔膜

进行性视网膜萎缩

视网膜色素上皮细胞发育不良

短毛猎狐狸犬

白内障，前、后皮质

青光眼，原发性开角青光眼

晶状体脱位（可能继发于青光眼）

永久性瞳孔膜

刚毛狐狸梗犬

白内障，前、后或赤道部皮质

慢性角膜糜烂综合征

角膜失养症（上皮、内皮）

双行睫

青光眼，原发开角型

晶状体脱位（可能继发于青光眼）

永久性瞳孔膜

进行性视网膜萎缩

浅表性角膜糜烂

法国斗牛犬

白内障，皮质

白内障，后圆锥性晶状体

双行睫

眼睑内翻

永久性瞳孔膜

视网膜发育不良，皱襞

德国牧羊犬

白内障，不完全显性，先天少见

慢性角膜糜烂综合征

慢性浅表性角膜炎（血管翳）

角膜失养症，上皮／基质

结膜黑色素瘤

双行睫

内眦深袋症

皮样囊肿

浅层结膜黑色素瘤

第三眼睑软骨外翻

内眦糜烂综合征

近视

视神经发育不良／小视神经乳头

永久性瞳孔膜

浆细胞瘤

进行性视网膜萎缩

视网膜发育不良，皱襞

视网膜色素上皮发育不良

德国短毛波音达犬

白内障，后皮质

视锥细胞变性，昼盲

双行睫

眼睑内翻

第三眼睑软骨外翻

永存原始玻璃体增生症

永久性瞳孔膜

晶状体血管膜永存

进行性视网膜萎缩

视网膜发育不良，皱襞

斜视

德国刚毛波音达犬

白内障，后皮质

双行睫

眼睑内翻

视网膜发育不良，皱襞

巨型雪纳瑞犬

白内障，后或赤道部皮质

第三眼睑软骨外翻

青光眼，房角发育不良性闭角

永存原始玻璃体增生症

永久性瞳孔膜

进行性视网膜萎缩

视网膜发育不良，皱襞

金毛寻回犬

成年期睫状体肿瘤

白内障，前皮质

白内障，不完全显性遗传，后皮质

慢性角膜糜烂综合征

先天性虹膜和睫状体肿瘤

角膜失养症，上皮／基质

双行睫

眼睑内翻

青光眼，原发或继发性闭角青光眼

永久性瞳孔膜

虹膜／睫状体囊肿（可能继发于青光眼）

色素性葡萄膜炎

进行性视网膜萎缩

假性视神经乳头水肿

视网膜色素上皮发育不良

视网膜发育不良，皱襞

视网膜发育不良，地图样／脱离

葡萄膜皮肤综合征

戈登塞特犬

白内障，后皮质

内眦深袋症

双行睫

眼睑外翻

眼睑内翻

虹膜／睫状体囊肿

永久性瞳孔膜

进行性视网膜萎缩

视网膜发育不良，皱襞

大丹犬

白内障，前、后或赤道部皮质

先天性夜盲症

内眦深袋症

双行睫

眼睑外翻

眼睑内翻

第三眼睑软骨外翻

青光眼，房角发育不良性闭合

虹膜／睫状体囊肿（可能继发青光眼）

永久性瞳孔膜

进行性视网膜萎缩

大白熊犬

白内障，前、后或赤道部皮质

角膜失养症，上皮／基质

内眦深袋症

双行睫

眼睑外翻

眼睑内翻

永久性瞳孔膜

进行性视网膜萎缩

视网膜发育不良，皱襞

大瑞士山地犬

白内障，前、后或赤道部皮质
双行睫
眼睑内翻
视神经发育不良／小视神经乳头
永久性瞳孔膜
视网膜发育不良，皱襞

灵猩犬

白内障，后皮质
慢性浅表性角膜炎（血管翳）
角膜失养症
内眦深袋症
青光眼，继发
晶状体脱位
进行性视网膜萎缩
视网膜发育不良，皱襞
视网膜色素上皮发育不良
玻璃体变性

哈瓦那犬

白内障，后皮质
双行睫
晶状体脱位
永久性瞳孔膜
进行性视网膜萎缩
第三眼睑软骨外翻
视网膜脱离
视网膜发育不良，皱襞
玻璃体变性

爱尔兰雪达犬

白内障，前后后皮质
慢性角膜糜烂综合征
双行睫
眼睑内翻
第三眼睑软骨外翻
青光眼
视神经发育不良
永存玻璃体动脉
永存原始玻璃体增生症
永久性瞳孔膜
进行性视网膜萎缩，视锥／视杆细胞发育不良
视网膜色素上皮发育不良
葡萄膜皮肤综合征

爱尔兰水猎犬

白内障，前、后或赤道部皮质
双行睫
永存玻璃体动脉

永久性瞳孔膜
进行性视网膜萎缩

爱尔兰猎狼犬

白内障，后皮质或核
角膜失养症，上皮／基质
双行睫
眼睑内翻
第三眼睑软骨外翻
虹膜／睫状体囊肿
视神经发育不良／小视神经乳头
进行性视网膜变性
视网膜发育不良，皱襞

意大利灵猩犬

白内障，前、后或赤道部皮质
青光眼，伴发于玻璃体变性
晶状体脱位
永存玻璃体动脉
永久性瞳孔膜
进行性视网膜萎缩
视网膜脱离
玻璃体变性

杰克拉赛尔㹴犬

白内障，前或后皮质
双行睫
晶状体脱位（可能继发青光眼）
永久性瞳孔膜
进行性视网膜萎缩
玻璃体变性

日本狆犬

白内障，前、后或赤道部皮质
慢性浅表性角膜炎（血管翳）
双行睫
眼睑内翻
暴露性／色素性角膜炎
永存玻璃体动脉
永存原始玻璃体增生症
永久性瞳孔膜
晶状体血管膜永存
进行性视网膜萎缩
视网膜发育不良，皱襞／地图样
溃疡性角膜炎
玻璃体变性

荷兰毛狮犬

白内障，皮质
双行睫
异位睫毛

眼睑内翻

青光眼，开角

虹膜／睫状体脓肿

进行性视网膜萎缩

视网膜色素上皮失养症

凯利蓝㹴犬

白内障，后皮质

角膜失养症，上皮／基质

双行睫

眼睑内翻

干性角膜结膜炎

永久性瞳孔膜

进行性视网膜萎缩

倒睫

玻璃体变性

可蒙犬

白内障，后皮质

双行睫

眼睑外翻

眼睑内翻

永久性瞳孔膜

倒睫

卡瓦那犬

双行睫

眼睑外翻

眼睑内翻

永久性瞳孔膜

进行性视网膜变性

拉布拉多寻回犬

白内障，前或赤道部皮质

白内障，不完全显性遗传，后皮质

睫状体肿瘤

角膜失养症，上皮／基质

内眦深袋症

双行睫

眼睑内翻

虹膜／睫状体脓肿

永久性瞳孔膜

进行性视网膜萎缩

假性视神经乳头水肿

视网膜发育不良，脱离

视网膜发育不良，皱襞／地图样

视网膜发育不良伴有骨骼发育异常

视网膜色素上皮发育不良

湖畔㹴犬

白内障，后皮质

双行睫

晶状体脱位（可能继发青光眼）

永久性瞳孔膜

兰伯格犬

白内障，后皮质

双行睫

眼睑外翻

第三眼睑软骨外翻

青光眼，原发性房角闭合

虹膜／睫状体囊肿

巨眼睑症

永久性瞳孔膜

西藏拉萨犬

白内障，前或后皮质

慢性角膜糜烂综合征

纤毛阜

角膜失养症，上皮／基质

双行睫

异位睫毛

眼睑内翻，内侧下眼睑

干性角膜结膜炎

永久性瞳孔膜

色素性角膜炎／暴露性角膜炎

进行性视网膜萎缩

第三眼睑腺脱出

进行性视网膜萎缩

视网膜发育不良，皱襞／地图样

玻璃体变性

劳臣犬

白内障，前或后皮质

双行睫

永久性瞳孔膜

进行性视网膜萎缩

玻璃体变性

马尔济斯㹴犬

犬吸入性过敏性结膜炎

双行睫

异位睫毛

眼睑内翻（内侧下眼睑）

青光眼，房角闭合或变窄

永久性瞳孔膜

进行性视网膜萎缩

视网膜发育不良，皱襞

泪痕综合征

曼彻斯特㹴犬

白内障，后皮质

晶状体脱位（可能继发青光眼）

进行性视网膜萎缩

马士提夫犬

白内障，核和皮质

双行睫

眼睑外翻

眼睑内翻

第三眼睑软骨外翻

青光眼

虹膜／睫状体囊肿

巨眼睑症

永久性瞳孔膜

进行性视网膜萎缩

第三眼睑腺脱出

视网膜发育不良，皱襞／地图样

迷你牛头梗犬

角膜失养症—内皮

眼睑内翻

晶状体脱位

视神经发育不良、小视神经乳头症

玻璃体变性

迷你品犬

慢性浅表性角膜炎（血管翳）

角膜失养症，上皮／基质

晶状体脱位

永存玻璃体动脉

永久性瞳孔膜

进行性视网膜萎缩

玻璃体变性

迷你雪纳瑞犬

泪点闭锁

白内障，隐性，核／后皮质，先天性

白内障，隐性，后皮质

蜡样脂褐质沉积症

角膜失养症，上皮／基质

双行睫

眼睑内翻

干性角膜结膜炎

晶状体脱位

小眼球／多种眼部缺陷

视神经发育不良

永存原始玻璃体增生症

永久性瞳孔膜

进行性视网膜萎缩，视锥／视杆细胞发育不良

视网膜发育不良伴随／不伴随永存原始玻璃体增生症

急性视网膜变性综合征

纽芬兰犬

白内障，后皮质

内眦深袋症

眼睑外翻

眼睑内翻

第三眼睑软骨外翻

青光眼

虹膜／睫状体囊肿

永久性瞳孔膜

进行性视网膜萎缩

第三眼睑腺脱出

视网膜发育不良，皱襞

诺福克狸犬

白内障，后皮质

晶状体脱位

视神经组织缺损

视神经发育不良／小视神经乳头

永久性瞳孔膜

挪威猎麋犬

白内障，后或赤道部皮质

双行睫

眼睑内翻

青光眼，原发性开角青光眼

晶状体脱位（伴发原发性开角青光眼）

永久性瞳孔膜

进行性视网膜萎缩，早期视杆细胞变性

进行性视网膜萎缩，视杆细胞变性

视网膜发育不良，皱襞

罗威士狸犬

白内障，后或赤道部皮质

角膜失养症，上皮／基质

晶状体脱位

永久性瞳孔膜

第三眼睑腺脱出

老式英国牧羊犬

白内障，常染色体隐性遗传，核和皮质，先天性

白内障，后皮质，成年犬

角膜失养症，上皮／基质

双行睫

眼睑内翻

青光眼

小眼球症／多种眼部缺陷

永久性瞳孔膜

进行性视网膜变性

视网膜脱离

视网膜发育不良，皱襞

葡萄膜皮肤综合征

蝴蝶犬

白内障，皮质
白内障，核
角膜失养症，上皮／基质
双行睫
眼睑内翻
晶状体脱位
永久性瞳孔膜
进行性视网膜变性
第三眼睑腺脱出
对我们发育不良，皱襞
玻璃体变性

帕森拉塞尔㹴犬

白内障，后皮质
角膜失养症，上皮/基质
双行睫
青光眼，原发性青光眼
晶状体脱位
进行性视网膜萎缩
玻璃体变性

京巴犬

泪点闭锁
白内障，后皮质
慢性角膜糜烂综合征
深层角膜溃疡
双行睫
异位睫毛
眼睑内翻/倒睫（内侧）
外斜视
干性角膜结膜炎
巨眼裂症
鼻皱褶倒睫
色素性角膜炎
进行性视网膜变性
外伤性眼球突出

彭布洛克威尔士柯基犬

白内障，后皮质
慢性角膜糜烂综合征
双行睫
晶状体脱位（可能继发青光眼）
永存玻璃体动脉
永久性瞳孔膜
进行性视网膜萎缩
第三眼睑腺脱出
视网膜发育不良，皱襞
视网膜发育不良，地图样／脱离

贝吉格里芬凡丁犬

白内障，前或后皮质
角膜失养症，角膜内皮
双行睫
眼睑内翻
青光眼
晶状体脱位
永久性瞳孔膜
进行性视网膜萎缩
视网膜发育不良
玻璃体变性

波音达犬

白内障，最初赤道部
慢性浅表性角膜炎（血管翳）
角膜失养症，上皮／基质
眼睑内翻
永久性瞳孔膜
进行性视网膜发育不良
视网膜发育不良

波兰低地牧羊犬

角膜失养症，上皮／基质
双行睫
永久性瞳孔膜
进行性视网膜变性
视网膜色素上皮失养症

博美犬

泪点闭锁
犬吸入性过敏性结膜炎
白内障，前或后皮质
倒睫
眼睑内翻
永久性瞳孔膜
进行性视网膜萎缩
泪痕综合征
倒睫

贵宾犬

泪点闭锁
犬吸入性过敏性结膜炎
白内障，前、后或赤道部皮质
白内障，隐性遗传，赤道皮质（标准）
慢性角膜糜烂综合征
内眦深袋症（标准）
双行睫
异位睫毛
眼睑内翻
青光眼，房角发育不良性房角闭合

虹膜萎缩，老年

晶状体脱位（可能导致青光眼）

小眼球症

视神经发育不良／小视神经乳头症

永久性瞳孔膜

进行性视网膜萎缩—视杆细胞／视锥细胞变性

第三眼睑腺脱出

视网膜发育不良，皱襞

泪痕综合征

倒睫

葡萄牙水犬

白内障，皮质

双行睫

眼睑内翻

晶状体脱位

小眼球症／多种眼部缺陷

永久性瞳孔膜

进行性视网膜变性

巴哥犬

双行睫

眼睑内翻（内侧）

异位睫毛

干性角膜结膜炎

巨眼裂症

鼻皱褶倒睫

永久性瞳孔膜

色素性角膜炎

进行性视网膜萎缩

溃疡性角膜炎

波利犬

角膜失养症，上皮／基质

眼睑内翻

永久性瞳孔膜

进行性视网膜萎缩

视网膜发育不良，皱襞

昆士兰赫勒犬

见澳大利亚牧牛犬

捕鼠狸犬

白内障

双行睫

晶状体脱位

永久性瞳孔膜

玻璃体变性

红骨猎浣熊犬

视网膜色素上皮失养症

罗得西亚背脊犬

白内障，后皮质

双行睫

眼睑内翻

第三眼睑软骨外翻

永久性瞳孔膜

进行性视网膜萎缩

罗威那犬

白内障，前或后皮质

慢性角膜糜烂综合征

内眦深袋症

双行睫

眼睑外翻

眼睑内翻

虹膜／睫状体囊肿

虹膜组织缺损

巨眼裂症

近视

永久性瞳孔膜

进行性视网膜萎缩

视网膜发育不良，皱襞

视网膜发育不良，地图样／脱离

圣伯纳犬

白内障，后皮质

皮样囊肿

双行睫

眼睑外翻

眼睑内翻

第三眼睑软骨外翻

巨眼裂症

小眼球症／多种眼部缺陷

永久性瞳孔膜

进行性视网膜变性

第三眼睑腺脱出

葡萄膜皮肤综合征

萨路基犬

白内障，赤道部皮质

角膜失养症

内眦深袋状

眼睑内翻

青光眼，房角发育不良性房角闭合

神经元蜡样质脂褐质沉积症

永久性瞳孔膜

进行性视网膜萎缩

萨摩耶犬

白内障，前或后皮质

白内障，核纤维化

慢性角膜糜烂综合征
角膜失养症，上皮／基质
双行睫
青光眼，房角发育不良性房角闭合
干性角膜结膜炎
进行性视网膜萎缩
视网膜发育不良，皱襞（可能骨骼发育不良）
视网膜发育不良，地图样／脱离
葡萄膜皮肤综合征

舒柏奇犬

白内障，前皮质
双行睫
眼睑内翻
永久性瞳孔膜
进行性视网膜萎缩
视网膜发育不良，皱襞

苏格拉㹴犬

白内障，皮质或核
角膜失养症，上皮／基质
双行睫
晶状体脱位
永久性瞳孔膜
进行性视网膜萎缩
视网膜发育不良，皱襞

西里汉㹴犬

泪点和泪小管闭锁
白内障，前或后皮质
双行睫
晶状体脱位（可能继发青光眼）
永久性瞳孔膜
进行性视网膜萎缩
视网膜发育不良，视网膜完全脱离
视网膜发育不良，皱襞
玻璃体变性

沙皮犬

白内障
眼睑内翻
青光眼，房角发育不良性房角闭合
晶状体脱位
进行性视网膜萎缩
第三眼睑腺脱出

雪特兰牧羊犬

泪点和泪小管闭锁
脉络膜发育不良（柯利犬眼异常）
视盘缺损
角膜失养症，上皮／基质（经常会导致溃疡）

双行睫
异位睫毛
结节状浅层巩膜炎
永久性瞳孔膜
进行性视网膜萎缩
第三眼睑腺脱出
视网膜发育不良
视网膜色素上皮发育不良
葡萄膜皮肤综合征

西巴犬

角膜失养症，上皮／基质
双行睫
异位睫毛
青光眼，房角发育不良性房角闭合
晶状体脱位
永久性瞳孔膜
进行性视网膜萎缩
玻璃体变性

西施犬

白内障，前皮质
慢性暴露性角膜炎／色素性角膜炎
角膜失养症，内皮
角膜失养症，上皮／基质
角膜溃疡
双行睫
异生睫毛
眼睑内翻（内侧）
巨眼裂症
进行性视网膜萎缩
视网膜脱离
玻璃体变性

西伯利亚雪橇犬

白内障，后皮质和青年期
脉络膜发育不良（柯利犬眼异常）
角膜失养症，内皮
角膜失养症，上皮／基质
双行睫
眼睑内翻
青光眼，房角发育不良性房角闭合
永久性瞳孔膜
进行性视网膜萎缩
视网膜脱离
葡萄膜炎
葡萄膜皮肤综合征

斯凯㹴犬

晶状体脱位

短毛猎狐㹴犬

见狐狸㹴犬

爱尔兰软毛㹴犬

白内障，前或后皮质

双行睫

小视神经乳头症

小眼球症／伴发多种眼部缺陷

永存玻璃体动脉

永久性瞳孔膜

进行性视网膜萎缩

视网膜发育不良，皱襞

史毕诺犬

白内障，前皮质

眼睑内翻

第三眼睑软骨外翻

虹膜缺损

永久性瞳孔膜

第三眼睑腺脱出

视网膜发育不良，皱襞

日本尖嘴犬

进行性视网膜萎缩

比特犬

白内障，隐性遗传，后缝合线／皮质

双行睫

眼睑内翻

永存玻璃体动脉

永存原始玻璃体增生症

永久性瞳孔膜

进行性视网膜萎缩

标准雪纳瑞犬

白内障，先天性小角膜

白内障，后皮质

角膜失养症，上皮／基质

双行睫

进行性视网膜萎缩

视网膜发育不良，皱襞

苏塞克斯猎犬

白内障

角膜失养症，上皮／基质

双行睫

永久性瞳孔膜

进行性视网膜萎缩

视网膜病

玻璃体变性

西藏狮子犬

白内障，皮质

蜡样脂褐质沉积症

慢性浅表性角膜炎（血管翳）

双行睫

眼睑内翻

虹膜／睫状体囊肿

干性角膜结膜炎

小视神经乳头症

永存玻璃体动脉

永久性瞳孔膜

进行性视网膜变性

第三眼睑腺脱出

藏獒犬

白内障，后皮质

蜡样脂褐质沉积症

角膜失养症，上皮／基质

双行睫

睫状体脱位（可能继发青光眼）

永久性瞳孔膜

进行性视网膜萎缩

视网膜变性，夜盲，年轻时

视网膜发育不良，皱襞

玩具哈瓦那犬

进行性视网膜萎缩

玩具㹴犬

晶状体脱位（可能继发青光眼）

维西拉猎犬

白内障，前、后皮质

角膜失养症，上皮／基质

双行睫

眼睑内翻

眼睑黑色素瘤

永久性瞳孔膜

进行性视网膜萎缩

魏玛犬

白内障，前皮质

慢性角膜糜烂综合征

角膜失养症，上皮／基质

内眦深袋症

双行睫

第三眼睑软骨外翻

眼睑肿瘤

永久性瞳孔膜

视网膜发育不良，皱襞

威尔士史宾格猎犬

白内障，前皮质
白内障，隐性遗传，先天性，核 / 后皮质
角膜失养症，上皮 / 基质
双行睫
眼睑内翻
青光眼，显性遗传，闭角
永久性瞳孔膜
进行性视网膜萎缩
视网膜发育不良，皱襞

威尔士㹴犬

白内障，前或后皮质
双行睫
异生睫毛
青光眼，闭角
干性角膜结膜炎
晶状体脱位（可能继发青光眼）
永久性瞳孔膜
进行性视网膜萎缩

西高地白㹴犬

遗传性过敏性结膜炎和睑炎
白内障，成年，前或后皮质、核
慢性角膜糜烂综合征
干性角膜结膜炎
晶状体脱位
小眼球症
永久性瞳孔膜
进行性视网膜萎缩
视网膜发育不良，皱襞

惠比特犬

晶状体脱位（可能继发青光眼）
进行性视网膜萎缩
玻璃体变性

硬毛猎狐㹴犬

见猎狐㹴犬

约克夏㹴犬

遗传性过敏性结膜炎和睑炎
白内障，前、后或赤道部皮质
角膜失养症，上皮 / 基质
双行睫
眼睑内翻
干性角膜结膜炎
永久性瞳孔膜

进行性视网膜变性
视网膜发育不良，地图样 / 脱离

猫

阿比西尼亚猫

进行性视网膜萎缩，显性遗传，幼猫
进行性视网膜萎缩，隐性遗传，2～4岁

伯曼猫

白内障，先天，后核
角膜皮样囊肿

缅甸猫

角膜皮样囊肿
角膜腐骨（坏死性角膜炎）
眼睑发育不良（缺损）
青光眼，窄房角或房角闭合
进行性视网膜变性
第三眼睑腺脱出

喜马拉雅猫

白内障，后皮质
角膜腐骨（坏死性角膜炎）
泪溢
内侧下眼睑内翻

波斯猫

α-甘露糖苷贮积症
泪点和泪小管闭锁
切东综合征
角膜腐骨
泪溢
内侧下眼睑内翻
进行性视网膜萎缩-隐性遗传，早期

暹罗猫

先天性眼球震颤
内斜视
角膜腐骨
青光眼，原发
肝炎性角膜炎
虹膜萎缩
Ⅵ型黏多糖蓄积病
进行性视网膜萎缩
鞘髓磷脂沉积症
脉络膜毯变性（遗传性）

附录2

全身疾病在眼部的表现

一、眼睑（睑炎）

利士曼病

复杂的天疱疮

皮肤癣菌病

大疱性天胞疮

系统性真菌病

盘状红斑狼疮

眼睛的蝇蛆病

皮肌炎

蠕形螨

特异性皮炎

疥螨

小柳原田综合征

兽疥螨

药疹

皮脂漏

盘尾丝虫病（犬）

复杂嗜酸性肉芽肿

丽线虫病

幼年性脓皮症

病毒性多发性乳头瘤

全身脓皮症

咬伤感染

外伤

烧伤

二、结膜（结膜炎、结膜充血、结膜出血）

犬瘟热

红细胞增多症

犬腺病毒Ⅰ型和Ⅱ型

衣原体病

高黏滞综合征

疱疹病毒感染（所有品种）

细螺旋体病

脱水症

萼状病毒

疏螺旋体病

特异性皮炎

落基山斑疹热

血小板减少症

埃利希氏体病

细菌性败血症

外伤

支原体病

血栓栓塞性脑膜脑炎

华法林中毒

猫传染性腹膜炎

磺胺药物中毒

猫白血病病毒感染

淋巴肉瘤

鲑鱼肉中毒

高血压

毒血症

三、角膜／巩膜（溃疡和无溃疡）

犬疱疹病毒感染（幼犬）

中枢性肿瘤影响到第四、第七对脑神经

猫疱疹病毒

全身性霉菌病

犬埃利希氏体病

恶性卡他性热

外伤

皮质类固醇增多症

犬肝炎

淋巴肉瘤

猫传染性腹膜炎

烧伤

猫白血病混合感染

化学灼烧

犬瘟热（干眼症）

大疱性皮肤病

衣原体病

咀嚼肌炎（暴露）

眼内心丝虫感染

核黄素缺乏

李斯特菌病

四、角膜／巩膜（变性）

甲状腺功能低下

黏多糖储积症

糖尿病

脂质沉积症

低钙血症

神经节苷脂沉积症

高脂蛋白血症

吩噻嗪中毒

肾上腺皮质机能亢进

五、前葡萄膜炎／青光眼

犬腺病毒Ⅰ型感染

恶性卡他热

全身性霉菌病

眼内丝虫病

幼犬疱疹病毒感染

弓形体病

猫白血病感染

新孢子虫病

猫传染性腹膜炎

原藻病

猫免疫缺陷病毒感染

利什曼病

埃利希氏体病

落基山斑疹热

小柳原田综合征

巴尔通体病

免疫介导疾病

布鲁菌病

外伤

肺结核

转移性肿瘤

细菌性败血症

淋巴肉瘤

六、前房积血

埃利希氏体病

犬布鲁菌病

落基山斑疹热

免疫介导性血小板减少症

疏螺旋体病

高血压

猫白血病病毒感染

淋巴肉瘤

猫传染性腹膜炎

外伤

细螺旋体病

凝血障碍

转移性肿瘤

白血病

血管炎

七、晶状体（白内障、晶状体异位）

婴儿奶粉代乳动物

猫免疫缺陷病毒感染

低钙血症

弓形体病

外伤

放疗后

特异性皮炎

糖尿病

慢性酮康唑治疗

八、眼底（出血）

外伤

全身性霉菌病

高血压（肾性、甲状腺、肾上腺等影响）

埃利希氏体病

高黏滞综合征

落基山斑疹热

血小板减少症（免疫介导性、传染性、中毒性、肿瘤性）

疏螺旋体病

血管炎（传染性、肿瘤介导性、免疫介导性）

肿瘤（转移、多发的、白血病）

细菌性败血症（心内膜炎、幼龄）

血栓栓塞性脑膜脑炎

贫血（严重、快速）

维生素A缺乏

红细胞增多症

九、视神经炎

犬瘟热
咀嚼肌炎
全身性霉菌病
眼眶蜂窝织炎
埃利希氏体病
小柳原田综合征
猫传染性腹膜炎
脑部肿瘤
肉芽肿性脑膜脑脊髓炎
弓形体病
维生素A缺乏
外伤
胰腺炎

十、视网膜萎缩

牛磺酸缺乏
维生素A缺乏
高血压后视网膜脱离
维生素E缺乏
恩氟沙星中毒
寄生虫移行
伊维菌素中毒
外伤
幼犬细小病毒感染
侵入血管壁的肉瘤
炎症之后（导致葡萄膜炎的所有原因）

"十二五"国家重点图书出版规划项目

世界兽医经典著作译丛

小动物临床技术标准图解

[加] 苏珊·泰勒（SUSAN M. TAYLOR） 编著

袁占奎 何 丹 夏兆飞 等译

中国农业出版社

图书在版编目（CIP）数据

小动物临床技术标准图解 ／（加）泰勒
(Taylor, S.M.) 编著；袁占奎等译. — 北京 ：中国农
业出版社，2012.9
（世界兽医经典著作译丛）
ISBN 978-7-109-15060-7

Ⅰ．①小… Ⅱ．①泰… ②袁… Ⅲ．①兽医学：临床
医学－图解 Ⅳ．①S854-64

中国版本图书馆CIP数据核字(2010)第196771号

中国农业出版社出版

（北京市朝阳区农展馆北路2号）

（邮政编码100125）

责任编辑　邱利伟　黄向阳

中国农业出版社印刷厂印刷　　新华书店北京发行所发行
2012年9月第1版　　2012年9月北京第1次印刷

开本：889mm×1194mm 1/16　印张：15.75
字数：320 千字
定价：158.00元
（凡本版图书出现印刷、装订装错，请向出版社发行部调换）